Havva Sera Şendemirci

Bazı Yöre Topraklarında Yarayışlı Demir Kapsamı Belirleme Yöntemleri

Türkiye Alim Kitapları

Impressum / Künye
Bibliografische Information der Deutschen Nationalbibliothek: Die Deutsche Nationalbibliothek verzeichnet diese Publikation in der Deutschen Nationalbibliografie; detaillierte bibliografische Daten sind im Internet über http://dnb.d-nb.de abrufbar.

Deutsche Nationalbibliothek tarafından yayınlanan bibliyografik bilgiler: Deutsche Nationalbibliothek, bu yayını Deutsche Nationalbibliografie'de listeler; detaylı bibliyografik bilgi İnternet'te http://dnb.d-nb.de sitesinde mevcuttur.

Coverbild / Kitap kapağı resmi: www.ingimage.com

Verlag / Yayıncı:
Türkiye Alim Kitapları
ist ein Imprint der / yayınevinin bir ticari markasıdır
OmniScriptum GmbH & Co. KG
Bahnhofstraße 28, 66111 Saarbrücken, Deutschland / Almanya
Email / E-posta: info@turkiye-alim-kitaplary.com

Herstellung: siehe letzte Seite /
Basım yeri: son sayfaya bakın
ISBN: 978-3-639-81007-3

Zugl. / Approved by: Samsun, Ondokuzmayıs Üniversitesi,2008

Havva Sera Şendemirci

Bazı Yöre Topraklarında Yarayışlı Demir Kapsamı Belirleme Yöntemleri

1.GİRİŞ

Dünya nüfusunun üçte birinden fazlasının demir noksanlığı gösterdiği, demir noksanlığından en fazla etkilenen nüfusun kadınlar ve çocuklar olduğu bildirilmektedir (Robinson ve ark., 1999). İnsanların beslenmesinde başlıca demir kaynağının bitkiler olduğu ve bu nedenle yeterli seviyede demir içeren bitkilerin tüketilmesi gerektiği de bildirilmektedir (Theil ve ark., 1997).

Beebe ve ark., (2000) ve Welch ve ark., (2000), insanların demir gereksinimlerinin karşılanabilmesi amacıyla bitki ıslahı çalışmaları yapılarak, özellikle demir konsantrasyonu yüksek fasulye çeşitleri elde edilmeye çalışıldığını bildirmektedirler. Ayrıca bitkisel yiyeceklerin beslenme kalitelerini iyileştirmek amacıyla toprak, bitki, hayvan gıda zinciri içerisinde besin hareketinin kontrolü ve mekanizması üzerine birçok çalışmalar yapıldığını ve bu çalışmalarda aşağıda belirtilen dört konu üzerinde önemle durulduğu ifade edilmiştir:

- Toprak kök yüzeyinde elementlerin hareketi, kimyası ve kökler tarafından alımı,
- Bitkide besinsel öneme haiz elementlerin fonksiyonu, adsorsiyonu ve taşınımı,
- Hayvan ve insanlarda besinsel öneme sahip elementlerin fonksiyon ve adsorsiyonu,
- Bitkisel yiyeceklerde bulunan elementlerin biyoyarayışlılığını ve konsantrasyonunu etkileyen faktörlerdir.

Bitki dokularında demirin normal kapsamının kuru maddede 50-300 mg kg^{-1} arasında olması gerektiği belirtilmiştir (Zuang,1982). Olsen ve ark. (1981), gelişme sezonu süresince bitkilerin ihtiyacı olan demir miktarının 5-10 kg/ha olduğunu bildirmektedir. Çoğu topraklarda Fe^{+3}' ün miktarı bu değerden çok yüksek olmasına rağmen bu iyon formundaki demirin probleminin düşük çözünürlük olduğu bildirilmiştir (Chen ve Barak, 1982; Olsen ve ark., 1981). Toprakta toplam demirin daima bitki ihtiyacından yüksek olduğu da bildirilmiştir (Lindsay, 1974).

Tarım topraklarında demir nispeten çok fazla bulunmasına rağmen bitkilerde demir eksikliğine sık sık rastlanmakta ve bu durum önemli ürün kayıplarına sebep olmaktadır. Bitkilerin demir beslenmesini engelleyen toprak özellikleri arasında en önemli etken yüksek kireç içeriği olup toplam tarım yapılan alanın % 30' unun kireçli olduğu bildirilerek demir eksikliğinde önemli role sahip olduğu ifade edilmiştir (Chen ve Barak, 1982; Loeppert ve ark., 1994).

Wallace ve Lunt (1960), Wallihan (1966), Lucas ve Knezek (1972), bitkilerde demir klorozuna neden olan şartları aşağıdaki gibi özetlemişlerdir:

- Demirce fakir topraklar
- Serbet veya aktif kireç kapsamı yüksek topraklar
- Yüksek pH' lı topraklar
- Aşırı su içeren veya aşırı sulama yapılan topraklar
- Aşırı HCO_3^- içeren topraklar veya aşırı HCO_3^- içerikli sulama sularıyla sulanan topraklar
- Yarayışlı azot kapsamı zengin topraklar
- Aşırı miktarda ağır metal (Mn, Cu ve Zn) içeren topraklar
- Kötü havalanan veya aşırı CO_2 içeren topraklar
- Ekstrem sıcaklıklar ve yüksek ışık intensitesi
- Aşırı miktarda nitrat azotu ile beslenen bitkiler
- Toprağa yanmamış ahır gübresi ilavesi
- Toprak organik maddesinin çok düşük ya da çok yüksek olması
- Bitki çeşitlerinin kloroza duyarlılığı
- Nematod veya diğer organizmaların kök üzerindeki zararlı etkileri
- Virüsler ve diğer hastalıklar

Chen ve Barak (1982), bitkilerde demir klorozu konusunda hem türlerin veya ekilen çeşitlerin hem de ortam şartlarının birlikte değerlendirilmesi gerektiğini belirtmişler, intensif ziraatin, verim gücü yüksek bitkilerin (azot kullanımında yüksek etkinlik gösteren fakat demir alımında çok az etkinlik gösteren bitkiler) seçiminden dolayı, demir klorozunu artırıcı bir faktör olduğunu belirtmişlerdir.

Rodriguez ve Cianzio (1991), yulaf (Avena byzantina), sorgum (Sorghum bicolor), tarla fasulyesi (Phaselous vulgaris), soya fasulyesi (G. max), yerfıstığı (Arachis hypogea), üçgül (Trifolium spp.), çayır otları (Botriochloa sp.), kırmızı biber (Capsicum annuum), turunçgiler (Citrus sp.), Hintkirazı (Mangifera indica) ve avakado (Persea americana) bitkilerinde demir klorozunun büyük problem olduğu, bu türlerde genetik çalışmalar yapılarak demir alımında becerikli çeşitlerin elde edildiğini bildirmişlerdir.

Diğer yandan Brown ve Olsen (1980), dikotiledon bitkilerin (soya fasulyesi, tarla fasulyesi, ayçiçeği v.s) monokotiledon bitkilere (buğday, arpa çavdar v.s) göre demir noksanlığından daha fazla etkilendiklerini bildirmektedirler. Ayrıca soya fasulyesi, tarla fasulyesi, domates, ayçiçeği, mısır, arpa ve sorgum gibi bitki türlerinin varyeteleri arasında demiri absorbe etme kabiliyetleri yönünden önemli farkların olduğu ifade edilmiştir. Buğday, arpa ve çavdar gibi bitkilerin demir klorozuna dayanıklı türler oldukları, sorgumun ise bu probleme hassas tür olduğu ifade edilmiştir.

Saatçi (1995), bitkilerin değişik miktardaki demir isteklerine ve demir noksanlığı sırasında gösterdikleri yapısal değişikliklere göre sınıflandırıldığını belirtmiş ve bitkilerin demir elementine olan isteklerine göre gruplandırıldığını bildirmiştir. Araştırıcı bazı bitkilerin demir elementini az, bazılarının ise fazla miktarda aldığını belirtmiş ve çeşitli araştırıcılar tarafından bu bitkilerin etkin veya etkin olmayan bitkiler olarak ayırt edildiğini de bildirmiştir.

Yukarıda belitilen araştırma sonuçları bitkilerde görülen demir klorozunun nedeninin sadece toprak şartlarına bağlı olmadığını, bitkinin tür ve genotipine de bağlı olduğunu göstermektedir.

Genel olarak toprakların besin sağlama durumlarının belirlenmesinde toprak ve bitki analizleri öngürülmektedir. Toprakların kapsadıkları besin maddesi miktarlarının doğru bir şekilde saptanması, uygun yöntemlerin kullanılmasına bağlıdır. İyi bir yöntemin sahip olması gereken özellikler ise; Ayder z (1973)' e göre, her ortamda uygulanabilmesi, her zaman çalışma olanağı sağlaması, sonucun hızla alınmasına olanak vermesi, uygulanmasının kolay ve ekonomik olmasıdır.

Özgümüş (1987), klorotik bitki dokularının çoğunlukla sağlıklı bitkiler kadar ya da daha yüksek düzeylerde toplam demir içermelerinin, bitki analizlerinin yorumlanmasında güçlükler yarattığını belirtmektedir.

Bitkilerde demir klorozunu incelemek amacıyla dokularda toplam demir analizinin yapılması çoğunlukla yetersiz kalmakta iken etkin demir analizlerinin bu amaçla başarıyla kullanılabileceği belirlenmiştir(Loué, 1986; Llorente ve ark., 1976; Katyal ve Sharma, 1984; Lang ve Reed, 1987).

Toprakta demirin diğer mikro elementlerden farklı olarak kolayca değer değiştirebilme ve şelatların yapısına girebilme özellikleri nedeniyle kimyasal yöntemlerle bu elementin alınabilir miktarının saptanmasında güçlükler ortaya çıkmaktadır. Bu güne kadar topraklarda bitkiye yarayışlı demir miktarının belirlenmesinde geliştirilen yöntemlerin sayısı çok azdır ve değişik toprak koşullarında her zaman için pratiğe yönelik ve uygun sonuçlar vermemektedir. Bitki besin maddelerinin alınabilirliği üzerine çeşitli toprak faktörleri etki yaptığından, değişik özellikteki topraklara bir tek kimyasal yöntemin uygulanması olanağı yoktur. Bu nedenle de aynı besin maddesinin belirlenmesini amaçlayan çok sayda yöntem geliştirilmiştir. Bu yöntemler içerisinde ülkemiz topraklarında en iyi sonucu verecek yöntemlerin araştırmalarla saptanması bir gereksinmedir.

Özgümüş (1987), demir klorozununun mutlak demir noksanlığından daha çok başka etmenlerin etkisiyle ortaya çıktığını, bu nedenle demir noksanlığını belirlemede toprak analizlerinin yetersiz kaldığını belirtmiştir. Topraktaki toplam demir miktarının bitki gelişmesi yönünden fazla bir anlam taşımadığı, toprakta çözünebilir halde olan ve bitkinin yararlanabileceği demir düzeyinin önemli olduğu bildirilmiştir.

Topraklarda mikroelementlerin ekstraksiyonunda su, nötr tuzların çözeltileri, asitler, çeşitli kuvvetli asit ve tuzlarla beraber oluşturulmuş çözeltiler ve organik asitlerin kullanıldığı bildirilmiştir (Anderson, 1975; Sillanpaa, 1978). Asit ekstraksiyon çözeltilerinin (0.1 N HCl) kireçli topraklarda uygun olmadıkları, bu topraklarda katyonik mikro elementlerin ekstraksiyonunda asit çözeltiler yerine şelat teşkil edici maddelerin kullanılması gerektiği belirtilmiştir (Lakanen ve Ervio, 1971).

Türkiyede kalkerli topraklarda yarayışlı demir miktarının belirlenmesinde Lindsay ve Norvell (1978) tarafından bildirilen DTPA+$CaCl_2$+TEA metodu çok geniş ölçüde kullanılmaktadır. Ancak topraklarda bu metotla belirlenen yarayışlı demir miktarı belirtilen kritik değerin (4,5 ppm) 'in üstünde bulunmasına rağmen yetiştirilen bitkilerde demir noksanlığı görüldüğü bildirilmiştir (Başar, 2000; Katkat ve ark. 1994; Özgümüş, 1988; Gedikoğlu, 1990b; Eyüpoğlu ve Talaz, 1996; Başar, 2005). Bu araştırmaların sonucu kullanılan bu metodun kalkerli topraklarda gelişen bitkilerde demir klorozunun teşhis ve belirlenmesinde uygun olmadığı bildirilmiştir. Bu araştırma sonuçları kalkerli topraklarda yarayışlı demir miktarının belirlenmesinde kullanılabilecek yöntemlerin seçimi yanında, bu yöntemlerle yapılan analiz sonuçlarını değerlendirmek için toprakta bulunması gerekli kritik demir düzeyinin, yetiştirilecek bitki tür ve çeşitlerine bağlı olarak tespit edilmesi gerektiğini ortaya koymaktadır.

Benzer şekilde Loué (1986), demirin sadece toprakta belirlenmesi ile kloroz riskinin anlaşılamayacağını, toprakta total demir ile kloroz arasında ilişkinin iyi olmadığını ve genel olarak kabul görmüş güvenilir metot olarak kullanılabilecek demir ekstraksiyon yöntemlerinin de olmadığını bildirmektedir. Zira araştırıcı demir klorozuna çok sayıda faktörün etkili olduğunu, bu faktörler arasında bizzat bitkinin tür ve çeşidinin demir klorozu üzerinde etkili olduğunu belirtmiştir.

Diğer yandan toprakta toplam kalker kapsamının da kloroz ihtimalini belirleyen bir indeks olarak artık kullanılamayacağı bildirilmiş; zira son çalışmalarda kalkerli topraklarda demir klorozu göstermeyen çeşitlerin selekte edildiği, bitki ıslahı çalışmalarıyla kalkerli topraklarda demir alımında becerikli yeni genotiplerin elde edildiği belirtilmektedir (Özgümüş, 1987; Başar, 1997; Schmidt, 2003; Wang ve ark., 2002).

Dünyada ve yurdumuzun değişik bölgelerinde toprakta yarayışlı demirin belirlenmesinde kullanılabilecek ekstraksiyon yöntemlerinin seçimi konusunda çok sayıda çalışmalar yapılmıştır (Aydemir, 1981; Hatipoğlu, 1977; Danışman, 1981;

Aktaş, 1982; Elinç, 1988; Hakerlerler, Rexroth ve Höfner, 1989; Olson ve Carlson, 1950; Johnson ve Young, 1968; Loeppert ve Hallmark, 1985; Roa, Sahrawat ve Burford, 1987). Bu çalışmalarda belirlenen metotlar yapraklarda aktif demir fraksiyonu gibi kireçten dolayı oluşan klorozu belirleyen indekslerle ilişkili bulunmamıştır. Halbuki kalkerli topraklarda herhangi bir metotla belirlenen demir miktarının toprakta kloroz oluşumunu etkileyen faktörlerle ve bitkide kabul gören kloroz indeksleriyle ilişkili olması gerekirdi.

Bu çalışmanın amacı Bafra, Çarşamba ve Suluova topraklarının demir durumunu belirlemek ve fasulye (*Phaselous vulgaris L. Var. nanus*) bitkisinin demir beslenme durumunun belirlenmesinde kullanılabilecek bitki analiz yöntemlerini ve toprak ekstraksiyon yöntemlerini seçmektir. Ayrıca bu çalışmada toprakların demir fraksiyonlarının dağılımları ve bitki tarafından alınabilirlikleri de incelenmiştir.

2. LİTERATÜR ÖZETLERİ

2.1. Toprakta Demir

2.1.1. Demirin Jeokimyası

Demir topraklarda en fazla bulunan bir mikroelement olup, yerkabuğunda ağırlıkça oksijen, silisyum ve alüminyumdan sonra dördüncü sırada (yaklaşık % 5) yer alır. Demir çeşitli minerallerin yapısında yer aldığı gibi oksit ve hidroksit formlarında toprakta bol miktarda bulunur. Demir içeren primer mineraller olivin, ojit, hornblend, biotit gibi ferromagnezyum silikat mineralleridir. Bu mineraller hidroliz ve diğer kimyasal reaksiyonlarla parçalanarak ikincil mineralleri oluştururlar. Krauskopf (1972)' a göre demir ihtiva eden başlıca mineraller şunlardır:

-Oksitler : Hematit Fe_20_3 , goethite FeOOH, magnetit Fe_3O_4 ;

-Sülfür : Pirit FeS_2 ;

-Karbonat: Siderit $FeCO_3$;

-Silikatler : Olivin $(Mg, Fe)_2$ $SİO_4$, glokonit

Toprakta bu mineraller suyun ve havanın etkisiyle hidroliz ve oksidasyon reaksiyonları sonucu parçalanır. Bu parçalanma sonucu serbestleren demirin büyük bir kısmı oksit ve hidroksit formlarında çökelir. Küçük bir kısmı ise ikincil silikat mineralerinin yapısında ya da toprağın organik maddesiyle kompleksleşmiş formda bulunur.

Krauskopf (1972)' a göre demir silikatlerin parçalanma reaksiyonları aşağıda verilmiştir:

$Fe_2SiO_4 + 4H_2O \rightarrow 2\ Fe^{+2} + H_4SO_4 + 4OH$ veya

$Fe_2SiO_4 + 4H_2O + 4CO_2 \rightarrow 2Fe^{+2} + H_4SiO_4 + +HCO_3$ (CO_2' li suluların etkisi)

Parçalama sonucu toprak çözeltisine geçen Fe^{+2} oksijenin etkisiyle hidrate ferrik oksit formunda ,$Fe(OH)_3$, çökelir. Ortam şartları okside edici olmadıkça, asit kaldığı sürece Fe^{+2} iyonik ya da kompleks formda stabildir. Ancak oksijenle temas edince oldukça hızlı bir şekilde hidrate ferrik oksit formunda çökelir. Çökelme reaksiyonu aşağıda verilmiştir:

$$4Fe^{+2} + O_2 + 10\ H_2O \rightarrow 4Fe(OH)_3 + 8H^+$$ veya

$$4Fe^{+2} + O_2 + 8HCO_3 + 2H_2O \rightarrow 4Fe(OH)_3 + 8CO_2$$

Demirin oksidasyonu ve indirgenmesi iki yönlü bir reaksiyon olup, bu reaksiyonların yönü oksijen ve organik maddenin varlığına bağlıdır. Ferrik oksit okside edici ortamda başlıca demir formu olup, hidrate forma dönüşebilir. Oksijen içeren toprak çözeltisinde demir organik maddeyle stabilize edilmiş halde ve kısmen kil partikülleri üzerinde adsorbe halde kolloidal Fe_2O_3 formunda bulunur. Organik ligandlı Fe^{+3} kompleksleri de bulunabilir, bu Fe^{+3} kompleksleri demirin dinamiğinde bazı rollere sahiptir.

Organik maddece zengin topraklarda önemli miktarda demir indirgenerek, toprak çözeltisinde Fe^{+2} formunda ya da adsorbe edilmiş halde bulunabilir. Toprak çözeltisinin pH ' sının yükselmesi adsorbsiyonu artırarak Fe, Mg ve Al ihtiva eden kil minerallerinin ve çözünemez Fe(II) bileşiklerinin oluşumuna neden olur. Demir montmorillonit ve vermikulit gibi kil minerallerinin esansiyel elementidir. Kolay parçalanabilir primer ferro magnezyumlu minerallerin parçalanmasıyla demir illitik kil minerallerinde de görülebilir. Toprakların oluşumu sırasında demir form değiştirerek çözeltide Fe^{+2}, adsorbe Fe^{+2}, ferrik oksitler ve ferrus bileşikler şeklinde değişik formlara geçebilir.

Toprakların toplam demir kapsamlarının genellikle % 0.7 – 4.2 arasında değiştiği belirtilmiştir (Scheffer ve Schachtschabe, 1970).

Akalan (1958), Edirne toprakları üzerinde yaptığı bir araştırmada çeşitli gruplara ait 13 toprak serisinden aldığı örneklerdeki toplam Fe_2O_3 miktarlarının % 1.22 - % 8.46 arasında olduğunu saptamıştır.

Hızalan (1954), Trabzon ve Rize toprakları üzerinde yaptığı bir araştırmada çeşitli profil derinliklerindeki toplam Fe_2O_3 miktarlarının % 2.25 - % 20.38 arasında, HCl' de eriyen Fe_2O_3 miktarlarının ise % 1.60 - % 13.60 arasında olduğunu saptamıştır.

Toprakta toplam demirin büyük bir kısmının biyotit, piroksen, amfibol, olivin gibi primer minerallerin kristal kafeslerine bağlı olduğu belirtilmiştir. Parçalanma ve ayrışma olayları sonucu primer minerallerden bağımsız hale geçen demirin büyük bir kısmı parçalanmanın olduğu yerde veya taşınarak Fe^{+3} oksitleri halinde ayrılmakta, bir kısmı oksijence fakir indirgen ortamlarda indirgenerek Fe^{+2}' yi oluşturmaktadır. Bu Fe^{+2} iyonu FeO, $Fe(OH)_2$, Fe^{+2} – fosfat (vivianit), $FeCO_3$ (siderit), $Fe(HCO_3)_2$ ve FeS formlarını oluşturabilir, bu formların hepsi çözünebilir formlardır. Bağımsız hale geçen demirin az bir kısmı da vermikulit, **nontronit**, klorit ve benzeri kil minerallerinin yapısına dahil olmaktadır. Oksijenli ortamda demir Fe^{+3} değerlikte olup, Fe_2O_3 veya $Fe(OH)_3$ formlarını oluşturur. Bu demir formları ise çözünemez demir formlarıdır (Scheffer ve Schachtschabe, 1970).

Toprakta demirin başlıca 4 formda bulunabileceği belirtilmiştir. Bunlar a) Kolloidal form, b) Çözünebilir ve değişebilir form, c) **Pseudo** çözünebilir form, d) Kristalin formdur. Kolloidal demir formu $Fe(OH)_3$ olup pozitif yükleriyle killerin negatif yükleri üzerine ya da kil tabakaları içerisine fiks olabilirler. Bu ferrik hidroksit formu kahverengi topraklarda olduğu gibi elektro negatif killer ile elektro negatif humus arasında köprü vazifesi yaparak kil humus kompleksinin oluşmasına yardımcı olabilir. Kile renk veren ferrik hidroksittir. İklim şartlarına göre bu renk kahverengiden kırmızıya kadar değişebilir.

Çözünebilir ve değişebilir demir formunu Fe^{+2} içeren bileşikler ve kolloidler üzerindeki Fe^{+2} iyonları oluşturur. Pseudo çözünebilir demir formu 2 ve 3 değerlikli demirin silise ve organik maddeye bağlanarak oluşturduğu kompleks formlardır. Organik maddece fakir, havalanabilir ortamlarda ferri silisik kompleksler halinde, havalanması az olan şartlarda ise ferro silisik kompleksler halinde bulunur. Bu disperse durumdaki komplekslerin aşırı Ca ile çökeldikleri ve çözünemez hale geçtikleri belirtilmekte ve sonuçta bitkiler bu çözünemez fomdaki demirden yararlanamadığı için demir klorozu gösterirler. Çözünebilir, organik maddece zengin asit ortamlarda demir ferro-hümik kompleksleri şeklinde bulunur, bu demir kompleksi elektronegatif, **disperd** ve kolayca hareket kabiliyetine sahip olup, podzolik topraklarda görülür.

Kristalin demir formu, ferrik oksitlerin ya bir kum taneciğinin etrafında kristalleşerek oluşabilir, ya da basit bir film şeklinde oluşabilir veya taneleri birbirine bağlayan çimento durumunda oluşabilir. Ferrik oksit humid şartlarda

$Fe_2O_3(2H_2O)$ (stilpnosiderite) şeklinde, orta humid şartlarda $Fe_2O_3(H_2O)$ (goethite) şeklinde, kurak şartlarda ise Fe_2O_3 (hematit) şeklinde kristalleşebilir (Anonymous,2007).

Viets (1962), toprakta mikro element formlarını 5 grup altında toplamıştır. Bunlar sırasıyla: a) Suda eriyebilir, b) Değişebilir, c) Adsorbe edilmiş, şelat veya kompleks bileşiklerin yapısına girmiş, d) Sekonder kil mineralleri ve çözünmeyen metal oksitler, e) Primer minerallerdir. İkl üç formda bulunan mikro besin maddelerinin toprakta devamlı bir denge halinde olduğunu ve bitkilerin beslenmesinde önemli rol oynadığını belirten araştırıcı, kimyasal toprak testleri ile mikro elementlerin bitkiye yarayışlı miktarının saptanmasında bu formdaki besin maddelerinin esas alınması gerektiğini ileri sürmektedir.

Shuman ve Hargrove (1985), toprakta demir formlarının miktarlarına göre değişebilir demir < organik bağlı demir < mangan oksitlere bağlı demir < amorf demir oksitlere bağlı demir < artık demir < kristal demir oksitlere bağlı demir şeklinde sıralandığını belirtmişlerdir.

Shuman (1988), yapmış olduğu çalışmada toprakta demir formlarının dağılımıyla ilgili olarak Shuman ve Hargrove (1985)' a benzer sonuçlar elde etmiş, fakat fosfor uygulamasıyla toprakta değişebilir demir ve organik bağlı demir formlarının etkilenmediğini belirtmiştir. Bununla birlikte araştırıcı fosforlu gübrelemenin toprakta mangan oksitlere bağlı, kristal demir oksitlre bağlı ve artık demir miktarlarını azalttığını, buna karşın amorf demir oksitlere bağlı demir miktarını artırdığını belirtmiştir.

Juo ve ark. (2003), Nijerya' nın farklı kısımlarından alınan iyi drenajlı topraklarında toplam serbest demir oksitlerin profil derinliği arttıkça arttığını, okzalatla ekstrakte edilebilir amorf demir oksitlerin toplam serbest demir oksitlerin % 10' undan daha az olduğunu belirtmiştir.

Kryc ve ark. (2003), değişik sedimentlerde Si, Al, Ti, Fe, Ca, Mn, P ve **Ba** elementlerinin değişik fraksiyonlarını belirlemek amacıyla yaptıkları çalışmada ardışık ekstraksiyon yönteminden yararlanmışlardır. Araştırıcılar gevşek bağlı metalin ekstraksiyonunnda saf su, değişebilir metalin belirlenmesinde 0.31 $MgCl_2$

(pH=7), karbonatlara bağlı metalin ekstraksiyonunda 1 M HOAc - NaOAc (pH=5), Fe ve Mn oksitlere bağlı metalin ekstraksiyonunda % 25' lik (v/v) HOAc (asetik asit) içinde 0.04 M hidroksilamonyum hidroklorid ($NH_2.OH.HCl$), organik bağlı metalin ekstraksiyonunda % 30' luk H_2O_2 (0.02 M HNO_3 ile pH 2' ye ayarlı), opal fraksiyona bağlı metalin ekstaksiyonunda % 0.1' lik Na_2CO_3, artık metalin belirlenmesinde HF, HNO_3, HCl ve $HClO_4$ yakma yöntemi kullanmışlardır. Sedimentlerde ardışık yöntemde kullanılan ekstraktların toplamı olarak toplam demir 54.1 – 649.0 µmol/g arasında, gevşek bağlı demir 0.066 – 0.201 µmol/g arasında, değişebilir demir 0.069 – 0.699 µmol/g arasında, karbonatlara bağlı demir 0.671 – 9.71 µmol/g arasında, Fe ve Mn oksitlere bağlı demir 19.6 – 220 µmol/g arasında, organik bağlı demir 4.69 – 51.5 µmol/g arasında, opal fraksiyona bağlı demir 2.77 – 201 µmol/g arasında, artık demir 9.94 – 443 µmol/g arasında saptanmıştır.

Krauskopf (1972), bazalt kayaların granit kayalara göre daha fazla Fe, Mn, Zn ve Cu içerdiklerini, sedimenter kayalar arasında kalker kayaların demir kapsamlarının kum taşı ve şistlere göre daha düşük olduğunu belirtmiştir.

Mitchell (1964), kayalarda % 46.6 O, % 27.7 Si, % 8.1 Al, % 5 Fe, % 3.6 Ca, % 2.8 Na, % 2.6 K, % 2.1 Mg olduğunu belirterek demirin kapsamı açısından dördüncü sırada olduğunu belirtmiştir. Araştırıcı ayrıca püskürük kayaların yerkabuğunun % 95' ini teşkil ettiğini, sediment kayaların % 80' nini şistler, % 15' ini kum taşı, % 5' ini kalker kayaların oluşturduğunu da belirtmiştir.

Sillanpaa (1972), kum fraksiyonunun metalik mikro elementlerce fakir ve parçalanmaya daha dayanıklı minerallerden oluştuğunu belirterek, kaba bünyeli toprakların metalik mikro elementlerce fakir olduğunu belirtmiştir. Ayrıca organik madde miktarı % 5 - % 7' ye kadar arttıkça, mineral toprakların toplam mikro element kapsamlarının artış gösterdiğini, buna karşın % 7 ve % 10' un üstünde organik maddenin daha fazla artması halinde toplam mikro elemet kapsamının azaldığını da bildirmektedir.

Tagliavini ve Rombola (2001), toprakta demirin büyük ölçüde amorf demir, goetit, hematit ve ferrihidrit gibi inorganik formlarda bulunduğunu, demir oksitlerin çözünürlüğünün pH' ya bağlı olduğunu ve aerobik, alkalin ve kalkerli toprak şartlarında bitkiye yarayışlı demirin çok düşük olduğunu, bitki gereksinimini karşılayamadığını belirtmişlerdir.

Feng ve ark. (2005), Çin topraklarında amonyum okzalat ekstraksiyon metoduyla belirlenen amorf demir oksitlerin % 0.20 - % 1.04 arasında, okzalat askorbik asit ekstaksiyon metoduyla belirlenen kristalin demir oksitlerin ise % 13.1 – 32.9 arasında olduğunu belirlemişlerdir.

Dabkowska - Naskret (2004), Polonya' da toprakların potasyum nitratla ekstrakte edilebilir değişebilir demir kapsamının 1.5 – 2.2 ppm arasında, asetik asitle belirlenen karbonatlara bağlı demir kapsamının 0.3 – 2.6 ppm arasında, hidroksilamin hidrokloridle belirlenen mangan oksitlere bağlı demir kapsamının 9.1 – 101.9 ppm arasında, potasyum profosfatla belirlenen organik bağlı demirin 223.3 – 1808.7 ppm arasında, amonyum okzalatla belirlenen amorf oksitler içinde bulunan demir kapsamının 398.2 – 3060.0 ppm arasında, amonyum okzalat + sitrik asit ekstraksiyon yöntemiyle belirlenen kristal demir oksitler içindeki demirin 223 – 3987 ppm arasında olduğunu belirtmiştir. Araştırıcı ayrıca artık demir fraksiyonunun 12659.6 – 23431.0 ppm arasında, toplam demirin ise 16600 – 28400 ppm arasında bulunduğunu da belirtmiştir. Amorf demir hidrate oksitlerin çözünürlüğünün goetit' den 3630 kat daha fazla olduğu ve oksit formlarındaki demirin bitkiye yarayışlı olmadığı da ifade edilmiştir. Araştırıcı demirin labil fraksiyonlarının nispeten düşük olduğunu, karbonatlara bağlı fraksiyonun orta labil olduğunu belirtmiştir. En fazla ekstrakte edilebilir demir fraksiyonunun kristalin demir oksitlere bağlı demir olduğu da belirtilmiştir.

2.1.2 Topraklarda Demir ve Çözünürlüğü

Toprakta toplam demir 200 ppm ile % 10 arasında bulunmakla beraber, % 10' nun üstünde de bulunabilir. En fazla demir içeren topraklar ferralitik topraklar olup, çok yüksek miktarlarda bulunan demir, bu toprakların kırmızı renkli olmalarını sağlar. Çok yıkanmış asit kumlar çok az miktarda demir içerirler.

Topraklarda çözünebilir demir miktarı toplam demirin oldukça küçük bir kısmını teşkil eder. Toprak çözeltisinde çözünebilir inorganik demir formları şunlardır: Fe^{+2},

Fe^{+3}, $Fe(OH)_2^+$, $Fe(OH)^{+2}$, $Fe(OH)_3^0$ ve $Fe(OH)_4^-$ yüksek pH' lı topraklar hariç Fe^{+2} normal havalanabilir topraklarda nispeten çok az bulunur. pH 8.0' ın üstünde ki topraklarda $Fe(OH)_4^-$ iyonu daha başat durumdadır. pH 7.0 – 9.0 arasında en fazla bulunan inorganik çözünebilir demir formlarının $Fe(OH)_2^+$, $Fe(OH)_3^0$ ve $Fe(OH)_4^-$ iyonları olduğu belirtilmektedir. Bu inorganik türlerin toplam konsatrasyonunun bu pH aralığında 10^{-10} mol /L' yi geçmediği bildirilmektedir.

Topraklarda demirin çözünürlüğü Fe(III) hidrate oksitlerin çözünürlüğüyle kontrol altında olup, bu çözünürlük reaksiyonu aşağıdaki gibi yazılabilir:

$Fe(OH)_{3\ katı} \rightleftharpoons Fe^{+3} + 3\hat{O}H^-$ ($k_{çç} = 2x10^{-39} = [Fe^{+3}] [OH^-]^3$ burada: $[Fe^{+3}] = (2 X 10^{-39}) [OH^-]^{-3}$ dir.)

Bu denge reaksiyonu pH' ya bağlı olup, pH arttıkça çözeltideki Fe^{+3} konsantrasyonunun azaldığı görülebilir (Mendoza, 1999). Toprak çözeltisinde Fe(III) konsantrasyonunun pH ile değiştiği, pH 6.5 – 8.0 arasında minumum bir değere ulaştığı, Fe (II) oksitlerin toprak çözeltisinde toplam çözünebilir demirin çok küçük bir kısmını teşkil ettiği ifade edilmektedir.

Normal havalanabilir topraklarda bitkiler için en yarayışlı inorganik demir formu Fe^{+3} iyonu olup, demirin absorsiyonunun yüksek pH değerlerinde azaldığı belirtilmiştir. pH' nın her bir birim yükselmesiyle toprak çözeltisindeki Fe^{-3} aktivitesinin 1000 defadan daha fazla azalmaktadır. Toprak çözeltisinde pH' nın bir birim yükselmesiyle Fe^{+2} aktivitesi ise 100 defa azalmıştır. pH 7.8' de $Fe^{+3} = Fe^{+2} = 10^{-21}$ M olduğu bilhassa normal havalanabilir topraklarda Fe^{+2} aktivitesinin toplam çözünebilir demirin çok küçük bir kısımını teşkil ettiği belirtilmiştir. Buna karşın suya boğulu çok indirgen ortam şartlarında çözeltide toplam demirin 10^{-3} M' a ulaştığı, bu şartlarda Fe^{+2} ve hidrate türlerin daha başat olduğu ifade edilmiştir.

Asit topraklarda demir fosfatların oluşabileceği ifade edilerek, topraklarda toplam fosfor miktarının toplam demir miktarından çok düşük olması sebebiyle toprak fosforunun önemli bir kısmının demir fosfatlar şeklinde çökeldiği, geri kalan demirin demir hidroksit formunda bulunduğu ve bunun çözünebilir demir konsantrasyonunu belli bir seviyede tuttuğu belirtilmiştir. Fe(III) oksitlerin ve hidroksitlerin demirin çözünürlüğü ve yarayışlılığı üzerinde önemli rol oynadığı ifade edilmiş, bu demir formlarının çözünürlüğünün 6' dan daha yüksek pH değerlerinde azalma gösterdiği de belirtilmiştir (Lindsay, 1972).

Asit topraklar (Fe^{+3}) ve indirgen ortamlar (Fe^{+2}) hariç toprak çözeltisinde mobil demir fraksiyon kapsamının genel olarak çok düşük olduğu belirtilmiştir.

İyi havalanabilir topraklarda demir oksit ve hidroksitlerin toprak çözeltisindeki demir seviyesini belirleyici olduğu belirtilmiştir. Ayrıca toprağın kolloidal fraksiyonları tarafından demirin adsorpsiyonunun mümkün olduğu, bu adsorpsiyon reaksiyonlarının çözünebilir demir formları ile çözünemez formlarda çökelmiş demir formları arasında geçit teşkil ettiği ifade edilmiştir. Özellikle asit topraklarda ve indirgen şartlarda killer tarafından, bilhassa montmorillonit ve kaolinit tarafından demirin adsorbe edildiği bildirilmiştir (Ellis ve Knezek, 1972).

Topraklarda doğal durumda çözünebilir organik demir kompleksleri de oluşmuş, bu organik demir komplekslerinin bitkilere demir sağlanmasında önemli rol oynadıkları belirtilmiştir. Şelat adı da verilen bu kompleksler kök salgılarıyla topraktaki organik madde (humik ve fulvik asitler) ve mikroorganizmalarla oluşmuştur. Demir şelatların endüstriyel olarak da oluşturulduğu, bunların demirli gübre olarak topraklara uygulandığı bilinmektedir. Toprağın organik maddesi ile ya da bitkinin doğal çeşitli biyokimyasal bileşikleriyle oluşmuş demir kompleksleri suni olarak yapılan demir komplekslerine göre daha az stabil oldukları ifade edilmiştir. Demir ile şelat oluşturan organik asitler EDTA, DTPA, HEDTA, EDDHA gibi organik asitlerdir. Fe EDDHA şelatı özellikle Fe^{+3} için seçici olup, Ca ve Mg katyonları bu organik asit için demir ile rekabet içerisine girmedikleri belirtilmiştir. Bundan dolayı bütün pH değerlerinde, özellikle kireçli topraklarda en stabil suni olarak oluşturulmuş demir şelatı olduğu bildirilmiştir (Norvell, 1972) .

İndirgen toprak şartlarında oksitlenmiş durumdaki demirin çok az olduğu, daha çok bu şartlarda demirin 2 değerlikli olduğu, havasız şartlarda demirin çözünürlüğünün arttığı, ancak köklerin aktivitelerinin bozulduğu belirtilmiştir. Bitkilerin özellikle ferrik (FeIII) durumdaki demirden demir ihtiyaçlarını karşıladıkları da belirtilmiştir.

Lindsay (1974)' e göre bitkilerin iyi bir şekilde demirle beslenebilmeleri için suyun köke doğru hareketinin önemli olduğu ve bu toprak çözeltisi içerisinde toplam çözünebilir demir kapsamının 10^{-6} M olması gerektiği belirtilmiştir. Ancak toprakların pH limitleri içerisinde toplam çözünebilir demirin bu seviyenin çok altında olduğu tespit edilmiş, suyun kitlesel akışı ya da difüzyonu ile bitkilerin demir ihtiyaçlarının çok az bir kısmının (% 1' den daha az) sağlandığı belirtilmiştir. Bu nedenle çözünebilir organik demir komplekslerinin özellikle demir şelatların bitkilerin demir beslenmesinde çok önemli oldukları belirtilmiş, Lindsay (1974), çok düşük konsantrasyonda şelatın (10^{-8}, 10^{-7} M) yeterli miktarda demir sağlamaca bitkilere yararlı olduğunu belirtmiştir. Bitki kılcal kökleri tarafından salgılanan şelatların toprağın demirini çözdüğü, oluşan çözünebilir demir komplekslerinin köklere doğru kolayca difüze olduğu ve kolayca absorbe edilebildiği de ifade edilmiştir.

Demir toprakta **sorbsiyon** kompleksleri tarafından oldukça sıkı bir şekilde bağlanır. Toprakta çözünebilir demir miktarı çok az olup, asitliğin yükselmesiyle bu miktar artmakta ve özellikle podzol topraklarda en yüksek değere erişmektedir (Mengel, 1968).

Scheffer ve Schachtschabe (1970)' e göre iyi havalanan toprak çözeltisinde demir Fe^{+2} ve Fe^{+3} iyonları halinde yan yana bulunurlar. Bu iyonların oranı toprağın redoks potansiyeli ile yakından ilgilidir.

Leh (1969)' a göre redoks potansiyelinin artması sonucu Fe^{+2}' nin Fe^{+3}' e yükseltgenmesi ve böylece demirin bağlanması kamçılanmaktadır.

Redoks potansiyeli toprakta demirin çökelmesinde en önemli rolü oynamaktadır. Gerçekten de Fe^{+2}' nin ancak nötr ortamda hidroksit $[Fe(OH)_2]$ halinde çökelmesine karşılık Fe^{+3} pH=3.0' den sonra kolayca hidroksit halinde çökelmektedir. Ayrıca Fe^{+2}' nin Fe^{+3}' e yükseltgenmesi, redoks potansiyeli yanında toprağın havalanması ile de yakından ilgili olduğu, havasız ve ıslak koşulların toprakta indirgenmeyi kolaylaştırdığı, dolayısıyla toprağın derin tabakalarına indikçe Fe^{+2} kapsamının arttığı belirtilmiştir. Kompleks bileşiklerden şelatların toprakta demiri organik moleküller içine dahil ederek çökelmesini önlediği de ifade edilmiştir (Mengel, 1968).

2.2. Bitkide Demir

2.2.1. Demirin Absorpsiyonu ve Taşınımı

Demir kök bölgesinde Fe^{+3}, Fe^{+2} ve şelat formlarında bulunur. Kökler demiri Fe^{+2} formunda ya da belli ölçüde şelat formunda absorbe eder. Bu nedenle inorganik demirin bitkiler tarafından absorpsiyonunun, rizosferde köklerin pH' yı düşürme ve Fe^{+3}' ü Fe^{+2}' ye indirgeyebilme kapasitesine bağlı olduğu belirtilmiştir (Brown ve ark. 1961; Marschener ve ark. 1974; Brown, 1978).

Chaney ve ark. (1972), Fe^{+3}' ün indirgenmesi olayının absorpsiyonda öncelikle olması gereken bir fizyolojik işlem olduğunu belirtmişlerdir. Araştırıcılar Fe^{+3}' ün indirgenmesi olayının plazmalemmanın (meristematik hücrenin stoplazmik membranı) dış kısmında, hücre içinden transfer edilen elektronlar ve stokromlar sayesinde gerçekleştiğini de ifade etmişlerdir. Demirin absorpsiyonunda kök salgılarının önemi Marschner ve ark. (1974), tarafından ortaya konulmuş, demir stresine maruz bırakılan ayçiçeği kökleri tarafından indirgeyici maddelerin salgılandığı belirtilmiştir. Araştırıcılar ortamda çökelmiş demirin bu indirgen maddeler sayesinde Fe^{+2}' ye indirgenmesiyle yeniden hareketlilik kazandığını ve bitkilerin yeşerdiğini de belirtmişlerdir. Clarkson ve Sanderson (1978), demir absorpsiyonunda kök uçlarının önemini ortaya koymuşlardır. Demirin absorbe edildiği kök bölgesinin çok sınırlı olduğunu, bitkilerin demir absorpsiyon kapasitlerinin etkin köklerin oluşumuna bağlı olduğunu belirtmişlerdir. Araştırıcılar, demir şelatlarının çözünebilir olduklarını ancak tüm molekülün absorpsiyonunun çok yavaş olacağını belirtmişler, bu nedenle absorbe edilmeden önce Fe^{+3}' ün kök yüzeyinde şelattan ayrılması ve Fe^{+2}' ye indirgenmesi gerektiğini de bildirmişlerdir.

Tiffin (1970), şelat formunda demir verilen soya fasulyesinde önemli miktarda demir olduğunu, fakat bu demirin bitkide şelatlanmamış halde olduğunu tespit etmiştir.

Chaney ve ark. (1972), şelatlanmış demirin absorpsiyonunda şelatlardan demirin ayrılabilmesi için ferrik şelatların indirgenmesi işleminin mutlak gerekli bir faz olduğunu belirtmişlerdir. Araştırıcılar kökler tarafından salınan H^+ iyonlarının kök bölgesinin pH' sını düşürdüğünü, Fe^{+3}' ün çözünürlüğünü, şelatlanmasını ve Fe^{+2}' ye indirgenmesini artırdığını belirtmişlerdir. Ayrıca bu araştırıcılar, şelat oluşturan bileşiklerin kökler tarafından da çıkarıldığını, ancak bunun bitki çeşitlerine göre farklı olabileceğini de belirtmişlerdir.

Ortamda bulunan demir kapsamı arttıkça bitkilerin demir absorpsiyonunun arttığı belirtilmiştir. Moore (1972), ayrıca demir absorpsiyonunun metabolik olarak kontrol edildiğini, inhibitör maddelerin ve sıcaklığın etkisinin önemli olduğunu, dinitrofenol' ün bezelyede demirin absorpsiyonunu önemli derecede inhibe ettiğini belirtmiştir. Araştırıcı demir absorpsiyonunun potasyum, kalsiyum magnezyum, manganez, çinko ve bakırın etkisiyle azaldığını, bu elementlerin etkisiyle demir noksanlığının arttığını ve ayrıca demir absorpsiyonu üzerinde ağır metallerin etkisinin Cu > Zn > Mn şeklinde bir sıralama gösterdiğini de belirtmiştir. Demir ile diğer katyonlar arasındaki rekabetin demirin absorpsiyonunda önemli olduğu, bitki gelişme ortamında çinko, bakır ve manganezin artması sonucu soya bitkisinde demir kapsamının azaldığı belirtilmiştir (Lingle ve ark., 1963).

Bitkilerde demir konsantrasyonunun dış ortamınınkinin 30 katına ulaştığı, soyada, domateste ve ayçiçeğinde yapılan çalışmalarla ortaya konulmuş, bu demirin önemli bir kısmının bitkilerdeki sitratla kompleks oluşturmuş formda bulunduğu bildirilmiştir (Tiffin, 1966a,b, 1970).

Bitki türlerinin demir absorpsiyonunda özellikle demir beslenmesinin zor olduğu şartlarda, çok farklı kabiliyetlere sahip olduğu belirtilmiştir. Demiri absorbe etmek için etkin (becerikli) ve etkin olmayan (beceriksiz) türlerin olduğu bildirilerek, etkin türlerin ortam pH' sını daha fazla düşürme kabiliyetine sahip oldukları, demir beslenmesinin uygun olmadığı koşullarda bu etkin bitkilerin köklerinin demiri indirgeme kapasitelerinin yüksek olduğu belirtilmiştir (Mengel ve Kirkby, 1982; Marschner ve ark., 1974).

Brown ve ark. (1972) ile Brown (1978), demir etkin bitkilerin aşağıda belirtilen bazı özelliklere sahip olduğunu bildirmişlerdir:

1. Kökleriyle beslenme ortamına H^+ iyonu salarak pH' yı düşürürler.

2. Kökleriyle beslenme ortamına indirgeyici bileşikler salarlar ve köklerden Fe^{+3}' ün Fe^{+2}' ye indirgenme hızını artırırlar.

3. Kök hücre özsularında organik asit (özellikle sitrat) konsantrasyonu yüksektir.

4. Bu etkin bitkiler yetişme ortamındaki nispeten yüksek fosfor düzeylerine tolerans gösterirler.

Bergmann (1988), bitkileri demir alım stratejilerine göre iki grupta sınıflandırmışlardır. Demir noksanlığına duyarlı bitkiler Strateji I (soya fasulyesi, yer fıstığı, ayçiçeği, bağlar ve çoğunlukla diğer dikotiledonlar), daha az duyarlı bitkiler ise Strateji II (sorgum, buğday, mısır, çavdar, yulaf ve diğer Graminea' ler) olarak gruplandırmıştır. Strateji I bitkilerinde araştırıcı rizodermal hücrelerin oluşumunun, yüksek proton (H^+) ayrılmasının, plazmamembranında Fe^{+3} redüksiyonunun, yüksek fenol bileşiklerinin çıkarılmasının önemli olduğunu, fitosideroforların ise bu grup bitkilerde önemsiz olduğunu, şimdiye kadar tanımlanmadığını bildirmiştir. Buna karşın araştırıcı, Strateji II bitkilerinde rizodermal hücrelerin oluşumunun ve yüksek proton (H^+) ayrılmasının önemsiz olduğunu, buna rağmen plazmamembranında Fe^{+3} redüksiyonunun ve yüksek fenol bileşiklerinin ayrılmasının sınırlı seviyede önemli olduğunu, fitosideroforların ayrılmasının artması ise Strateji II bitkilerinde yüksek seviyede önemli olduğunu bildirmiştir.

Tagliavini ve Domenico Rombola (2001), meyve ağaçlarının çoğunun Strateji I bitkilerinin üyesi olduğunu, bu bitkilerin köklerinde fitosiderofor üretemediklerini belirterek, bu bitkilerin demir alımlarında öncelikle Fe^{+3}' ün Fe^{+2}' ye indirgenmesi gerektiğini bildirmişlerdir. Meyve ağaçlarını ve üzüm bağlarını demir klorozundan korumak için anaç olarak demir klorozuna toleranslı genotiplerin kullanılmasının gerekli olduğu da belirtilmiştir.

Strateji I (tere otu, bezelye ve domates) ve Strateji II (arpa, mısır ve çeltik) bitkilerinde demir alımına ilişkin mekanizmalar Şekil 2.1' de ve Strateji I bitkilerinin demir noksanlığı durumunda gösterdikleri tepkiye ilişkin model Şekil 2.2' de verilmiştir (Schmidt, 2003).

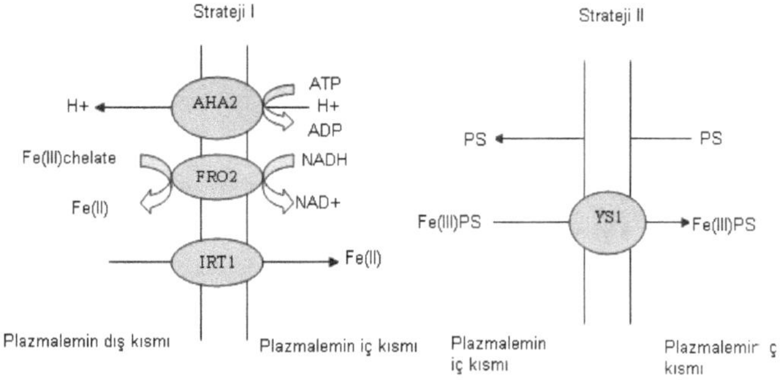

AHA2: Hidrojen çıkışını sağlayan ATPaz enzimi, FRO2: Fe(III) şelatını indirgen enzim, IRT1: Fe(II) taşıyıcısı, PS: Fitosiderefor, YS1: Fitosiderofor - demir kompleksinin taşıyıcısı.

Şekil 2.1. Strateji I ve II bitkilerde demir alım mekanizmaları

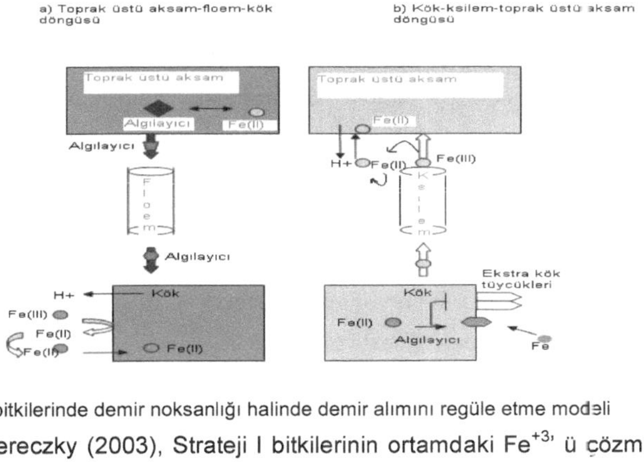

Şekil 2.2. Strateji I bitkilerinde demir noksanlığı halinde demir alımını regüle etme modeli

Bauer ve Bereczky (2003), Strateji I bitkilerinin ortamdaki Fe^{+3}'ü çözmek için demir noksanlığı halinde hidrojen çıkarttıklarını ve şelat oluşturucu maddeler salgıladıklarını, Fe^{+3}' ü Fe^{+2}' ye indirgemek için FRO2 adı verilen indirgeyici maddeler çıkarttıklarını ve daha sonra Fe^{+2}' nin kök epidermisinde bulunan IRT1 taşıyıcıları sayesinde taşındığını bildirmişlerdir. Araştırıcılar Strateji II bitkilerinin *(Gramineae)* S-adenozilmetioninden nikotinamin sentaz, nikotineamin aminotransferaz ve diğer enzimlerin etkisiyle fitosiderefor adı verilen maddeler sentezlediklerini ve bu maddeleri rizosfere salgıladıklarını da bildirmişledir.

Başar (1997), Strateji I bitkilerinin Strateji II bitkilerine nazaran demir noksanlığına daha duyarlı olduklarını belirtmiştir. Araştıcı ayrıca Strateji I bitkilerinin yüksek pH ve yüksek HCO_3^- kapsamına, yüksek nem ve yetersiz havalanmaya, yüksek organik madde + yüksek $CaCO_3$ + yüksek nem şartlarına, aşırı tuzluluğa ve düşük toprak sıcaklığına çok duyarlı, yüksek fosfor gübrelemesine ise az duyarlı olduklarını bildirmiştir. Buna karşın Strateji II bitkilerinin yüksek pH ve yüksek HCO_3^- kapsamına, yüksek nem ve yetersiz havalanmaya, yüksek organik madde + yüksek $CaCO_3$ + yüksek nem şartlarına, aşırı tuzluluğa ve düşük toprak sıcaklığına az duyarlı, yüksek fosfor gübrelemesine ise çok duyarlı olduklarını belirtmiştir.

Graminea bitkilerinin demir alımında özel bir duruma sahip bulundukları, bu özelliklerinin "Siderefor" adı verilen demir taşıyıcılarına sahip olmalarından kaynaklandığı bildirilmiştir (Sijmons, Briel ve Bienfait, 1984). Takagi (1976)' ye göre Fitosiderofor olarak adlandırılan Sidereforlar, demir alımına pozitif etkide bulunmaktadır. Araştırıcının yulaf ve pirinçte saptadığı bu Sidereforların demir eksikliğinde arttığı belirtilmiştir. Sidereforların mugenik ve avenik asit protein olmayan aminoasitlerden oluştukları, bitki köklerinden ayrılan Fitosidereforların rizosferde Fe^{+3}- şelat kompleksini oluşturdukları bildirilmiştir. Şelatize olmuş demir kök hücrelerinin plazma membranına transfer edildiği ve orada Fe^{+3} – şelat olarak plazmaya gönderildiği belirtilmektedir.

Römheld ve Marschner (1986a), Strateji II bitkilerinin yani Graminealerin yüksek pH ve HCO_3^- değerlerine hassaslıklarının az olduğunu bildirmişlerdir. Araştırıcılar buna sebep olarak rizosferde Gramineaeler tarafından serbest bırakılan Fitosiderforların, inorganik Fe^{+3} 'i yararlı hale geçirdiğini belirtmişlerdir.

Graminealerin Fitosiderefor çıkarmaları sebebiyle kireçli topraklarda yeşil kaldıklarını, buna karşın çeşitli dikotiledon bitkilerde örneğin ayçiçeği ve yerfıstığında kloroz görüldüğünü bildirilmiştir (Marschner, 1978 Römheld, Marschner ve Kramer, 1982).

Arpa bitkisiyle yapılan bir araştırmada Fe^{+3} – Fitosidereforlardan demir alınım oranının sentetik demir şelatların oranından veya mikrobiyal demir Sidereforların oranından 100 ile 1000 defa daha hızlı olduğu saptanmıştır. Salatalık bitkisinin ise sentetik demir şelatlarınkine benzer oranlarda Fe^{+3} – Fitosidereforlardan demir aldığı bildirilmektedir (Römheld ve Marschner, 1986).

Bitkilerden salınan bu tür Sidereforların yanında mikrobiyal olarak da ayrılan bazı Sidereforlar bulunmaktadır. Bu Sidereforlar Fe^{+3} ile toprakta şelat kompleksi oluşturarak bitkiler tarafından demirin alınmasını sağlarlar (Page, 1966).

Demirin bitki kökleri tarafından alınmasında etkili mikrobiyolojik etkinlikler ortamın steril olmasıyla arttığı belirtilmiştir (Crowley, Römheld, Marschner ve Szaniszlo, 1992).

Soyada demir taşınımının çinko tarafından kuvvetli bir şekilde inhibe edildiği bildirilmiş, bu rekabetin sebebinin şelat formlarında demirin yerine çinko ve bakırın geçmesiyle ilgili olduğu belirtilmiştir (Ambler ve ark. 1970).

Organik asitlerin bitkinin içerisinde demiri çözünebilir halde tuttukları, özellikle sitratın bitkilerde doğal demir taşıyıcısı olduğu bildirilmiştir. Bilhassa demir sitratın soya ve ayçiçeği bitkilerinin iletim demetlerindeki sıvılarda bulunduğu tespit edilmiştir (Tiffin, 1972).

Demirin yapraklardan köklere veya daneden fideciğe yer değiştirdiği fakat bitkinin çeşitli organları arasındaki bu hareketin kolay olmadığı belirtilmiştir. Bu yüzden bitkide oluşan yaşlı dokular yeşil kaldığı halde en genç kısımları kloroz gösterebilirler. En yaşlı dokulardaki demirin genç dokulara taşınımı mümkün olmadığı için ksilem yoluyla ya da yaprak uygulamaları sonucu en genç dokuların düzenli bir şekilde demir beslenmelerinin sağlanması zorunludur (Loué, 1986).

Toprak çözeltisinde yüksek konsantrasyonlarda bulunan fosfat yonlarının demirin bitkiler tarafından alınımını ve bitki bünyesindeki taşınımını engellediğ çeşitli araştırıcılarca ileri sürülmüştür. Mengel ve Kirkby (1987), fazla fosfat iyonlarının, demirin bitki köklerinin dış yüzeyinde çökelmesine neden olduğunu, ayrıca demirin bitkideki taşınımını ve işlevlerini olumsuz olarak etkileyerek demir noksanlığının ortaya çıkmasına neden olduğunu bildirmişlerdir. Robson ve Pitman (1983), kök ortamındaki yüksek fosfor konsantrasyonunun sadece topraktaki demirin yarayışlılığını etkilemekle kalmadığını, bitki bünyesinde de demir ile fosfor arasında girişim olduğunu bildirmişlerdir. Araştıcılar demirin ferrik fosfat halinde yaprak damarları boyunca iletim demetleri içerisinde çökeldiğini ve buna bitişik dokuların demir bakımından önemli ölçüde fakir olduğunu belirtmişlerdir.

Kök ortamında yüksek konsantrasyonlarda bulunan serbest Cu, Zn, Mn, Co, Ni, Cd, Cr ve Mo gibi iyonların da demir üzerine girişim yaparak bitkilerde demir klorozuna neden olabildikleri belirlenmiştir (Wallace ve DeKock, 1966; Wallace ve ark. 1976). Mengel ve Kirkby (1987), demir klorozu üzerine etkileri yönünden ağır metalleri şu şekilde sıralamaktadır: Cu > Ni > Co > Zn > Mn.

Toprakta potasyum noksanlığı olduğu durumlarda da çeşitli bitkilerde demir klorozunun ortaya çıktığı belirlenmiştir. Hewitt (1983), potasyumun noksan olduğu durumda eğer fosfor fazlalığı da söz konusu ise demir klorozunun daha şiddetli olduğunu bildirmektedir. Potasyum noksanlığının bitkilerde demir noksanlığına neden olması, kısmen bitki köklerinde demirin tutulması ve yapraklara taşınamaması ile açıklanmaktadır.

Kireçli topraklarda demir klorozununun ortaya çıkmasına neden olan en önemli etmen bikarbonat ($HC0_3^-$) iyonlarıdır. Daha 1945' li yıllarda fazla bikarbonat içeren sulama sularının elma ve armut gibi meyve ağaçlarında demir klorozuna neden olduğu belirlenmiştir (Kissel ve ark. 1985; Özgümüş, 1987). Rutland (1971), radyoaktif demir kullanarak açelya ile yaptığı araştırma sonunda, fazla kalsiyum bikarbonat içeren koşullarda Fe^{59} ' un kök ve yaşlı dokulardan genç dokulara taşınımının azaldığını saptamıştır. Araştırıcı ayrıca bikarbonat iyonları konsantrasyonunun yüksek olduğu durumda demirin genç dokulardaki damarlar çevresine yığıldığını ve damarlar arası hücrelere taşınımının engellendiğini belirlemiştir.

Mengel ve Kirkby (1987)' e göre bitki tarafından aşırı miktarlarda alınan bikarbonat iyonlarının bitki dokularında pH' yı yükselttiğini ve bunun da demirin kök hücrelerinde immobilizasyonuna neden olduğunu, demirin metabolik olarak etkin olmayan duruma dönüştüğünü bildirmişlerdir.

Nitratla beslenen bitkilerin köklerinden ortama OH^- salınması sonucu çözelti pH' sının yükseldiği, alkalin etki sonucu bitki bünyesinde veya bitki köklerindeki demirin immobilize olduğu ve sonuç olarak amonyumla beslenen bitkilere göre nitratla beslenen bitkilerde demir klorozunun çok yaygın olduğu bildirilmiştir (Breteler, 1973; Aktaş ve Van Egmond, 1979). Rutland (1971); Mengel ve Bübl, (1983), apoplastlardaki yüksek pH değerlerinin demirin plazmamembranından geçişini engellediğini göstermişlerdir. Mengel ve Geutzen (1986), yaprakların apoplastlarındaki pH' nın yükselmesinin, demirin Fe(III)hidroksit halinde çökelmesine neden olabileceğini ifade etmişlerdir.

Mahmoudi ve ark. (2005), demir noksanlığına respons yönünden mercimek ve nohut olmak üzere iki baklagil arasındaki farkı incelemişlerdir. Bu amaçla demiri eksik olan ve 30 µMFe içeren besin çözeltilerinde mercimek ve nohut yetiştirilmiştir. Demir açlığına maruz bırakıldıktan 12 gün sonra mercimek bitkisinde klorofil konsantrasyonunda büyük ölçüde azalma görülmüş, genç yaprakları ciddi bir şekilde sararma göstermiştir. Köklerinin asit oluşturma kapasitesi yüksek olduğundan nohut bitkisi mercimeğe göre demir noksanlığına daha iyi dayanmış, denemenin sonuna kadar demir klorozu göstermemiştir. Araştırıcılar ayrıca nohut bitkisinde genç yaprakların potasyumca daha zengin olduğunu, demir noksanlığına maruz kaldıklarında mercimek bitkisinin potasyumca daha düşük olduğunu da belirtmişlerdir. Ayrıca yapılan çalışmada nohut bitkisinin genç ve yaşlı yapraklarında HCl ile ekstrakte edilebilir demir akümülasyonunun (aktif demir) mercimek bitkisine göre daha fazla olduğu da belirtilmiştir. Araştırıcılar nohut bitkisinin tohumunda mercimeğinkinden daha fazla demir bulunması ile ilgili olarak alınabilir demiri düşük olan şartlarda nohut bitkisinin daha yüksek performans gösterdiğini belirtmişlerdir.

Abadia ve ark. (1989), fizyolojik demir noksanlığı nedeniyle oluşan klorozun dokularda inaktif formlarda, bu elementin immobilizasyonundan ileri geldiğini belirtmişlerdir.

Krouma ve ark. (2005), yaptıkları su kültürü çalışmasında bazı fasulye çeşitlerinin diğerlerine göre daha erken ve daha ciddi demir klorozu gösterdiklerini belirtmişlerdir.

2.2.2. Bitkilerde Demirin Fizyolojik Rolleri

Mengel ve Kirkby (1982), demirin birçok fizyolojik fonksiyonlarının indirgen durumdan okside duruma geçebilme kapasitesinden ve şelat kompleksleri oluşturabilme kabiliyetinden ileri geldiğini belirterek, demirin hemli ve hemsiz birçok enzimlerin esansiyel bileşimini oluşturduğunu bildirmişlerdir. Ayrıca "Heme" grubunun bir demir metaloporfirin olup katalaz, peroksidaz, sitokrom ve sitokrom oksidaz gibi çok önemli birçok enzimlerin prostetik grubunu oluşturduğunu, enzimlerin prostetik grubunda yer alan "Heme" strüktür demirinin valans değiştirerek elektron transferini gösteren denge reaksiyonu aşağıdaki şekilde ifade etmişlerdir:

$$Fe^{+2} \rightleftarrows Fe^{+3} + e$$

"Heme" strüktüründe demir indirgen durumda (Fe^{+2}), diğer bir ifadeyle 2 değerliklidir. Demir okside duruma geçtiğinde (Fe III) "Hemin" olarak adlandırılır.

"Heme" maddesini içeren pigmentlerin bitkisel metabolizmada çok önemli oldukları belirtilmiş, yapraklarda bulunan toplam demirin % 0.1' inin hemli pigmentlerde bulunduğu belirtilmiştir (Dekock ve ark., 1960).

Demirin büyük bir kısmının ferrik fosfoprotein ve fitoferritine formunda bulunduğu, bu demirli maddelerin yapraklarda fotosentez için gerekli plastlarda demir rezervini oluşturduğu belirtilmiştir. Ayrıca fitoferritinin en fazla kloroplastlarda bulunduğu ve bitki demirinin % 80' nini teşkil ettiği bildirilmiştir. Kloroplastların içerdiği diğer demir formunun ferredoksin olduğu, bu ferredoksin maddesinin "Hem" taşımayan bir çeşit ferroprotein olduğu (Fe-S proteini) ve bu ferredoksinin elektron transfer ederek okside redüksiyon işlevlerine katkı sağladığı da belirtilmiştir. Ferredoksinin fotosentezde, nitrit ve sülfatların indirgenmesinde, atmosferik azotun fiksasyonunda önemli olduğu da bildirilmiştir (Tiffin, 1972).

Demir bitkilerin solunumunda, klorofilin sentezinde, fotosentezde, protein metabolizması ve sentezinde, nükleik asitlerin metabolizmasında, özellikle ribo nükleik asitin sentezinde, baklagil bitkilerinde atmosferik azotun simbiyotik fiksasyonunda, nitrat ve sülfatların indirgenmesinde söz konusu birçok oksidoredüksiyon reaksiyonlarında anahtar durumunda gerekli önemli bir elementtir. Demir noksanlığında bitkilerde solunumun inhibe edildiği, klorofilin sentezlenemediği, fotosentezin azaldığı, yapraklarda protein kapsamının yarı yarıya azaldığı, kloroplastlarda ve ribozomda bulunan ribo nükleik asitin yarı yarıya azaldığı, baklagillerde azotun simbiyotik fiksasyonunun azaldığı, nitrat ve nitrit indirgenmesinde gerekli nitrat ve nitrit redüktaz enzimlerinin aktivitelerinin azaldığı, sülfatların indirgenemediği tespit edilmiştir. Ayrıca azot fiksasyonunda gerekli nitrogenaz enziminin yapısında bulunan iki protein kompleksinin (büyük ve küçük protein kompleksleri) demir içerdiği belirtilmiştir (Loué, 1986).

2.2.3. Bitkide Demir Noksanlık Simptomları

Şayet demir noksanlığı hafif ise uç yapraklar azot noksanlığıyla karıştırılacak şekilde soluk yeşil renktedir. İlerleyen devrelerde tipik damarlar arası kloroz gözükür. Yeşil damarlar damarlar arası soluk yeşil veya sarı dokulara oranla daha net yeşildir. Demir noksanlığını Mg, Mn ve Zn noksanlığıyla karıştırmamak gerekir. Hem Mg ve hem de Fe noksanlığında klorofilin eksilmesi söz konusu olduğu için karışıklık olabileceği belirtilmiş, fakat bu karışıklığı önlemek için demir klorozunun Mg klorozunun aksine genç yapraklarda başladığı belirtilmiştir. Diğer yandan demir klorozuyla mangan ve magnezyum klorozunu karıştırmamak için demir klorozunda yeşil damarların Mn ve Mg klorozuna göre daha ince olduğu, geniş yapraklı bitkilerde yaprakların ağ gibi bir görünüm gösterdiği bildirilmiştir. Mangan noksanlığından farklı olarak yeşil renkli damarlardan, damarlar arasındaki açık renkli dokulara keskin bir geçiş vardır. En genç yapraklar çoğu kez tamamen beyaza yakın renkte ve klorofilden yoksun olabilirler. Tahıllarda olduğu gibi yaprakları paralel damarlı bitkilerde ise damarlar arasındaki dokuların oluşturduğu açık renkli zemin üzerinde koyu renkli damarların birbirine paralel ince uzun şeritler halinde yaprak boyunca uzandıkları görülür. Şiddetli noksanlık durumunda genç yapraklardan başlayarak damarlarda yeşil rengini kaybeder. Bu durum, önce en ince damarlardan başlar, daha sonra kalın damarlara kayar. Genç yapraklar bütünüyle beyaza yakın renk alırlar. Klorozu düzeltici önlemler alınmadıkça bu belirtiler gittikçe daha da şiddetlenir. Şiddetli klorotik durumlarda ve noksanlığın ileriki dönemlerinde nekrotik yöreler ortaya çıkar, yapraklarda bükülmeler ve dökülmeler görülür. Dallar uç kısımdan başlayarak tamamen yapraksı bir görünüm alır ve bütün dal, hatta bitkinin tamamı kuruyup ölür. Bu tip şiddetli etkiler daha çok kireçli topraklarda yetiştirilen şeftali ve kiraz gibi demir noksanlığına son derece duyarlı meyve ağaçlarında görülür (Bergmann, 1968; Özgümüş, 1987).

Herhangi bir meyve bahçesinde önceleri birkaç ağaçta kloroza rastlanmakta, şiddetli kloroz durumunda ise bütün bahçenin etkilendiği görülmektedir. Demir klorozunun, herhangi bir ağacın yalnızca bir dalında ortaya çıkıp, diğer daldaki yaprakların sağlıklı görünmesi de sık karşılaşılan bir durumdur (Bergmann, 1968; Teskey ve Shoemaker, 1978).

Demir noksanlığı daha çok meyve ağaçlarında, asmalarda, süs çalı ve bitkilerinde görülür. Çilek, tarla fasulyesi, soya fasulyesi ve sorgum da demir noksanlığına duyarlı bitkiler olarak bilinir (Özgümüş, 1987).

2.3. Demir Noksanlığına Neden Olan Ortam Şartları

Toprakların demir sağlama gücünü, bitkilerin demir absorpsiyonunu, bitkilerde demirin taşınımını ve demirin metabolizmasını etkileyen bütün faktörler demir klorozuna sebebiyet verebilir. Bu faktörler şunlardır: Toprak pH' sının yüksek olması, toprak çözeltisinde aşırı Ca ve bikarbonat iyonlarının bulunması ve demirin diğer elementlerle olan interaksiyonlarıdır.

Tarım topraklarında toplam demir eksikliğinden kaynaklanan ve temel eksiklik diye tanımlanan demir eksikliğine pek rastlanmaz, ancak yıkanmanın çok ciddi boyutlarda görüldüğü kumlu topraklarda ve bazı peat (turba) topraklarda bu durum görülebilir (Wood ve Kenny, 1968).

2.3.1. Toprağın pH' sının, Kireç ve Bikarbonat İçeriğinin Etkileri

Demir noksanlığı asit topraklarda da görülmesine rağmen en çok kalkerli topraklarda rastlandığı ve bu demir noksanlığının kalker klorozu olarak adlandırıldığı bilinmektedir. Kalkerli toprakların çok yaygın olması sebebiyle çok geniş alanlarda kalker klorozu görülmektedir. Brown (1961), bu problemin arid bölgelerin kalkerli topraklarında oldukça yaygın olduğunu ve tarım yapılan toprakların 1/3' ünde bu problemin gözüktüğünü bildirmiştir.

Kalkerli toprakların çözeltisinde yüksek karbonat ve kalsiyum yonları bulunduğu ve pH değerlerinin yüksek olduğu belirtilmiş, bu topraklarda demir klorozunun ortaya çıkmasında çözünebilir kalsiyumun, bikarbonat iyonlarının, CO_2 ve fosforun etkileri üzerinde uzun zamandan beri birçok araştırmalar yapıldığı bildirilmektedir (Wallace ve Lunt, 1960; Miller, 1960).

Trocmé (1960)' ye göre kalkerin sebep olduğu demir klorozunu açıklayıcı iki teori bulunmaktadır:

- Ferrik hidroksitlerin mobilizasyonuna engel olacak tarzda alkalin reaksiyon sebebiyle toprakta demirin yarayışlılığının azaldığı belirtilmektedir. Araştırıcı, bu kalkerli topraklarda kalkere dayanıklı bitkilerin, kökleriyle çıkardıkları salgılar sayesinde, kalkere hassas bitkilere göre topraktaki demirden daha iyi yararlandıklarını belirtmiştir. Dolayısıyla kalkerli topraklarda kökleriyle yeterli miktarda salgı çıkaramayan hassas bitkilerin demir klorozu gösterebilecekleri belirtilmiştir.

- Bitkilerin bu kalkerli topraklarda demir absorpsiyonlarının normal olabileceği, ancak hassas bitkilerin içerisinde demirin etkisiz olması ve demir dağılım ve taşınımının iyi olmaması sebebiyle kloroz gözlenebileceği belirtilmektedir.

Wallace ve ark. (1962), yaptıkları bir araştırmada pH' ları 5.8, 6.8 ve 8.0 olan 3 toprağa radyoaktif demir vermişler ve her bir topraktan saf su ile hazırladıkları süspansiyonlarda (10:500 toprak:su oranında) iki soya çeşiti yetiştirerek demir alımlarını incelemişlerdir. Elde edilen sonuçlara göre toprak reaksiyonunun demir alımında önemli bir etmen olduğu ve toprak pH' sının yükselmesiyle her iki soya fasulyesi çeşitinde radyoaktif demir alımının azaldığı saptanmış, pH' nın yükselmesinden dolayı demir alımında görülen bu olumsuz etkinin kloroza hassas soya çeşitinde kloroza dayanıklı soya çeşitine oranla 3 kat daha fazla olduğu belirtilmiştir.

Kloroz ile toplam kalker arasında genel olarak ilişki olmadığı, buna karşın aktif kalkerin (20 µ' dan daha küçük çapa sahip kalker partikülleri) toprakların kloroza neden olma gücü üzerine daha etkili olduğu bildirilmiştir (Drouineau, 1942).

Diğer yandan birçok araştırmalar göstermiştir ki, bikarbonat iyonu demir klorozuna neden olmuş ve bikarbonat iyonu içeren çözeltilerde yetiştirilen bitkilerde demirin azaldığı görülmüştür. Bitki gelişme ortamında bikarbonat iyonu bulunduğunda bitki kök uçlarındaki solunum ritminin hassas ve hassas olmayan bitkilerde azaldığı bildirilmiştir. Ayrıca çeltikte bikarbonat kapsamının demir klorozunu açıklayıcı iyi bir indis olduğu da belirtilmiştir (Place ve ark. 1969).

Mengel ve Kirkby (1982), ortamda bikarbonat iyonunun bulunmasının demir klorozunu açıklayıcı önemli bir faktör olduğunu belirtmişler ve bikarbonat iyonunun bitkilerde demir absorpsiyonunu ve taşınımını engellediğini bildirmişlerdir. Rutland (1971), açelya bitkisinde, Rutland ve Bukovac (1979), krizantem bitkisinde benzer sonuçlar bulmuşlardır.

Mengel ve ark. (1979), kalker klorozunun nedeninin toprakta demirin yarayışlılığının düşük olması ile ilgili bulunmadığını, aşırı bikarbonat iyonları sebebiyle fizyolojik olarak demirin taşınamaması sebebiyle olduğunu bildirmişlerdir. Zira araştırıcılar, kök çevresinde bikarbonat iyonlarının çok fazla bulunması halinde bitkide demirin immobilize edildiğini ifade etmişlerdir.

Bununla birlikte bikarbonat iyonunun bitkilerde demirin mobilitesini azaltma sebebi çok iyi açıklanmamakla birlikte kuvvetli bir hipoteze göre bitkiler tarafından absorbe edilen bikarbonatın bitki dokularının pH' sını yükselterek, demirin immobilizasyonuna neden olduğu belirtilmiştir. Benzer şekilde bitkilerde nitrat beslenmesinin bitki dokularında alkalilik sağlayarak demir klorozuna neden olduğu, buna karşın amonyum beslenmesinin dokularda asitliği artırarak demir beslenmesi üzerinde olumlu etki sağladığı da belirtilmiştir. Amonyum yerine fazla miktarda nitrat verilen bitkilerde demir klorozu ortaya çıktığı ifade edilmiştir (Mengel ve Kirkby, 1982).

2.3.2. Suyun ve Toprak Havalanmasının Etkisi

Toprakta aşırı su Fe^{+3}' ün Fe^{+2}' ye indirgenmesini sağlayarak demirin yarayışlılığını artıracak durumda olmakla beraber, bilinmektedir ki kalkerli topraklarda aşırı sulama kloroz riskini artırıcı önemli bir faktördür. Genel olarak bikarbonatça zengin suların ve oksijen yetesizliğinin kloroz nedeni olduğu belirtilmektedir (Porter ve Thorne, 1955). Çok asit topraklarda bile aşırı suyun, bikarbonat içeriği düşük olsa bile, açelyada demir klorozuna neden olduğu, bu klorozun nedeninin oksijen eksikliği olduğu belirtilmiştir (Lucas ve Knezek, 1972).

Topraklarda kötü havalanmanın daha çok aşırı su ve kötü strüktürden ileri geldiği belirtilmiştir. Kalkerli topraklarda, CO_2' li suların zengin olduğu ortamlarda karbonatların çözünürlüğüne ilişkin tepkime aşağıda verilmiştir:

$$CaCO_3 + CO_2 + H_2O \rightarrow Ca^{+2} + 2HCO_3^-$$

Eğer toprak iyi bir yapıya sahip ise ve atmosfer ile gaz değişimi yeterince sağlanabiliyorsa, topraktan CO_2 uzaklaşacağı için HCO_3^- birikimi fazla olmayacaktır. Ancak kireçli topraklarda toprak neminin fazla olduğu koşullarda, eğer toprak yapısı da bozuksa, oluşan CO_2' in atmosfere difüzyonu çok yavaş olacağı için toprakta CO_2 birikimi artar. CO_2' in bir yandan doğrudan toprak suyunda çözünmesi, bir yandan da karbonatlar ile tepkimeye girmesi sonucu topraktaki HCO_3^- konsantrasyonu artar ve dolayısıyla demir klorozu ortaya çıkar. Fazla yağışlı koşullarda ve kötü havalanan topraklarda demir klorozunun daha çok görüldüğüne ilişkin bazı araştırıcıların (Boxma, 1972; Kovancı ve ark. 1978; Mengel ve Kirkby, 1987) görüşleri de bu açıklamaları doğrulamaktadır. Demir klorozu, özellikle ilkbahar ve yaz aylarının fazla yağışlı geçtiği yıllarda şiddetlendiği için kötü hava klorozu (*bad weather chlorosis*) olarak da adlandırılmaktadır (Mengel ve Geurtzen, 1986).

Çok humid ve kötü yapılı topraklarda bikarbonatın akümüle olduğu ve çok yüksek konsantrasyonlara ulaştığı belirtilerek, bu şartların demir klorozuna uygun olduğu ifade edilmiş, Fransa' da özellikle bağlarda yağışın çok olduğu bazı senelerde demir klorozu görüldüğü bildirilmiştir (Loué, 1986).

Lindsay ve Thorne (1954), mikroorganizmaların organik maddeyi parçalayarak toprak suyunda ve havasında CO_2 ve HCO_3^- miktarını artırdığını, kloroza neden olduğunu belirtmişlerdir. Ayrıca mikroorganizmaların solunumunun CO_2 miktarını artırıcı bir faktör olduğunu da bildirmişlerdir.

2.3.3. Demirin Diğer Besin Elementleri ile İnteraksiyonlarının Etkisi

Bitkilerin demir alımı üzerine diğer besin elementlerinin etkilerinin bilinmesi demir noksanlığının giderilmesinde oldukça önemlidir.

P X Fe İnteraksiyonu

Fosfor demir arasındaki interaksiyonun önemli olduğu, toprakların fosforca zenginleşmesi, kalkerli topraklarda klorozu artıran önemli faktörler arasında bulunmuştur. Bununla beraber toprağın yarayışlı fosfor kapsamı ile demir klorozu arasında genel bir ilişki bulunmamıştır.

Brown ve Tiffin (1960), aşırı fosforun soyada bitki içerisinde demiri etkisiz hale geçirdiğini, demir absorpsiyonu ile fosfor absorpsiyonu arasında rekabet olduğunu, aşırı fosforun demir absorpsiyonunu azaltıcı etkisinin kalsiyumla arttığını belirtmişlerdir. Çeşitli bitkilerde gelişme ortamına aşırı miktarlarda uygulanan fosforun demir klorozunu artırdığı, üründe azalmalara neden olduğu Watanabe ve ark. (1965), tarafından da belirtilmiştir.

Gelişme ortamının aşırı fosfor içermesi nedeniyle demir **klorozu gösteren** bitkilerde demir kapsamının az etkilendiği, fakat klorozlu bitkilerde P/Fe oranının çok yüksek olduğu belirtilmiştir. Ayrıca bitkide fosfor kapsamının yükselmesinin demirin mobilitesinin azalmasına neden olduğu bildirilmiştir. Yapılan çalışmalarda domates bitkisinin köklerinde hem fosfor hem de demir kapsamının toprak üstü aksamınının demir ve fosfor kapsamına göre daha fazla olduğu tespit edilmiş, kök içinde ve kök yüzeyinde demir fosfat bileşiklerinin oluştuğu düşünülmüştür (Ayed, 1970).

Olsen (1972), fosfora bağlı demirin sitrata bağlı demire göre daha az mobil olduğunu bildirmiş, gelişme ortamının pH' sı yüksek olduğunda fosforun demir alımı üzerindeki azaltıcı etkisinin daha önemli olduğunu da belirtmiştir.

K X Fe İnteraksiyonu

Potasyum demir arasındaki interaksiyonun çelişkili olduğu bildirilmiştir. Bir yandan klorozlu bitki organlarının potasyum kapsamlarının yüksek olduğu, diğer yandan potasyum noksanlığının demir klorozunu artırdığı gözlenmiştir. Hem potasyum noksanlığı hem de demir klorozu gösteren bitkide, potasyum alımının artmasıyla klorozun hafiflediği görülmüştür. Potasyum uygulaması sonucu hem rizosferin asitleşmesi ve hem de bitkinin sitrik asit kapsamının artması sebebiyle demir absorpsiyonunun ve demir mobilitesinin arttığı bildirilmiştir (Trocme, 1960).

Bolle-Jones (1955), patateste ve çeşitli bitkilerde potasyum ve demir arasındaki ilişkinin önemli olduğunu bildirmiştir.

Demir X Diğer Mikroelement İnteraksiyonları

Demir ile diğer metal elementler (Mn, Cu ve Zn) arasındaki interaksiyonların demir noksanlığına neden olduğu ve ağır metal toksisitesinin demir klorozunu artırdığı birçok araştırıcılar tarafından bildirilmektedir (Hewit, 1963; Foy ve ark., 1978).

En fazla bilinen interaksiyon Fe X Mn arasındaki interaksiyondur. Gelişme ortamında demire oranla Mn kapsamının artması demir klorozuna neden olmuştur (Olsen, 1972).

Özbek ve Korkmaz (1981), gelişme ortamına uygulanan mangan miktarının artırılması sonucu yulaf bitkisinin demir kapsamının azaldığını, uygulanan demir miktarının artırılması sonucu ise yulaf bitkisinin mangan kapsamının azaldığını belirtmişlerdir.

Mengel ve Kirkby (1982), demir ve mangan arasındaki rekabetin önemli olduğunu, demir noksanlığında peroksidaz enzim aktivitesinin azaldığını, mangan noksanlığında ise arttığını belirtmişlerdir. Araştırıcılar ayrıca demir klorozu gösteren bitkilerde genç yaprakların üniform bir şekilde sararmaya başladığını, mangan toksisitesi gösteren bitkilerde ise ilk simptomların yaşlı yapraklarda klorozlu noktalar halinde görüldüğünü belirtmişlerdir. Araştırıcılar mangan noksanlığında genç yapraklarda damarlar arası zonların sarardığını, damarların kalın yeşil olduğunu, demir toksisitesi gösteren yapraklarda ise aşırı pigmentleşme görüldüğünü de belirtmişlerdir.

Cu X Fe interaksiyonunun turunçgillerde demir klorozuna neden olduğu, klorozlu yaprakların demir kapsamının düşük olduğu tespit edilmiştir (Olsen, 1972). Çeşitli araştırıcılar demir klorozu üzerinde bakırın etkisinin mangana göre daha yüksek olduğunu belirtmişlerdir. Su kültüründe tütünle yapılan çalışmalar bakırın demir alımını engelleyerek demir klorozunu tetiklediğini, bakırca zengin bitkilerin köklerinde demir kapsamının normal bitkilerin köklerine göre 3 kat daha fazla olduğunu, köklerden bitkinin üst aksamına demir taşınımının azaldığını göstermişlerdir (Wallace ve Dekock, 1966).

Zn X Fe interaksiyonununda önemli olduğu, şeker pancarı ve mısırda Zn noksanlığı gösteren bitkilerin çok yüksek demir kapsamına sahip oldukları tespit edilmiştir (Rosell ve Ulrich, 1964). Fakat demire oranla çok yüksek çinko dozlarında demir klorozunun tetiklendiği de tespit edilmiş, soyada yapılan çalışmada Lingle ve ark. (1963), çinkonun demir absorpsiyon ve taşınımı üzerinde azaltıcı etkisinin mangan ve bakıra göre daha fazla olduğunu bildirmişlerdir. Watanabe ve ark. (1965), 2 P X 2 Zn X 2 Fe uygulayarak mısırda yapmış olduğu denemede, yüksek çinko dozlarının düşük demir seviyesinde mısır bitkisinde demir klorozuna neden olduğunu saptamışlardır. Fakat demirin yüksek dozlarında bu etki görülmemiştir.

Olsen (1972), gelişme ortamında yüksek molibden dozlarının köklerde demir molibdat çökelmesini sağlayarak, kuvvetli demir klorozuna neden olduğunu ve üründe azalmalar görüldüğünü belirtmektedir. Molibdenin düşük demir düzeylerinde manganın sebep olduğu demir klorozunu daha da artırdığı da bildirilmektedir (Kirsch ve ark. 1963).

2.3.4. Bazı Gübrelerin Etkisi

Aşırı miktarda nitrat azotuyla beslenen bitkilerin K, Ca ve Mg katyonlarına göre daha fazla anyon absorpsiyonunu sağladıkları, nötraliteyi sağlamak için bitkilerin aldıkları fazla anyona eşdeğer miktarda rizosfere OH^- iyonu çıkardıkları, bunun bitkilerde demir noksanlığını artırdığı belirtilmektedir. Salınan OH^- ve CO_2 rizosferde HCO_3^- iyonlarının oluşmasına neden olmakta veya aşırı miktarda nitratla beslenen bitkilerin, anyon katyon dengesini sağlamak için rizosfere bikarbonat iyonu çıkardıkları bildirilmektedir (Chen ve Barak, 1982).

Demir klorozu üzerinde nitratın rolünün bitkinin genç kısımlarında organik anyon akümülasyonu ile demir klorozu arasındaki sıkı ilişkiye de bağlı olduğunu belirten, Aktaş ve Van Egmond (1979)' da benzer sonuçları saptayarak, yüksek seviyelerde nitrat uygulanan bitkilerde demir klorozu görüldüğünü bildirmişlerdir. Araştırıcılar, bitkilere potasyum ve amonyum gibi katyonların verilmesi halinde, kökleriyle dış ortama saldıkları H^+ iyonu sayesinde bitkilerin demir absorpsiyonlarını artırdıklarını da bildirmişlerdir.

Sorgumda yapılan bir çalışmada, bikarbonatça zengin sulama sularının sebep olduğu demir klorozunun amonyum sülfat gübresi uygulayarak azaldığını ifade eden Lucas ve Knezek (1972), demir klorozu üzerinde farklı azotlu gübrelerin farklı etkiye sahip olduklarını bildirmişlerdir. Araştırıcılar amonyum sülfat gübresi uygulandığında demir klorozunun hiç görülmediğini, amonyum nitrat uygulandığında hafif derecede kloroz gözlendiğini, potasyum nitrat ve özellikle kalsiyum nitrat gübreleri uygulandığında net bir şekilde demir noksanlığı gözlendiğini de bildirmişlerdir.

Yerfıstığında potasyumlu gübrelerin katyon anyon dengesi üzerine etkisinden dolayı kalker klorozunu azalttığı bildirilmiştir. % 63 kireç içeren topraklarda yetişen bitkilerde klorofil kapsamı Fe-EDDHA şelatının etkisiyle % 90 artarken, potasyum klorür ve potasyum nitrat gübrelerinin etkisiyle % 73 oranında artarak iyileşme göstermiştir (Barak ve Chen, 1983).

Wallace ve Lunt (1960), Wallihan (1966), Lucas ve Knezek (1972), demir klorozuna neden olan şartlarını aşağıdaki gibi özetlemişlerdir:

- Demirce fakir topraklar
- Serbet veya aktif kireç kapsamı yüksek topraklar
- Yüksek pH' lı topraklar
- Aşırı su içeren veya aşırı sulama yapılan topraklar
- Aşırı HCO_3^- içeren topraklar veya aşırı HCO_3^- içerikli sulama sularıyla sulanan topraklar
- Yarayışlı azot kapsamı zengin topraklar
- Aşırı miktarda ağır metal (Mn, Cu ve Zn) içeren topraklar
- Kötü havalanan veya aşırı CO_2 içeren topraklar
- Ekstrem sıcaklıklar ve yüksek ışık intensitesi
- Aşırı miktarda nitrat azotu ile beslenen bitkiler
- Toprağa yanmamış ahır gübresi ilavesi
- Toprak organik maddesinin çok düşük ya da çok yüksek olması
- Bitki çeşitlerinin kloroza duyarlılığı
- Nematod veya diğer organizmaların kök üzerindeki zararlı etkileri
- Virüsler ve diğer hastalıklar

Chen ve Barak (1982), demir klorozu konusunda hem tür veya ekilen çeşitlerin hem de ortam şartlarının birlikte değerlendirilmesi gerektiğini belirtmiş, intensif ziraatin, verim gücü yüksek bitkilerin (azot kullanımınde yüksek etkinlik gösteren fakat demir alımında çok az etkinlik gösteren bitkiler) seçiminden dolayı, demir klorozunu artırıcı bir faktör olduğunu belirtmişlerdir.

Fageria ve ark. (2002), topraklarda mikroelement yarayışlılığının belirlenmesinde toprak faktörlerinden pH' nın, redoks potansiyelinin, biyolojik aktivitenin, organik madde kapsamının, katyon değişim kapasitesinin, kil ve kireç kapsamının bilinmesinin önemli olduğunu belirtmişlerdir. Araştırıcılar bitkilerin mikroelement beslenmesinde bitki faktörlerinden kök ve kök tüycüklerinin morfolojisinin (uzunluk, kök yoğunluğu ve kök yüzey alanı), köklerin H^+, OH^- ve HCO_3^- çıkarmalarının, köklerin sitrik asit, malik asit, tartarik asit ve okzalik asit ve fenolik asit gibi organik asitleri çıkarmalarının, köklerin şeker ve protein oluşturmayan amino asit kapsamlarının (fitosiderefor), köklerin fosfataz enzimi salgılamalarının, bitki isteklerinin, bitki tür ve çeşitlerinin, köklerin CO_2 üretimlerinin, bitkilerin mikorizal yaşam tarzlarının önemli olduğunu da belrtmişlerdir.

Chen (2005), Taiwan' da kalkerli, organik maddesi düşük, alkalin toprakların ve alkalin sulama sularıyla sulanmış topraklarda, iyi drenaj sağlandığında peat topraklarda, çeltikte demir noksanlığı ortaya çıktığını belirtmiştir. Ayrıca pH' sı 6.5' dan yüksek iyi drenajlı topraklarda, pH' sı 7 olan toprakların redoks potansiyelleri şayet 0.2 volt' tan büyükse çeltiklik şartlarında demir noksanlığı geliştiğini de bildirmiştir. Araştırıcı toprakların amonyum asetat (pH=4.8) çözeltisiyle ve DTPA – $CaCl_2$ – TEA (pH=7.3) çözeltisiyle ekstrakte edilebilir demir kapsamları sırasıyla 2 ppm' in altında ve 4.5 ppm' in altında olması durumunda demir noksanlığı gözlendiğini de belirtmiştir. Araştırıcı, çeltik bitkisinde kardeşlenme ve başak oluşturma başlangıcı devrelerinde kritik demir seviyesinin 50 ppm olduğunu da belirtmiştir.

2.4. Bitkilerin Demir Beslenme Durumunun Teşhisinde Yararlanılan Metotlar

2.4.1. Bitki Analizleri

Bitkilerde demirin başlıca iki şekilde bulunduğu, etkin (aktif) ve etkin olmayan (inaktif) ya da serbest ve bağlı demir şeklinde gruplandırıldığı bildirilmektedir. Bitkilerde demir klorozunu incelemek veya teşhis etmek amacıyla dokularda toplam demir analizlerinin çoğunlukla yetersiz kaldığı, demir noksanlığının teşhisinde etkin demir (aktif demir) analizlerinin bu amaçla başarı ile kullanılabileceği de belirtilmiştir (Llorente ve ark., 1976; Katyal ve Sharma, 1984; Lang ve Reed, 1987).

Gezgin ve Er (2001), bağlarda demir klorozunun derecesi ile yaprakların aktif demir kapsamları arasında R^2 'si % 87.8 olan negatif ve önemli bir ilişki saptamış, aktif demir kapsamı azaldıkça demir kloroz derecesi artmıştır. Bununla birlikte klorozun derecesi ile yaprakların toplam demir kapsamları arasındaki ilişkinin R^2' si

% 12 ve istatistiksel olarak önemsiz bulunmuştur. Aynı şekilde araştırıcılar kloroz derecesiyle yaprak sapının demir kapsamı arasındaki ve kloroz derecesiyle yaprak sapının aktif demir kapsamı arasındaki ilişkilerin korelasyon katsayılarının negatif fakat istatistiksel olarak önemli olmadıklarını bildirmişlerdir. Bu çalışmada yaprakların aktif demir kapsamları ile azot kapsamları, kalsiyum ve manganez kapsamları arasındaki ilişkilerin korelasyon katsayıları sırasıyla r= -0.345*, r= -0.338* ve r= -0.382* bulunmuştur. Klorozun derecesi 1 (yaprak tam yeşil), 2 (yaprak hafif yeşil sarı arası), 3 (yaprak hafif sarı koyu sarı arası) ve 4 (yaprak koyu sarı kahverengi arası) olduğunda yaprakların aktif demir kapsamları sırasıyla 60.1 ppm, 47.6 ppm, 17.3 ppm ve 8.8 ppm, yaprakların toplam demir kapsamları ise sırasıyla 105.6 ppm, 105.7 ppm, 74.0 ppm ve 85.9 ppm bulunmuştur. Aynı şekilde yaprak sapında aktif demir kapsamı artan kloroz derecesine bağlı olarak sırasıyla 30.6 ppm, 61.2 ppm, 36.2 ppm ve 9.3 ppm bulunmuştur. Benzer olarak yaprak sapının toplam demir kapsamı ise artan kloroz derecesine bağlı olarak sırasıyla 41.4 ppm, 106.3 ppm, 73.8 ppm ve 73.4 ppm bulunmuştur. Araştırıcılar yaprak sapında yapılan toplam ve aktif demir analizlerinin, yaprak ayasında yapılan toplam demir analizlerinin demir noksanlığının teşhisinde iyi bir indikatör olmadıklarını, buna karşın yaprak ayasında yapılan aktif demir analizlerinin demir noksanlığının teşhisinde uygun bir indikatör olduğunu da bildirmişlerdir. Benzer gözlemler çeşitli bitkilerde Scholl (1979), DeKock ve ark. (1979), Katyal ve Sharma (1980), Mengel ve ark. (1984), Rao ve ark. (1987), Özgümüş (1988), Gedikoğlu (1990b), Katkat ve ark. (1994) ve Gezgin ve Durucan (1995) tarafından da gözlenmiştir.

Korkmaz ve ark. (2006), şeftali yapraklarının klorofil a, b ve klorofil (a+b) kapsamları ile yaprakların aktif demir kapsamları arasındaki ilişkilerin korelasyon katsayılarının pozitif ve istatistiksel olarak önemli olduklarını belirtmişler ve sırasıyla bu ilişkilerin korelasyon katsayılarının r=0.972**, r=0.963** ve r=0.975** olduklarını bildirmişlerdir. Yapılan çalışmada yaprakların aktif demir kapsamı arttıkça klorofil a, b ve klorofil (a+b) kapsamları artış göstermiştir. Şeftali yapraklarının aktif demir ve toplam demir kapsamları arasındaki ilişki istatistiksel olarak önemli bulunmamıştır. Araştırıcılar yaprakların klorofil (a+b) kapsamı 1.22

mg/g, 1.35 mg/g, 1.36 mg/g, 1.63 mg/g, 1.68mg/g, 2.15 mg/g, 2.35 mg/g, 2.55 mg/g iken aktif demir kapsamlarının sırasıyla 7.29 ppm, 8.31 ppm, 8.63 ppm, 12.99 ppm, 12.54 ppm, 15.10 ppm, 22.34 ppm ve 21.82 ppm olduğunu saptamışlardır. Araştırıcılar klorozlu şeftali bahçesinde çeşitli demirli gübreler uygulamışlar, ağaç başına 200 g sequestrene Fe uygulamasıyla şeftali yapraklarında aktif demir kapsamı, kontrol ağaçlarda 8.31 ppm' den, 22.34 ppm' e yükselmiş ve kloroz giderilmiştir.

Horuz ve ark. (1999), demir klorozu gösteren şeftali yapraklarının klorofil (a+b) kapsamlarının ortalama 0.49 mg/g, aktif ve toplam demir kapsamlarının ise ortalama sırasıyla 12.31 ppm ve 120.6 ppm olduğunu, demir klorozu göstermeyen şeftali yapraklarının ise klorofil (a+b) kapsamlarının ortalama 2.31 mg/g, aktif ve toplam demir kapsamlarının sırasıyla 21.61 ppm ve 133.6 ppm olduğunu tespit etmişlerdir. Yapılan çalışmada yaprakların klorofil (a+b) kapsamlarıyla aktif demir, toplam azot, toplam fosfor ve toplam potasyum kapsamları arasında korelasyon katsayıları sırasıyla r=0.768**, r= -0.572**, r= -0.684** ve r= -0.350* olan pozitif ve negatif ilişkiler saptanmıştır. Ayrıca şeftali yapraklarının aktif demir kapsamları ile toplam azot, toplam fosfor, toplam potasyum ve toplam demir kapsamları arasındaki ilşikilerin korelasyon katsayıları sırasıyla r= -0.367*, r= -0.512**, r= -0.367* ve r=0.498** bulunmuştur.

Wallihan (1966), demir analizi yapılacak bitki örneklerinin mutlaka sadece saf su ile değil seyreltik asit ile yıkanması gerektiğini belirtmiştir. Loué (1986), genel olarak demir noksanlığı görülen bitkilerde toplam demir kapsamının 50 ppm' in altında olduğunu, noksanlık göstermeyen bitkilerde toplam demirin 50 – 250 ppm arasında değiştiğini, toksisite durumunda yaprakların demir içeriğinin kesin belirlenemediğini bildirmiştir.

Jones (1970), mısır ve şekerpancarında demirin daha çok yaprakların kenarında akümüle olduğunu ve yaprak ayasının demir kapsamının yaprak sapının demir kapsamından 3 – 4 kat daha yüksek bulunduğunu bildirmiştir. Tahıl danelerinin demir kapsamlarının genel olarak düşük olduğu, bu demir kapsamının sadece bitkinin ilk devrelerinde normal gelişmeyi sağlayabileceği, ileri devrelerde tohumdaki demirin bitkiye yeterli gelemeyeceği de belirtilmiştir.

Başar (2005), klorozlu şeftali bahçesi topraklarında yarayışlı demirin tayininde farklı ekstraksiyon metodlarını kullanarak yaptığı çalışmada 0 – 30 cm' den alınan toprakların 0.05 M EDTA (pH=7.0), 1 M NH_4HCO_3 + 0.005 M DTPA (pH=7.6), 0.05 M HCl + 0.0125 H_2SO_4, NaOAc + DTPA, $(COONH_4).2H_2O$+ $(COOH)_2.2H_2O$, 0.01 M EDTA + 0.5 M $(NH_4)_2CO_3$ (pH=8.6) yöntemleriyle belirlenen demir kapsamları ile şeftali yapraklarının aktif demir kapsamları arasındaki ilişkilerin korelasyon katsayıları sırasıyla r=0.763*, r=0.845**, r=0.672*, r=0.809**, r=0.740*, r=0.763* saptamıştır. Araştırıcı toprakların 0.05 M EDTA (pH=7.0), 1 M NH_4HCO_3 + 0.005 M DTPA (pH=7.6), NaOAc + DTPA yöntemleriyle belirlenen yarayışlı demir kapsamları ile şeftali yapraklarının toplam demir kapsamları arasındaki ilişkilerin korelasyon katsayıları ise sırasıyla r=0.669*, r=0.762*, r=0.766* bulmuştur. Araştırıcı toprakta ekstarkte edilebilir demirin belirlenmesinde kullanılan 0.05 M EDTA (pH=7.0), 1 M NH_4HCO_3 + 0.005 M DTPA (pH=7.6), .0.05 M HCl + 0.0125 H_2SO_4 yöntemlerinin ve bitkide aktif demir tayin yönteminin şeftali bahçesi topraklarında yarayışlı demir durumunun belirlenmesinde kullanılabileceğini de belirtmiştir.

Ksouri ve ark. (2001), Tunus' da üzüm bağlarında yaptıkları bir çalışmada yapraklardaki klorozun klorofil a ve b kapsamının azalmasına bağlı olduğunu, fakat klorozlu ve klorozsuz yapraklarda toplam demirin değişmediğini belirlemişlerdir. Araştırıcılar, bitki yapraklarında aktif demiri (Fe^{+2}) aşağıda ifade edilen üç yönteme göre belirleyerek yöntemleri karşılaştırmışlardır. Bu yöntemler; 1. Taze yapraklarda %1.5' luk ve pH' sı 3'e ayarlı 1-10-o-Phenanthroline ile ekstraksiyon yöntemi, 2. Taze yapraklarda 1.0 N HCl ile ekstraksiyon yöntemi, 3. Kuru yapraklarda 1.0 N HCl ile ekstraksiyon yöntemi. Yaprakların klorofil kapsamları ile yapraklarda bu yöntemlerle ekstrakte edilen Fe^{+2} kapsamları arasındaki ilişkilerin korelasyon katsayıları önemli bulunmuştur. Kuru yapraklarda 1.0 N HCl ile ekstrakte edilen Fe^{+2} kapsamı ile klorofil kapsamı arasındaki ilişkinin katsayısı daha yüksek olup, **r=0.96** bulunmuştur. Araştırıcılar bitkilerin fotosentez aktivitelerinin yaprakların 2 değerlikli demir (aktif demir) kapsamlarına bağlı olduğunu da belirtmişlerdir.

Başar (2002), soya fasulyesinde demir klorozunun giderilmesinde yapraktan $FeSO_4.7H_2O$ uygulamasının başarılı sonuçlar sağladığını belirtmiş, FeEDDHA' nın da yapraktan uygulandığında yaprakların aktif ve toplam demir içeriklerini artırarak klorozu önlediğini bildirmiştir.

Kaur ve ark. (1984), klorozlu nohut çeşitlerinde klorozsuzlara göre yaprakta aktif demir ve klorofil kapsamının düşük olmasına rağmen toplam demir kapsamının yüksek olduğunu belirtmişlerdir. Araştırıcılar yaprakların klorofil kapsamı ile 1.0 N HCl ile ekstrakte edilebilir aktif demir kapsamı arasında önemli ilişki olduğunu fakat o- Phenanthroline ile ekstrakte edilebilir aktif demir kapsamıyla ilişkili olmadığını belirtmişlerdir. Araştırıcılar yeşil ve klorozlu çeşitlerde HCl ile belirlenen aktif demirin o- Phenanthroline ile belirlenenden daha fazla olduğunu da bildirmişlerdir. Araştırıcılar yapraktan $FeSO_4$ uygulamalarının klorozu önlediğini, klorofil kapsamının total ve aktif demir kapsamını ve verimi artırdığını da belirtmişlerdir. Ayrıca araştırıcılar klorofil ve aktif demir kapsamının tane verimiyle ilişkili olmadığını da bildirmişlerdir.

2.4.2. Toprak Analizleri

Toprakta demirin diğer mikro elementlerden farklı olarak kolayca değer değiştirebilme ve şelatların yapısına girebilme özellikleri nedeniyle kimyasal yöntemlerle bu elementin alınabilir miktarının saptanmasında güçlükler ortaya çıkmaktadır. Bu güne kadar topraklarda bitkiye yarayışlı demir miktarının belirlenmesinde geliştirilen yöntemlerin sayısı çok azdır ve değişik toprak koşullarında her zaman için pratiğe yönelik ve uygun sonuçlar vermemektedir.

Topraklarda mikroelementlerin ekstraksiyonunda su, nötr tuzların çözeltileri, asitler, çeşitli kuvvetli asit ve tuzlarla beraber oluşturulmuş çözeltiler ve organik asitlerin kullanıldığı bildirilmiştir (Anderson, 1975; Sillanpaa, 1978). Asit ekstraksiyon çözeltilerinin (0.1 N HCl) kireçli topraklarda uygun olmadıkları, bu topraklarda katyonik mikro elementlerin ekstraktsiyonunda asit çözeltiler yerine şelat teşkil edici maddelerin kullanılması gerektiği belirtilmiştir (Lakanen ve Ervio, 1971).

Viets ve Lindsay (1973), şelat teşkil edici ekstraksiyon çözeltilerinin toprakların mikro element sağlama kapasitelerinin tayininde kolaylık sağladığını, bu amaçla en çok kullanılan şelat teşkil edici ekstraksiyon çözeltilerinin EDTA (etilen diamin tetraasetik asit) ve DTPA (dietilen triamin pentaasetik asit) olduklarını belirtmişlerdir.

Cox ve Kamprath (1972), aynı şekilde sadece toprakta demir analizlerinin kloroz riskini ortaya koyamayacağını belirtmiş ve toprakların toplam demir kapsamları ile demir klorozu arasında ilişkinin iyi olmadığını bildirmişlerdir. Ayrıca araştırıcılar demir klorozunun teşhisinde her ekstraksiyon yönteminin güvenilir olarak kullanılamayacağını, zira demir klorozunun bizzat bitkinin tür ve varyetesine bağlı olduğu gibi diğer birçok faktörlerin demir klorozunu etkilediğini belirtmişlerdir. Araştırıcılar toplam kalker kapsamının da kloroz ihtimalinin ortaya konulmasında bir indeks olmadığını bildirmişler, ayrıca çeşitli demir ekstraksiyon yöntemlerinin toprakların demir durumu hakkında yine de faydalı bilgiler sağlayacağını belirtmişlerdir.

Olson ve Carlson (1950), pH' sı 4.8' e asetik asit ile ayarlanmış, 1.0 N amonyum asetat çözeltisiyle değişebilir demirin ekstraksiyonunu incelemişler, klorozun derecesine ve ekstrakte edilebilir demir miktarına bağlı olarak toprakları sınıflandırmışlardır. 1.0 N amonyum asetat (pH=4.8) ile ekstrakte edilebilir demir kapsamı 0.01 – 0.30 ppm arası topraklarda yetişen bitkilerin çok şiddetli – orta arası kloroz gösterdikleri, ekstrakte edilebilir demir kapsamı 0.30 – 2.20 ppm arası topraklarda yetişen bitkilerin orta – hafif arası kloroz gösterdikleri, demir kapsamı 2.20 – 30 ppm arası topraklarda yetişen bitkilerin ise kloroz göstermedikleri tespit edilmiştir. Araştırıcılar hassas bitkiler için önerilen kritik değişebilir demir seviyesinin 2.0 ppm olduğunu da belirtmişlerdir.

Bradley ve Smittle (1965), demire çok hassas bitkilerle yaptıkları bir çalışmada, toprakta ekstrakte edilebilir demir tayininde kullanılan amonyum asetat ile diğer ekstraksiyon çözeltilerini (sodyum asetat, EDDHA ve EDTA) karşılaştırmışlardır. Bitkilerin demire verdikleri cevap ile toprakların sodyum asetat ve EDDHA çözeltileriyle ekstrakte edilebilir demir kapsamları arasında yüksek ve istatistiksel olarak önemli ilişkiler saptanarak, toprakların demir durumlarının belirlenmesinde sodyum asetat ve EDDHA' nın uygun olacağı belirtilmiştir.

Toprakta demirin ekstraksiyonunda şelat teşkil eden ekstraksiyon çözeltilerinden çok sık yararlanıldığı belirtilmiş, 0.1 M $NaNO_3$ içerisinde 0.001 M EDDHA yönteminin Sudan çimindeki klorozun derecesi ile iyi ilişki gösterdiği belirtilmiştir. Belirtilen ekstraksiyon yönteminin kalkerli topraklar kadar asit topraklarda da uygun olduğu ifade edilmiştir (Johnson ve Young, 1968).

Johnson ve Young (1973), toprakların demir kapsamlarının belirlenmesinde EDDHA' nın kullanılabilirliğini araştırdıkları başka bir çalışmada, toprakların 0.001 M EDDHA ile ekstrakte edilebilir demir miktarıyla bu topraklarda yetişen bitkilerin gösterdikleri kloroz derecesi arasında önemli ve korelasyon katsayısı yüksek ilişkiler (r=0.91** ile 0.98** arası) tespit etmişlerdir.

Lindsay ve Norwell (1969), tarafından tavsiye edildiği gibi Chen ve Barak (1982), tarafından da toprakta demirin ekstraksiyonunda en iyi ekstraksiyon yönteminin 0.005 M DTPA + 0.01 M $CaCl_2$ + 0.1 M TEA (pH=7.3) olduğu belirtilmiştir. Lindsay (1979)' a göre Kolorado' dan alınan 77 toprak bu ekstraksiyon yöntemine göre demir durumu yönünden sınıflandırılmıştır. Araştırıcı toprakta kritik demir değerinin 2.5 – 4.5 ppm arasında değiştiğini, 4.5 ppm' in üzerinde demir içeren topraklarda demir uygulamalarına bitkilerin olumlu cevap vermediklerini bildirmiştir. Buna karşın Boer ve Reisenauar (1973), DTPA yöntemi için toprakta kritik demir düzeyinin 5 – 6 ppm olduğunu belirtmişlerdir.

Asetat, EDDHA ve DTPA gibi çeşitli demir ekstraksiyon çözeltilerinin birbirleriyle uyumlu sonuçlar verdikleri, demir kloroz riski taşıyan toprakları tespit etme imkanı sağladığı belirtilmiştir (Loué, 1986).

Soltanpour ve Schwab (1977), DTPA yöntemini 0.005 M DTPA+1.0 M NH_4HCO_3 (pH=7.6) şeklinde modifiye etmişler ve bu yöntemle nötr ve kalkerli topraklarda alınabilir katyonik mikro elementler yanında, alınabilir fosfor, potasyum ve nitratın da ekstrakte edilebildiğini belirtmişlerdir. Havlin ve Soltanpour (1981), tarafından bu yöntem [0.005 M DTPA + 1.0 M NH_4HCO_3 (pH=7.6)] toprakların demir ve çinko durumlarının belirlenmesinde kullanılmıştır. Bu yöntem ile kireç kapsamı % 0.0 – 12.2 arasında değişen deneme topraklarında yetiştirilen sorghum (darı) bitkisinin kaldırdığı demir miktarı arasında (r=0.67) oldukça yüksek korelasyon saptanmıştır. Araştırıcılar yöntem için belirlenen kritik Fe değerinin 4.8 ppm olduğunu da saptamışlardır. Ayrıca bu yöntemle toprakta alınabilir bazı makro ve mikro elementler de belirlenebildiği için, ekonomik üstünlük sağladığı için ve kısa zamanda sonuç verdiği için DTPA yöntemine nazaran başarılı bir şekilde kullanılabileceği de bildirilmiştir.

Westfall ve ark. (1971), Teksas' da şiddetli demir klorozunun çeltikte ürün miktarını önemli ölçüde azalttığını belirterek yapmış oldukları bir çalışmada, kloroz görülen bir yerde toprakların DTPA ile ekstrakte edilebilir demir kapsamının 13 ppm, kloroz görülmeyen toprakta 46 ppm olduğunu; diğer bir yerde ise kloroz görülen ve görülmeyen topraklarda DTPA ile ekstrakte edilebilir demir kapsamının sırasıyla 16 ve 32 ppm olduğunu saptamışlardır. Toprağa uygulanan demir gübrelemesiyle klorozun tamamen giderildiğini de belirten araştırıcılar, hektara 100 kg Fe [$Fe_2(SO_4)_3$ halinde] uygulamasıyla ürün miktarında hektarda 2100 kg artış sağlandığını saptamışlardır.

Nair ve Cottenie (1967), Neubauer yöntemi kullanarak yaptıkları bir araştırmada, toprağa 0, 100, 200, 300, 400 ve 500 ppm düzeylerinde demir uygulamışlar ve 15 gün süreyle arpa bitkisi yetiştirmişlerdir. Elde edilen sonuçlara göre toprağa katılan 200 ppm ve daha fazla demir, toksik etki yaparak bitki gelişmesini geriletmiştir.

Ghani (1964), kireç kapsamları % 0.19 – 89.62 arası ve pH' ları 7.45 – 10.40 arası değişen farklı bünyede 51 toprakta yapmış olduğu bir çalışmada toprakların elverişli demir kapsamlarının belirlenmesinde 1.0 N amonyum asetat (pH=3.0) yönteminin uygun olduğunu saptamış ve bu yöntemle ekstrakte edilebilir demir kapsamının 1 – 15 ppm arasında değiştiğini belirtmiştir.

Wallace ve Shannon (1956), EDTA ve EDDHA' nın topraktan demiri ekstrakte etme gücünü kıyaslamışlar, EDTA' nın kalsiyuma olan afinitesinden dolayı kireçli topraklarda demiri çözme gücünün azaldığını tespit etmişlerdir.

MacLean ve Langille (1976), pH' sı 7' den düşük asit toprakların yarayışlı demir kapsamlarının belirlenmesinde 0.1 N HCl yönteminin uygun olduğunu, buna karşın Lindsay ve Norwell (1978), kireçli toprakların yarayışlı demir kapsamlarının belirlenmesinde DTPA yönteminin uygun olduğunu bildirmişlerdir.

Fransa' da Toulouse' de bulunan CdF Chimie- Azote et Fertilisants merkezi toprakları DTPA ile ekstrakte edilebilir demir kapsamına göre aşağıdaki gibi yorumlamaktadır:

- < 10 ppm: demir noksanlığı riski yüksek;
- 10 – 20 ppm arası: noksanlık riski orta ile düşük arası;
- 20 – 150 ppm arası: yeterli;
- > 150 ppm: hidromorfik bir problemin göstergesidir.

Aktaş (1982), Tokat ve Amasya illerinde elma yetiştirilen toprakların demir durumunu saptamak ve bu topraklarda bitki tarafından alınabilir halde bulunan demir miktarlarının belirlenmesinde kullanılabilecek uygun yöntem veya yöntemleri seçmek amacıyla çalışma yapmıştır. Araştırıcı standart indeks olarak "A" değerini ve diğer bazı biyolojik indeksleri ele almış, kimyasal yöntemlerle standart indeksler arasındaki ilişkilerin korelasyon katsayılarını dikkate alarak, bu toprakların alınabilir demir kapsamlarının belirlenmesinde en uygun yöntemlerin şelatlı yöntemler oldukları (uygunluk sırasına göre Lindsay ve Norvell yöntemi, 0.001 M EDDHA yöntemleri 18 saat ve 66 saat çalkalama süreli, 0.001 M NaEDDHA yöntemi) tespit edilmiştir. Ancak şelatlı yöntemler arasında Lindsay ve Norvell yönteminin (DTPA yöntemi) biyolojik indekslerle diğer yöntemlere göre daha yüksek korelasyonlar vermesi, daha kısa zamanda sonuçların alınması, demirin yanında bazı mikro elementlerin de saptanmasına olanak sağlaması gibi avantajları nedeniyle tavsiye edilmiştir. Araştırıcı Lindsay ve Norvell yöntemi için Boer ve Reisenauer (1973) tarafından kritik düzey olarak verilen sınır değerine göre (6 ppm) incelediği toprakların % 22' sinin noksan düzeyde demir kapsadığını da belirtmiştir. Araştırıcı uygun yöntemler arasında amonyum okzalat yönteminin biyolojik indekslerle olan ilişkisinin korelasyon katsayısı düşük olması nedeniyle 5. sırada yer aldığını, ancak topraklardan ekstrakte edilen demir miktarlarının çok yüksek çıkması nedeniyle toprakların alınabilir demir kapsamlarının tayini için kullanılmasını tavsiye etmemiştir.

Hatipoğlu (1977), Orta Güney Anadolu bölgesinde, elma yetiştirilen toprakların demir durumunu saptamak ve bu toprakların yarayışlı demir miktarlarını belirlemede kullanılacak yöntemleri seçmek için bir çalışma yürütmüştür. Araştırmacı biyolojik indeks olarak "A" değerini ve diğer biyolojik indeksler olmak üzere 11 biyolojik indeksi ele almış ve biyolojik indekslerle oldukça yüksek ilişki katsayılarını veren 0.001 M EDDHA ve Lindsay ve Norvell yöntemlerinin toprakların yarayışlı demir kapsamını belirlemede oldukça başarılı bir şekilde kullanılabileceğini belirtmiştir.

Antep (1983), Antalya turunçgil bölgesi topraklarının demir durumunu belirlemek ve bu topraklarda alınabilir demir miktarının belirlenmesinde kullanılacak yöntemleri seçmek amacıyla bir araştırma yapmıştır. Korelasyon analizi sonuçlarına göre kullanılan kimyasal yöntemler içinde A değerleriyle en yüksek korelasyonu 0.001 M EDDHA vermesi nedeniyle (r=0.810**) alınabilir demir kapsamlarının belirlenmesinde en uygun bu yöntemi tavsiye etmiş, ikinci olarak da A değeriyle ilişkisi r=0.679* olan 0.005 M DTPA + 0.01 M $CaCl_2$ + 0.1 M TEA (pH=7.3) yöntemini tavsiye etmiştir.

Lopez ve Graham (1973), izotopik değişim esasına göre belirlenen "labile pool" demir miktarları 1.9 ppm, 2.4 ppm ve 2.6 ppm olan 3 toprağa $FeSO_4.7H_2O$ halinde 20 ppm demir katarak, 'labile pool" demir miktarları 20.6 ppm, 34 ppm ve 107 ppm olan diğer 3 toprağa ise demir katmadan aküçgül yetiştirmişlerdir. Demirli gübrelemenin etkisiyle bitkinin kuru madde miktarı ve demir kapsamlarında çok büyük artışlar elde edildiği bildirilmiştir.

Tamcı (1977), Çukurova bölgesinden aldığı bazı toprak serilerinin pH değerlerinin 7.1 – 8.3, kireç kapsamlarının % 1.8 – 69.2 arasında değiştiğini ve bu toprakların DTPA ile ekstrakte edilebilir demir kapsamlarının 1.46 – 9.95 ppm arasında bulunduğunu saptamıştır.

Zabunoğlu ve ark. (1977), Bursa bölgesi zeytin ağaçlarında yer yer demir noksanlığı görüldüğünü, bu zeytinlik bahçelerinden alınan toprakların 0.005 M DTPA ile ekstrakte edilebilir demir kapsamlarının 5.70 – 27.45 ppm arasında değiştiğini saptamışlardır.

Aksoy (1977), Nevşehir bölgesinde yetiştirilen patateslerin beslenme durumlarını saptamak amacıyla yaptığı bir araştırmada, demir eksikliği sorununa rastlamadığını belirtmiş ve bu toprakların DTPA ile ekstrakte edilebilir demir miktarlarının 1.70 – 15.70 ppm arasında olduğunu bildirmiştir.

Follett ve Lindsay (1971), pH' ları 5.4 - 7.9, kireç kapsamları % 0.0 – 17.3 arasında değişen 11 Kolorado toprağı üzerinde yaptıkları araştırmada Fe, Mn, Zn ve Cu gübrelemesinin bu elementlerin topraktan 0.005 M DTPA ile ekstrakte edilebilir miktarları üzerine olan etkisini saptamışlardır. Araştırıcılar topraklara 5 ppm Fe $FeSO_4.7H2O$ ve FeEDDHA halinde vermişlerdir. Gübrelenen topraklarda 1 haftalık inkübasyondan sonra 7 hafta süreyle yulaf ve bunun arkasından 6 hafta süreyle mısır yetiştirilmiştir. Araştırıcıların bildirdiklerine göre gübrelemeden önce topraklarda DTPA ie ekstrakte edilen demir miktarları 1.7 – 168.3 ppm arasında olmuş ve demir sülfat halinde verilen demirin bir hafta sonra ancak % 20' si, FeEDDHA halinde verilen demirin ise 7 hafta sonra % 70' i, 14 hafta sonra % 26' sı yeniden ekstrakte edilebilmiştir. Araştırıcılar DTPA' nın toprakların alınabilir demir miktarlarının belirlenmesinde uygun bir ekstraksiyon çözeltisi olduğunu da ileri sürmüşlerdir.

Özbek (1969a), Akdeniz bölgesi portakal bahçelerinde 0 - 15 cm derinlikten alınan toprak örneklerinde 1.0 N NH_4-asetat (pH=4.8) ile ekstakte edilebilir demir miktarlarını 0.51 – 17.06 ppm olarak belirlemişler, bu topraklarda yaprak analizlerine ve gözle görülen arazlara dayanarak demir noksanlığı olduğunu ve bu noksanlığın toprağın yüksek pH ve kireç kapsamından geldiğini ileri sürmüştür.

Mısra ve Pande (1974), Hindistan' ın çeşitli yörelerinden aldığı ve pH' ları 7.1 – 9.1 ve kireç kapsamları % 1.05 – 9.20 arasında değişen 32 aluviyal toprakta alınabilir demir miktarının belirlenmesinde kullanılacak kimyasal yöntemleri seçmek amacıyla sorgum bitkisi yetiştirerek sera denemesi yürütmüşlerdir. Araştırıcılar bitkinin topraktan kaldırdığı demir miktarını biyolojik indeks olarak ele almışlar, kimyasal yöntemlerle söz konusu biyolojik indeks arasında en yüksek korelasyonu 1.0 N NH_4OAc (pH= 7.0 ve 3.0) yöntemlerinin verdiğini, sırasıyla r=0.959*** ve r=0.985*** ve bunu 0.1 N HCl r=0.744*** yönteminin izlediğini bildirmişledir.

Raji ve ark. (1998), Kuzeybatı Nijerya kumlu topraklarının toplam demir kapsamlarının 100 – 3750 ppm arasında, DTPA ile ekstrakte edilebilir demir kapsamlarının 4.5 – 16 ppm arasında olduğunu, 0.1 M HCl ile ekstrakte edilebilir demir kapsamlarının 8 – 123 ppm arasında değiştiğini belirtmişlerdir. Araştırıcılar toplam demir kapsamı ile kil kapsamı arasında yüksek ilişki olduğunu, toplam demirin organik maddeyle ilişkisinin önemli olmadığını ve ekstrakte edilebilir demir kapsamının kritik değerin üstünde olduğunu, herhangi bir demir beslenme sorununun olmadığını da belirtmişlerdir.

Benitez ve ark. (2002), Güney İspanya' da aşırı kalkerli topraklarda zeytin ağaçlarının şiddetli demir klorozu gösterdiğini belirtmişlerdir. Yapılan çalışmada yaprakların klorofil kapsamı ile toprakların karbonat kapsamları arasında zayıf ilişki olduğu belirtilmiştir. Buna karşın yaprakların klorofil kapsamı ile toprakların kil kapsamları, okzalat, sitrat/askorbat ve DTPA ile extrakte edilebilir demir kapsamları arasındaki ilişkilerin önemli oldukları belirlenmiştir. Araştırıcılar kristalin demir bileşiklerinin demir beslenmesinde önemli rol oynadığını, demir klorozunu teşhis etmek amacıyla toprakta kritik kil seviyesinin 300 gkil/kg toprak, okzalatla ekstrakte edilebilir demir kapsamının ise 0.35 g/kg toprak olduğunu da belirtmişlerdir.

Singh ve ark. (1977), Hindistan' ın Bihar yöresinden aldıkları kireçli 30 yüzey toprağında bitkiler tarafından alınabilir Fe, Mn ve Cu miktarının belirlenmesinde kullanılacak yöntemleri seçmek amacıyla mısır bitkisi yetiştirerek sera koşullarında bir çalışma yürütmüşlerdir. Araştırıcılar standart biyolojik indeks olarak ürün miktarını, bitkilerin demir kapsamını ve bitkinin topraktan kaldırdığı demir miktarını ele almışlar ve söz konusu biyolojik indekslerden sadece bitkinin topraktan kaldırdığı demir miktarı ile en yüksek korelasyonu DTPA yönteminin (r=0.409**) verdiğini belirtmişlerdir.

Katyal ve Sharma (1991), Hindistan topraklarında DTPA ile ekstrakte edilebilir demir kapsamının pH ve kireç kapsamı arttıkça azaldığını ve organik maddenin azalmasıyla da yine azaldığını belirtmişlerdir. Araştırıcılar toplam demir kapsamının kireç ve kil kapsamıyla arttığını da belirtmişlerdir. Araştırıcılar arid bölgelerin topraklarında alınabilir demirin azaldığını belirtmişlerdir.

Metwally ve Abdellah (1978), Mısır' da kireçli (% 13.6 – 77.0 arası kireç içermekte) ve kireçsiz (% 1.8 – 4.2 arası kireç içermekte) toprakların demir durumlarını ve bu topraklarda alınabilir demir miktarını belirlemek amacıyla soya bitkisi yetiştirerek sera denemesi yürütmüşlerdir. Araştırıcılar biyolojik indeks olarak yetiştirilen bitkinin demir kapsamını ve demir alımını ele almışlardır. Bu biyolojik indekslerle incelenen kimyasal yöntemler arasındaki ilişkilerin korelasyon katsayıları kireçli topraklarda önemli bulunmamış; kireçsiz topraklarda ise bitkinin topraktan kaldırdığı demir alımıyla en yüksek korelasyonu 1.0 N NH_4OAc + % 0.025 hidrokinon (r= -0.699**) yönteminin verdiğini, bitkinin demir kapsamı ile en yüksek korelasyonu ise 1.0 N NaOAc (r=0.650**), 1.0 N NH_4OAc + % 0.2 hidrokinon (r=0.750**) ve 1.0 N NH_4OAc + % 0.025 hidrokinon (r=0.660**) yöntemlerinin verdiğini belirtmişlerdir.

Gupta (2005), Hindistan topraklarının mikro element durumunu belirlemek için DTPA (dietilen triamin penta asetikasit) yöntemini kullanımış Hindistan topraklarının % 48.1' inde Zn eksikliği, % 11.2' sinde Fe eksikliği, % 7' sinde Cu eksikliği, % 5.1' inde Mn eksikliği görüldüğünü belirtmiştir.

Toprakların kloroza neden olma gücünün tespitinde toprakların aktif kalker kapsamının tespiti önerilmiş, ancak daha sonra Juste ve Pouget (1972), bazı ortam şartlarında özellikle üzüm bağlarında toprakların sadece aktif kalker kapsamlarının bilinmesiyle demir klorozunun açıklanamayacağını belirtmişler ve toprakların aktif kalker ve kolayca ekstrakte edilebilir demir kapsamlarını birlikte bulunduran bir indis tanımlamış ve önermişlerdir. Toprakların kloroza neden olma gücünü belirleyen bu indis aşağıdaki formüle göre hesaplanmaktadır:

$$IPC = \frac{CaCO_3 \times 10^4}{(Fe)^2}$$

IPC= Toprakların kloroza neden olma gücü indisi

$CaCO_3$ = Aktif kalker, %

Fe= NH_4okzalat yöntemiyle kolayca ekstrakte edilebilir demir, ppm

Morlat ve Courbe (1981), indisteki kolayca ekstrakte edilebilir demiri belirlemek için amonyum okzalat yöntemi yerine EDTA' nın da kullanılabileceğini ve EDTA ile ekstrakte edilebilir demir değerleri kullanıldığında belirlenen indis değerlerinin bitkinin demir sağlama ve demir klorozu riskini daha iyi göstereceğini belrtmişlerdir.

Champagnol (1984)' a göre, bazı üzüm anaçlarının demir klorozuna toleranslarını ortaya koymak için toprakların aktif kalker kapsamı ve toprakların kloroza neden olma gücü indislerine ilişkin eşik değerleri anaçlara göre Çizelge 1' de verilmiştir.

Çizelge 1. Bazı üzüm anaçları için toprakların kritik (eşik) aktif kalker kapsamları ve kloroza neden olma gücü indeks değerleri

Üzüm anacı	Aktif kalker, %	IPC
Riparia Gloire	6	5
44-53 M	10	-
3309 C	11	10
99R, 110R, 1103P, SO4	17	30
5BB, 420 A	20	40
161- 49 C	25	50
41 B	40	60
3309 EM	40	70
140 RU	20	90
Fercal	-	120

IPC: kloroza neden olma gücü indeks değerleri

2.5. Türkiye Topraklarının Bitkiye Yarayışlı Demir Durumu

Eyüpoğlu ve ark. (1998), toprakların bitkiye yarayışlı demir kapsamlarını 0.005 M DTPA + 0.01 M $CaCl_2$ + 0.1 M TEA (pH=7.3) yöntemine göre belirleyerek

Türkiye topraklarının yarayışlı demir kapsamlarını değerlendirmişlerdir. Elde edilen sonuçlara göre araştırıcılar Türkiye topraklarının % 26.87' sinin yarayışl demir kapsamının 4.5 ppm' in altında olduğunu, dolayısıyla bu topraklarda optimal verim alınabilmesi için demir gübrelemesine gereksinim olduğunu belirtmişlerdir. Araştırıcılar Adıyaman, Ağrı, Artvin, Aydın, Bolu, Burdur, Giresun, Kocaeli, Muş, Rize, Sakarya, Tokat ve Trabzon illerinden alınan toprakların yarayışlı demir kapsamlarının 4.5 ppm' in üzerinde olduğunu, dolayısıyla bu illerde demir eksikliği sorunu olmadığını belirtmişlerdir. Araştırıcılar demir eksikliğinin en fazla sorun olduğu 5 ilin sırasıyla Gümüşhane (% 88.89), Kayseri (% 82.05), Niğde (%80.77), Ordu (% 73.33) ve Adana (% 61.54) olduğunu ve ayrıca en düşük yarayışlı demir kapsamının Amasya' da 0.21 ppm, Gümüşhane' de 0.23 ppm, İçel' de 0.28 ppm, Antalya' da 0.31ppm ve Hatay' da 0.40 ppm olduğunu da belirtmişlerdir. Araştırıcılar demir eksikliği sorununun büyük bir çoğunlukla alkali tepkimeli topraklarda görüldüğünü, toprakların yarayışlı demir kapsamları ile pH' ları arasında Y=113.67 – 13.81 X olarak belirlenen azalan doğrusal ilişkinin önemli (r= -0.616**) olduğunu bildirmişlerdir. Ayrıca toprakların yarayışlı demir kapsamları ile kireç kapsamları arasında Y=14.82 – 0.356 X olarak belirlenen doğrusal, azalan ilişki de önemli (r= -0.306**) bulunmuştur. Diğer yandan Türkiye topraklarının yarayışlı demir kapsamları ile organik madde kapsamları arasında Y=4.36 + 4.03 x olarak belirlenen artan doğrusal ilişki önemli (r=0.247**) bulunmuştur. Demir eksikliğinin en fazla kumlu topraklarda görüldüğü, toprak bünyesi ağırlaştıkça ortalama yarayışlı demir kapsamının arttığı tespit edilmiş, demir eksiklik sorununun en fazla sırası ile Regosol, Kırmızı Akdeniz, Kahverengi, Gri Kahverengi, Podzolik ve Kolüviyal büyük toprak gruplarında olduğu bildirilmiştir. Belirtilmiş olan toprak guplarında analizi yapılan örneklerin yukarıda belirtilen büyük toprak grubu sırası ile % 63.16, % 50.00, % 41.50, % 37.84 ve % 33.64' ünde demir eksikliği saptanmıştır.

Korkmaz ve Gülser (1995), Samsun ve Bafra' da tütün yetiştirilen tarlalardan alınan toprak örneklerinin yaklaşık % 50' sinde DTPA ile ekstrakte edilebilir demir kapsamının 6 ppm' den düşük olduğunu belirtmişlerdir. Araştırıcılar toprakların pH değerleri, değişebilir Ca, toplam kireç ve aktif kireç kapsamları arttıkça DTPA ile ekstrakte edilebilir demir kapsamlarının ve bu topraklarda yetiştirilen ayçiçeği bitkisinin demir kapsamı ve demir alımlarının azaldığını bildirmişlerdir. Yapılan çalışmada toprakların DTPA ile ekstrakte edilebilir demir kapsamları arttıkça bitkinin demir kapsamı ve demir alımının arttığı da belirtilmiştir.

Elinç (1988), Trakya Bölgesinden alınan 20 toprak örneğinin toplam demir düzeylerini % 1.43 – 87.88, ($DTPA+NH_4HCO_3$ ile ekstrakte edilen) yarayışlı demir düzeylerini 2.61 – 20.10 $mg.kg^{-1}$ arasında belirlemiştir.

Üner ve ark. (1994), Ege bölgesindeki pamuk, tahıl, bağ alanlarından aldıkları sırasıyla 34, 31, 35 adet toprağın analiz sonuçlarına göre toprakların demir kapsamlarının kritik değerin altında olmadıklarını belirtmişlerdir.

Işık ve Bitgi (1994), Konya ilinin değişik yerlerinden aldıkları 180 adet toprağın analiz sonuçlarına göre Konya ili topraklarının % 61.45' inde demir eksikliği olduğunu bildirmişlerdir.

Eryüce ve ark. (1993), GAP bölgesindeki eğimli tarım alanlarından aldıkları 59 adet toprak örneğinin analiz sonuçlarına göre % 12' sinin demir kapsamının 4.5 ppm' den düşük olduğunu, demir eksikliği görülebileceğini belirtmişlerdir.

Güzel ve ark. (1991), DTPA ekstraksiyon çözeltisi kullanarak 25 adet Harran ovası toprağında yaptıkları çalışmaya göre, Harran ovasındaki toprak serilerinin % 40' ında demir kapsamının kritik seviyenin altında olduğunu belirtmişlerdir. Yapılan çalışmada, yarayışlı demir ile toprağın kireç kapsamı arasında negatif, kil ve organik madde miktarı ile ise pozitif ilişki saptanmıştır. Toprağın pH' sı ile yarayışlı demir arasında önemli olmayan pozitif bir ilişki de saptanmıştır.

Turan ve ark. (1988), Antalya' nın kıyı bölgesinde en fazla yayılım gösteren ve bölgeyi en uygun biçimde temsil edebilecek 24 toprak serisinden aldıkları 24 toprak örneğinin DTPA yöntemi ile belirlenen demir kapsamının 2.4 – 117.6 ppm arasında olduğunu belirtmişlerdir.

Sungur ve Özuygur (1986), çoğunluğu İç Anadolu bölgesinden alınan 300 toprak ve bitki analiz sonuçlarına göre demirin çinko kadar olmasa da toprak ve bitkide düşük seviyede olduğunu saptamışlardır.

Aktaş ve Hatipoğlu (1984), yarayışlı demir kapsamı 5.10 – 15.10 ppm arasında değişen ve ortalama demir kapsamı 8.57 ppm olan 18 adet kireçli toprakta yürüttükleri denemede ortama eklenen demirin mısır kuru madde verimini artırmadığını bildirmişlerdir.

Kacar ve ark. (1984), büyük Konya havzasında Lindsay ve Norvell analiz yöntemi kullanılarak aluviyal toprakların yarayışlı demir kapsamlarının 2.6 - 11.4 ppm arasında değiştiğini, ortalama değerin 5.8 ppm olduğunu, göl tabanında yer alan ova topraklarında yarayışlı demir kapsamının 3.3 – 11.3 arasında değiştiğini, ortalama değerin 5.2 ppm olduğunu, teraslarda ise yarayışlı demir kapsamının 3.3 – 9.0 ppm arasında değiştiğini, ortalama değerin 4.9 ppm olduğunu belirtmişlerdir.

Zabunoğlu ve ark. (1978), Bursa yöresinde intensif zeytin plantasyonlarının yarayışlı demir kapsmlarının 3 – 33 ppm arasında olduğunu, toprakların kireç kapsamı arttıkça bitkilerin demir kapsamının azaldığını belirtmişlerdir.

3. MATERYAL VE METOT

3.1. Toprak Örneklerinin Alındıkları Yerler ve Bu Yerler Hakkında Genel Bilgiler

Araştırma konusu olan topraklar Bafra, Çarşamba ve Suluova ilçelerinden alınmıştır. Toprak örneklerinin alındıkları köyleri gösteren haritalar ilçe sırasına göre Şekil 3.1, 3.2 ve 3.3' de verilmiştir. Toprak örneklerini alındıkları yerler ve toprakların ait oldukları seri veya büyük toprak grupları ise Çizelge 2' de verilmiştir.

Çizelge 2. Toprak örneklerinin alındıkları yerler ve ait oldukları büyük toprak grupları veya serileri

Toprak no	İlçe	Köy	Ait olduğu büyük toprak grubu veya serisi
1	Çarşamba	Çınarlık	Aluviyal
2	Çarşamba	Karabahçe	Aluviyal
3	Çarşamba	Ovacık	Aluviyal
4	Çarşamba	Hürriyet	Aluviyal
5	Çarşamba	Ahubaba	Aluviyal
6	Suluova	Saluca	Aluviyal
7	Suluova	Uzunoba	Aluviyal
8	Suluova	Yüzbey	Aluviyal
9	Suluova	Kurnaz	Aluviyal
10	Suluova	Saygılı	Aluviyal
1	Suluova	Eraslan	Aluviyal
12	Suluova	Hacıbayram	Aluviyal
13	Çarşamba	Kurtahmetli	Aluviyal
14	Çarşamba	Muşçalı 1	Aluviyal
15	Çarşamba	Bafraçalı	Aluviyal
16	Çarşamba	Muşçalı 2	Aluviyal
17	Çarşamba	Y.Donurlu	Aluviyal
18	Bafra	Doğanca 1	Bafra Serisi
19	Bafra	Koşuköyü	Bafra Serisi
20	Bafra	Şeyhören	Bafra Serisi
21	Bafra	Kalacılı	Bafra Serisi
22	Bafra	Adaköyü	Bafra Serisi
23	Bafra	Fenerköyü	Habilli Serisi
24	Bafra	Sarıkaya	Bafra Serisi
25	Bafra	Doğanca 2	Bafra Serisi
26	Bafra	Sahilkent	Bafra Serisi

Bafra ovası Orta Karadeniz bölgesinde 41° 28' – 41° 45' kuzey enlemleri ve 35° 50' – 36° 08' doğu boylamları arasında Kızılırmak ile yan derelerin oluşturduğu delta ovasında yer almaktadır. Bafra ovası Samsun ilinin 23 km batısındaki Çakırlar mevkiinden başlayıp, batıda Yakakent mevkiine kadar uzanmaktadır. Güneyde Canik dağlarının uzantıları ile sınırlandırılmıştır.

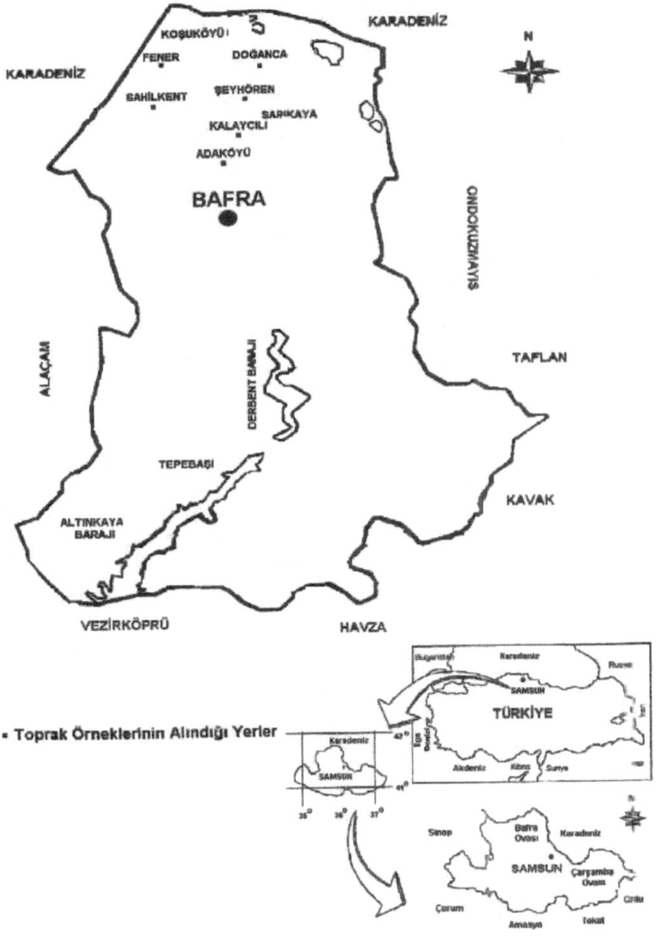

Şekil 3.1. Bafra Ovası Toprak Örneklerinin Alındıkları Yerler

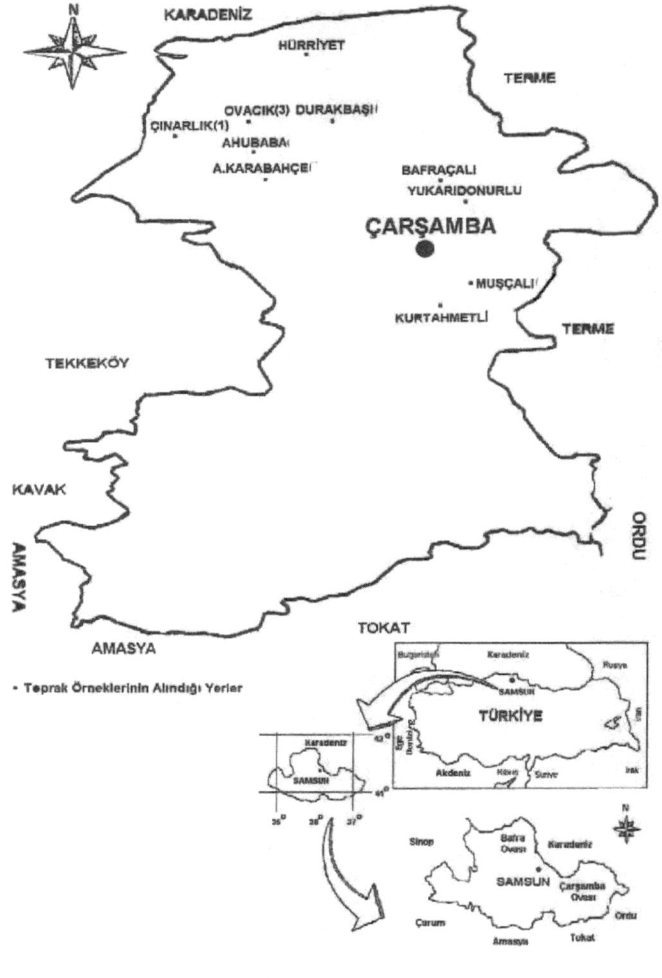

Şekil 3.2. Çarşamba Ovası Toprak Örneklerinin Alındıkları Yerler

Şekil 3.3. Suluova Toprak Örneklerinin Alındıkları Yerler

Bafra ovasında Orta Karadeniz bölgesinde görülen ılıman iklim özellikleri hakimdir. Yağışlar batıdan doğuya doğru artar. Ayrıca sahilden ova içerisine doğru yağışlarda bir miktar artış görülür. Bafra ovasının yağış miktarı uzun yılların ortalaması olarak sahilde 667.2 mm, 20 m kotunda yani ova güneyinde 739 mm' dir. Ortalama sıcaklık ise sahilde 13.6 °C, ova güneyinde ise 14.5 °C' dir (Bayraklı ve Özdemir, 1988a,b).

Bafra ovasının jeolojisini taban ve yamaç araziler oluşturmaktadır. Taban araziler IV. jeolojik zamana ait aluvyonlardır. Bu aluvyonlar kum, silt, kil ve bir miktar çakıl içeren karışımlardır. Yamaç arazilerde Neojen devire ait sedimanter kayaçlar (marn, kil taşı, silt taşı ve çalkılı seriler) ve Eosen devrine ait flişler (kum taşı, kil taşı, marn ve kısmen de kireç taşları) yer almıştır. Mesozoik formasyonlar Bafra ovasının doğusunda gri renkte, ince ve orta tabakanlanmalı kum taşı, kil taşı, marn katmanlarının sıralanmasıyla oluşmuştur. Kırıklı ve kıvrımlıdırlar. Eğim ve doğrultuları değişir. Gevşek ve kırılgan yapıdadırlar. Derbent barajı yakın çevresinde görülen Eosen formasyonlarından bazalt ve andezitler konglomera, volkanik breş ve tüfleri içerisinde dayk ve lav atmaları şeklinde görülür. Bazalt ve andezitler sert, sağlam ve kırıklı, anglomera, volkanik breş ve tüfler ayrışmalı, kırıklı ve parçalı yapıdadırlar. Bölgede yaygın görülen Neojen kaya birimleri Eosen yaşlı fliş serisi üzerinde uyumsuz olarak yer alır. Yüzeyde gri kahverenkli siltli kil, daha derinde silt taşı, marn ve konglomera seviyeleri görülür. Kuaterner formasyonu olarak Aluvyon – Teras depoziti, ovada eski ve yeni aluvyon olmak üzere geniş bir alanı kaplar. Bafra ovası Kızılırmak' ın oluşturduğu bir delta ovasıdır. Ovayı kesen Kızılırmak ve diğer dereler boyunca taşkın alanında aluvyon, siltli, kumlu çakıl niteliğindedir. Çakıllar çoğunlukla volkanik ve kireç taşından oluşur. Taşkın yatakları dışında aluvyon siltli kil, kumlu kil, kil özelliğindedir. Teras depozitleri, az sıkılaşmış siltli kumlu çakıllı seviyeler halinde Kızılırmak' ın sağ ve sol tarafında yer yer görülür (Yüksel ve Dengiz, 1996).

Akkan (1970)' e göre Bafra ovası jeomorfoloji yönünden 5 ana bölüme ayrılmıştır. Bunlar sırasıyla, delta düzlüğü ve dar kıyı ovaları, Kızılırmak eski deltası, eski kıyı aşınım yüzeyi, yamaçlar ve yüksek aşıntı düzlükleridir. Bunlardan en yaygın olanları delta düzlüğü ve Kızılırmak eski deltasıdır.

Bafra ovasının sağ sahili arazilerinde detaylı toprak etüdleri yapılmış ve 6 farklı toprak serisi tanımlanmıştır. Bu seriler Bafra serisi, Çetinkaya serisi, Kozağacı serisi, Harız serisi, Örenyeri serisi ve Habilli serisi olarak tanımlanmıştır. Toprak örneklerinin alındıkları Koşuköyü, Doğanca, Şeyhören, Kalaycılı, Adaköy, Sarıkaya köyleri Bafra serisine, Fenerköy ise Habilli serisine aittirler.

Bafra serisi toprakları aluviyal arazileri kapsamakta, bu araziler ova içerisinden geçen ve ovayı güneyden kuzeye kateden Kızılırmak ile taşkınlar sırasında getirilen çeşitli aluviyal materyaller üzerinde oluşmuştur. Bu serinin toprakları düz - düze yakın eğimli olup, üst ve alt horizonlar siltli killi bir bünyeye sahiptir. Profilin üst katı az kireçlidir ve alt katlara doğru kireç biraz artarak ortaya çıkmaktadır. Bundan dolayı da pH yukarıdan aşağıya doğru bir miktar artma göstermektedir. Bafra serisinin kapladığı araziler birinci derecede önemli tarım arazileri olup, bu bölgede biber, mısır, domates, kavun, karpuz, karapatlıcan, ayçiçeği ve salatalık yetiştirilmektedir.

Habilli serisi taban arazi olup, düz, düze yakın eğimli ve derin profillidir. Hiç erozyon görülmez veya çok az erozyon görülür. Fena drenajlı olup, profil boyunca yukarıdan aşağıya doğru artan şekilde nemlilik görülmektedir. Bu serinin üst katmanı siltli kil tekstürlüdür ve organik madde kapsamı bakımından iyi düzeydedir. Profilde aşağıya doğru kireç miktarı ve pH artmaktadır.

Çarşamba ovası Kuzey Anadolu' da Samsun ilinin doğusunda Canik dağları ile Karadeniz arasında Yeşilırmak' ın deltasını teşkil etmektedir. Meteorolojik rasatlara göre, ortalama yıllık yağış 927.6 mm olup, en fazla yağış alan aylar Ekim, Kasım, Aralık, Ocak, Şubat ve Mart aylarıdır. Ortalama yıllık sıcaklık 15.2 ^{o}C dir.

Çarşamba ovası toprakları IV. zamanda teşekkül etmiş, aluviyal ve kısmende koluviyal karakterdedir. Bu topraklarda bünye ince kumdan ağır kile kadar değişmekte ve killi topraklar çoğunluğu teşkil etmektedir. Çarşamba ovasından toprak örneklerinin alındıkları araziler aluviyal toprakları oluşturmaktadır.

Suluova ise Orta Karadeniz bölgesinin iç kısımlarında, Amasya' nın 25 km batısında yer almaktadır. Suluova' nın üç tarafı yüksek olmayan dağlarla çevrilidir. Suluova, İç Anadolu Bölgesi karasal iklimi ile Karadeniz Bölgesi iklimi arasında kaldığından geçiş iklim özelliğine sahiptir. Yıllık ortalama yağış miktarı 408 mm, yıllık ortalama sıcaklık 12 °C' dir. Yağışlar en çok ilkbahar ve kış aylarında gözlenir. Amasya il sınırları içerisinde yer alan Suluova arazileri genellikle aluvyonlardan oluşmakla birlikte, kalker yeşil kayalar ve yamaç molozları da zemin yapısında yer almaktadır. Samsun çıkışı Tersekan' ın doğu ve batısında zemin yapısı kireç taşıdır. Yapının diğer bir özelliği de kalker arazisinin geniş bir yer tutmasıdır. Suluova' dan toprak örneklerinin alındıkları araziler aluviyal toprakları oluşturmakta ve kireç seviyeleri oldukça yüksektir.

3.2. Toprak örneklerinin Alınması ve Analize Hazırlanması

Araştırmada kullanılan toprak örnekleri Jackson (1962) tarafından bildirildiği şekilde, 0-20 cm derinlikten, sert plastik bir kürekle alınmış, polietilen torbalar içerisinde laboratuara nakledilmiştir. Örnekler içlerindeki taş ve bitki parçaları ayıklanarak gölgede kurutulmuş ve 4 mm' lik elekten elenerek sera denemelerinde kullanılabilecek hale getirilmiştir. Aynı örneklerden 2 kg ayrılarak laboratuar analizlerinde kullanılmak üzere 2 mm' lik elekten geçirilmiş ve plastik torbalarda saklanmışlardır.

3.3. Toprak Örneklerinin Fiziksel ve Kimyasal Özelliklerini Belirlemek İçin Yapılan Analizler

3.3.1. Mekanik Analiz

Toprakların kum, kil ve silt fraksiyonları Bouyoucos (1951)' un hidrometre yöntemine göre belirlenerek tekstür sınıfları saptanmıştır.

3.3.2. Tarla Kapasitesi

Toprakların 1/3 atm basınç altında tutabildikleri su miktarı olarak 'pressure membran' ile tayin edilmiştir (Richards, 1954).

3.3.3. Toprak Reaksiyonu (pH)

Toprak örnekleri saf su ile 1:2.5 oranında sulandırılmış, cam bagetle zaman zaman karıştırılarak 30 dakika bekletildikten sonra cam elektrotlu Backman pH-metresiyle pH ölçülmüştür (Jackson, 1962).

3.3.4. Kalsiyum Karbonat

Toprak örneklerinin kalsiyum karbonat kapsamları Scheibler kalsimetresiyle belirlenmiştir (Hızalan ve Ünal, 1966).

3.3.5. Aktif Kireç

2 mm' lik elekten geçirilmiş, 2 g toprak örneği 2 saat bir mekanik çalkalayıcıda 200 ml 0.2 N amonyum okzalat çözeltisi içinde çalkalanarak mavi bant filtreden süzülmüş, elde edilen süzükten 20 ml alınarak kalan okzalat 0.1 N potasyum permanganatla sülfirik asit ortamında sıcakta titre edilmiştir. Aynı şekilde 20 ml 0.2 N amonyum okzalat çözeltisi 0.1 N potasyum permanganatla sülfirik asit ortamında sıcakta titre edilerek tanık yapılmıştır. Aktif kirecin hesaplanmasında aşağıdaki formül kullanılmıştır:

$$\text{Aktif kireç, \%} = \frac{(A-B).\ Nk.\ 50.04}{2}$$

A= Tanık için harcanan potasyum permanganat, ml

B= Süzüğe harcanan potasyum permanganat, ml

Nk=Potasyum permanganatın kesin normalitesi

3.3.6. Tuzluluk

25 ^{o}C' de saturasyon ekstraktının elektiriksel iletkenliği kondaktimetre ile ölçülerek belirlenmiştir (Richards, 1954).

3.3.7. Organik Madde

Chapman ve Pratt (1961), tarafından bildirildiği şekilde modifiye Walkley-Black yöntemine göre yapılmıştır.

3.3.8. Katyon Değişim Kapasitesi

Toprak örnekleri 1.0 N Sodyum asetat (pH=8.2) ile doyurulduktan sonra, sodyumun fazlası alkolle yıkanmış ve toprak tarafından tutulan sodyum 1.0 N amonyum asetat (pH=7.0) ile ekstrakte edilerek A.A.S. ile belirlenmiş ve katyon değişim kapasitesi me/100g toprak olarak ifade edilmiştir (Richards, 1954).

3.3.9. Total Azot

Bremner (1965) tarafından bildirildiği şekilde, Kjeldahl metoduna göre tayin edilmiştir.

3.3.10. Alınabilir Fosfor

Olsen ve arkadaşları (1954) yöntemine göre, toprak örnekleri 0.5 M $NaHCO_3$ (pH=8.5) ile ekstrakte edilip, ekstraktta kolorimetrik olarak fosfor tayini yapılmıştır.

3.3.11. Değişebilir Potasyum

Richards (1954) tarafından bildirildiği gibi toprak örnekleri 1.0 N amonyum asetat (pH=7.0) ile ekstrakte edilmiştir. Ekstraktta potasyum A.A.S. ile belirlenmiştir.

3.3.12. Alınabilir Mn, Zn ve Cu

Lindsay ve Norvell (1969) tarafından bildirildiği gibi 0.005 M DTPA + 0.01 M $CaCl_2$ + 0.1 M TEA (pH=7.3) ile ekstrakt çıkarılmış, ekstraktta Mn, Zn ve Cu A.A.S ile tayin edilmiştir.

3.4. Toprakların Demir Durumlarının Belirlenmesinde Kullanılan Yöntemler

3.4.1. Sera Denemesi

Özbek (1969) tarafından bildirildiği şekilde, plastik saksılarda tesadüf parselleri deneme desenine göre üç tekerrürlü olarak yapılan sera denemesinde, her saksıya 4.600 gr. tam kuru toprak konulmuştur. Bütün saksılara ekimden önce 100 ppm N amonyum nitrat halinde, 200 ppm K potasyum sülfat halinde ve çözelti içinde verilmiştir.

Demir gübrelenmesinde Fe-EDDHA halinde aşağıdaki düzeylerde demir uygulanmıştır:

1. Fe_0 Tanık
2. Fe_1 2 ppm
3. Fe_2 4 ppm
4. Fe_3 8 ppm

Her saksıya 6 adet fasulye tohumu (Phaselous vulgaris L. Var. nanus) ekilmiştir. Daha sonra her saksıda 2 bitki kalacak şekilde seyreltme yap lmıştır. Denemeye 80 gün devam edilmiş ve bu süre içinde saksılar her gün tartılarak su düzeyi tarla kapasitesinde tutulmuştur. Deneme süresinin bitiminde bitkiler toprak hızasından çelik makasla kesilerek hasat edilmiş ve deiyonize su ile yıkanarak kağıt torbalarda 65 °C' de sabit ağırlığa gelinceye kadar kurutulmuştur. Kuruyan bitkiler tartılıp, ağırlıkları saptandıktan sonra pyrex cam kavanozlu blenderda öğütülüp, analizler için polietilen torbalarda saklanmıştır.

3.4.2. Toprak Analizleri

3.4.2.1. Toprakta Demir Miktarının Belirlenmesinde Kullanılan Kimyasal Ekstraksiyon Yöntemleri

Deneme topraklarında demirin ekstraksiyonunda kullanılan çeşitli kimyasal yöntemler Çizelge 3' de verilmiştir. Çizelgede belirtilen kaynaklara göre toprak çözelti oranları dikkate alınmak suretiyle belirtilen sürelerde çalkalanmış, Whatman No:42 filtre kağıdından süzülmüş ve süzüklerde demir A.A.S. ile belirlenmiştir.

Çizelge 3 . Deneme topraklarında demirin ekstraksiyonunda kullanılan kimyasal yöntemler

Ekstraksiyon çözeltisi	Toprak çözelti oranı	Çalkalama süresi	Kaynak
0.005 M DTPA + 0.01 M $CaCl_2$ + 0.1 M TEA (pH:7.3)	1:2	2 saat	Lindsay ve Norvell (1969)
1.0 M NH_4HCO_3 + 0.005 M DTPA (pH:7.6)	1:2	15 dakika	Soltanpour ve Schwab (1977)
0.05 M EDTA (pH:7.0)	1:10	1 saat	Tiwari ve Kumar (1982)
1.0 N NH_4OAc (pH:3.0)	1:3	15 dakika	Jackson (1962)
1.0 N NH_4OAc (pH:4.8)	1:4	30 dakika	Olson (1948)
0.05 N HCl+ 0.025 N H_2SO_4	1:4	15 dakika	Isaac ve Kerber (1971)
0.2 N Amonyum okzalat + 0.2 M Okzalik asit (pH:3.0)	1:20	2 saat	Schwertmann (1964)
0.2 N Amonyum okzalat	1:4	2 saat	Juste ve Pouget (1972)

3.4.2.2. Toprakta Demir Formlarının Belirlenmesinde Kullanılan Ardışık Ekstraksiyon Yöntemleri

3.4.2.2.1. Toplam Demir (T-Fe)

Toplam demir kral suyu (3 kısım konsantre HCl + 1 kısım konsantre HNO_3) ile yaş yakılan toprak örneklerinden çözeltiye geçen miktarları Kick ve ark. (1980)' in bildirdiği şekilde A.A.S. ile belirlenmiştir.

3.4.2.2.2. Değişebilir Demir (Ex-Fe)

Shuman (1983) ve Chao ve Zhou (1983) bildirdikleri şekilde 2 mm' lik elekten elenmiş 10 gr toprak örneği 100 ml' lik santrifüj tüpüne tartılmış, üzerine 40 ml 1.0 M $Mg(NO_3)_2$ ilave edilerek 2 saat çalkalanmış, santrifüj edildikten sonra süzükte Fe A.A.S. ile belirlenmiştir.

3.4.2.2.3. Organik Bağlı Demir (OM-Fe)

Değişebilir demir ekstraksiyonundan sonra toprak 40 ml saf su ile 3 dakika çalkalanarak yıkanmış, Shuman (1983) ve Chao ve Zhou (1983)' nun bildirdikleri şekilde pH' sı 8.5 olan % 5.3' lük (0.7 M) NaOCl' den 20 ml santrifüj tüplerine konulmuştur. Santrifüj tüpü su banyosunda 100 ^{o}C' de 30 dakika bekletildikten sonra santrifüj edilip, üstteki berrak kısım filtre kağıdından süzülmüş, tüm bu işlem bir kez daha tekrarlandıktan sonra elde edilen süzük bir balon jojede toplanmıştır. Süzükte Fe A.A.S. ile belirlenmiştir.

3.4.2.2.4. Mangan Oksitlere Bağlı Demir

Organik bağlı demirin ekstraksiyonundan sonra toprak örneği tekrar 40 ml saf su ile 3 dakika yıkandıktan sonra santrifüj edilmiş üstteki berrak sıvı dökülmüş ve kalan toprak örneği havada kurutulmuştur. Shuman (1983) ve Chao ve Zhou (1983) tarafından bildirildiği şekilde 0.5 mm' lik elekten elenmiş topraktan 1 gr tartılmış, santrifüj tüpüne konulmuştur. Üzerine 20 ml 0.1 M $NH_2OH.HCl$ (pH=2.0) (hidroksilamonyum klorid) çözeltisi ilave edilerek 30 dakika çalkalanmış ve santrifüj edildikten sonra berrak kısım süzülerek alınmıştır. Elde edilen Fe A.A.S. ile belirlenmiştir.

3.4.2.2.5. Amorf Demir Oksitlere Bağlı Demir

Mangan oksitlere bağlı demir ekstrakte edildikten sonra aynı toprak örneği 10 ml saf su ile 3 dakika yıkandıktan sonra santrifüj edilmiş, üstteki berrak sıvı dökülmüş, kalan yıkanmış toprağın üzerine 0.2 M $H_2C_2O_4$ içinde 0.2 M $(NH_4)_2C_2O_4.H_2O$ (pH:3.0) çözeltisinden 50 ml ilave edilerek karanlıkta 4 saat çalkalanmıştır. Daha sonra santrifüj edilerek süzükte Fe A.A.S ile belirlenmiştir (McKeague ve Day, 1966).

3.4.2.2.6. Kristal Demir Oksitlere Bağlı Demir

Amorf demir oksitlere bağlı demir ekstrakte edildikten sonra aynı toprak örneği 10 ml saf su ile 3 dakika yıkandıktan sonra santrifüj edilmiş üstteki berrak sıvı dökülmüştür. Kalan yıkanmış toprağın üzerine 0.2 M $H_2C_2O_4$ içinde 0.2 M $(NH_4)_2C_2O_4.H_2O$ (pH:3.0) çözeltisi 0.1 M askorbik asit içerecek şekilde hazırlanarak 50 ml ilave edilmiştir. Daha sonra kaynayan su banyosu üzerinde 30 dakika tutulmuş, santrifüj edildikten sonra süzükte Fe A.A.S. ile belirlenmiştir (Shuman, 1983).

3.4.2.2.7. Artık Demir

Toplam demirden değişebilir, organik bağlı, mangan oksitlere bağlı, amorf demir oksitlere bağlı ve kristal demir oksitlere bağlı demir formlarının toplamı çıkartılmak suretiyle hesaplanmıştır (Shuman, 1979).

3.4.2.3. Toprakların Kloroza Neden Olma Gücü İndeksleri

Loué (1986) tarafından bildirildiği gibi aşağıdaki formüle göre hesaplanmıştır:

İndeks-1:

$$IPC = \frac{CaCO_3 x 10^4}{(Fe)^2}$$

IPC= Toprakların kloroza neden olma gücü indisi

$CaCO_3$= Aktif kireç, %

Fe= EDTA ile ekstrakte edilebilir demir, ppm

İndeks-2:

$$IPC = \frac{CaCO_3 x 10^4}{(Fe)^2}$$

IPC= Toprakların kloroza neden olma gücü indisi

$CaCO_3$= Aktif kireç, %

Fe= Amonyum okzalat ile ekstrakte edilebilir demir, ppm

3.4.3. Bitki Analizleri

3.4.3.1. Bitkide Toplam Demir

Sera denemesinden elde edilen ve 65 ^{o}C' de kurutulan bitkiler (sap + yaprak) öğütüldükten sonra Kacar (1972) tarafından bildirildiği şekilde 1 gr tartılarak yaş yakma yöntemine göre yakılmış 50 ml' lik balon jojelere alınmış ve hacmine tamamlandıktan sonra süzülmüştür. Elde edilen süzükte Fe A.A.S ile belirlenmiştir.

3.4.3.2. Bitkide Aktif Demir

Taze bitki örnekleri saf su ile yıkandıktan sonra kurulanmış, paslanmaz çelik makas ile parçalanarak homojen bir karışım sağlandıktan sonra bir miktar taze örnek alınarak tekrar 1-2 mm olacak şekilde parçalanmış ve bu parçalanmış örnekten 2 gr tartılarak 50 ml' lik beherlere konulmuştur. Üzerine 20 ml 1.0 N HCl ilave edilerek karıştırılmış, karışım 24 saat oda sıcaklığında bekletilmiştir. Daha sonra süzülmüş, süzükte aktif Fe A.A.S ile belirlenmiştir (Gedikoğlu,1990a).

3.5. İstatistiksel Analizler

Deneme sonuçlarının istatistiksel analizlerinde Yurtsever (1984), Taris ve Minitab paket programlarından yararlanılmıştır.

4. BULGULAR VE TARTIŞMA

4.1. Deneme Topraklarının Bazı Fiziksel ve Kimyasal Özellikleri

Deneme topraklarının bazı fiziksel ve kimyasal özellikleri Çizelge 4' de, örnek alım yerlerine, fiziksel ve kimyasal özelliklerine göre dağılımları ise Çizelge 5' de verilmiştir.

Tekstür sınıflarının incelenmesinden de anlaşılacağı gibi deneme toprakları genellikle kil, killi tın ve tın bünyeye sahiptir. Kil bünyeli topraklar Çarşamba' dan alınanların % 30' unu, Bafra' dan alınanın % 33.3' ünü, Suluova' dan alınanın % 42.9' unu oluşturmuştur. Killi tın bünyeli topraklar ise Çarşamba' dan alınanın % 30' unu, Bafra' dan alınanın % 44.4' ünü, Suluova' dan alınanın % 28.6' sını teşkil etmiştir. Tın bünyeli topraklar ise Çarşamba' dan alınanın % 10' nunu, Bafra' dan alınanın % 11.1' ini, Suluova' dan alınanın % 28.6' sını oluşturmuştur. Ayrıca Çarşamba' dan alınan toprakların % 30' u siltli kil, % 20' si siltli tınlı bünyeye sahip, Bafra' dan alınan toprakların ise % 11.1' i kumlu tın bünyeye sahiptir.

Deneme topraklarının pH değerleri genellikle 6 – 7 ve 7 – 8 aralığında bulunmuştur. pH' sı 6 – 7 aralığında olan topraklar Çarşamba' dan alınanın % 50' sini, Bafra' dan alınanın % 11.1' ini, Suluova'dan alınanın % 14.3' ünü teşkil etmiş, buna karşın pH' sı 7 – 8 aralığında olan topraklar ise Çarşamba' dan alınanın % 50' sini, Bafra' dan alınanın % 77.8' ini, Suluova' dan % 85.7' sini oluşturmuştur. Ayrıca Bafra' dan alınan toprakların % 11.1' i pH' sı 5 – 6 arasında bulunmuştur. Toprak örnekleri arasında pH değerleri 5' den düşük, 8' den büyük toprak örneği bulunmamıştır.

Deneme topraklarının hepsi % 0.15' in altında tuz içermiş ve tuzsuz bulunmuştur.

Deneme topraklarının kireç kapsamları genellikle % 5 – 15 arasında bulunmuş, bununla birlikte Suluova' dan alınan toprak örneklerinin yaklaşık yarısının % 5 – 15 arasında ve diğer yarısının % 15 – 25 arası kireç içerdiği görülmüştür. Yapılan değerlendirmelere göre % 5 – 15 arası kireç içeriğine sahip topraklar Çarşamba' dan alınanın % 40' ını, Bafra' dan alınanın % 44.4' ünü, Suluova' dan alınanın % 57.1' ini oluşturmuş, bununla birlikte % 15 – 25 arası kireç

Çizelge 4. Deneme topraklarının bazı fiziksel ve kimyasal özellikleri

Toprak no	Toprakların alındıkları yerler	Kum %	Silt %	Kil %	Tekstür sınıfı	Tarla kap. %	pH	Tuz %	Kireç %	Aktif kireç %	Organik madde %	KDK me/100g	Toplam N %	Alınabilir P_2O_5 kg/da	Değ. K me/100 g	DTPA ile ekstrakte edilebilir mikroelementler, ppm			Sıcak su ile ekst. edil. B. kap. ppm
																Mn	Cu	Zn	
1	Çarşamba-Çınarcık	32.5	37.0	30.5	Killitın	39.0	7.6	0.02	15.5	7.3	1.3	20.9	0.07	7.2	1.3	14.2	3.0	0.5	0.86
2	Çarşamba-Karabahçe	15.7	60.3	24.0	Siltlitın	36.9	6.9	0.03	3.2	3.0	2.7	19.8	0.14	15.2	0.5	19.1	7.8	1.1	2.09
3	Çarşamba-Ovacık	24.3	27.4	48.3	Kil	30.8	6.9	0.03	1.3	2.3	2.2	33.5	0.11	42.9	0.8	19.3	7.2	1.2	1.62
4	Çarşamba-Hürriyet	28.2	39.2	32.6	Killitın	27.2	6.6	0.02	6.0	4.4	1.6	22.8	0.08	18.4	0.6	13.9	5.6	0.5	1.39
5	Çarşamba-Ahubaba	18.0	36.4	45.6	Kil	31.3	6.5	0.03	0.5	3.5	2.4	32.2	0.12	24.1	1.3	10.8	5.0	0.9	1.80
6	Suluova-Saluca	36.7	27.3	36.0	Killitın	28.9	7.6	0.01	16.5	9.8	1.9	25.4	0.10	14.4	1.9	8.1	1.4	0.7	1.42
7	Suluova-Uzunoba	25.0	22.8	52.2	Kil	39.1	7.3	0.05	16.1	12.9	1.6	34.5	0.08	137.6	1.7	6.1	2.5	0.8	2.09
8	Suluova-Yüzbey	32.9	42.6	2.45	Tın	29.6	7.5	0.01	12.3	6.5	1.0	16.7	0.05	18.2	0.9	13.8	2.0	0.7	2.48
9	Suluova-Kumaz	34.5	27.8	37.7	Killtın	32.5	7.2	0.04	15.3	10.2	1.5	25.6	0.08	14.3	2.1	9.0	3.6	1.3	2.12
10	Suluova-Saygılı	29.4	27.0	43.6	Kil	27.0	6.9	0.04	9.5	7.1	2.3	30.7	0.12	29.2	2.6	10.7	4.4	1.0	4.61
11	Suluova-Eraslan	14.5	25.0	60.6	Kil	46.3	7.5	0.04	11.8	9.1	2.1	40.6	0.11	25.4	1.8	11.8	3.9	0.6	2.41
12	Suluova-Hacıbayram	46.6	28.9	24.5	Tın	25.9	7.4	0.02	9.1	4.5	2.3	19.3	0.12	10.4	0.6	20.9	2.9	1.2	1.66
13	Çarşamba-Kurtahmetli	13.9	36.5	49.6	Kil	31.5	6.8	0.02	0.9	2.5	2.0	33.7	0.10	52.0	0.8	23.0	6.2	1.1	0.94
14	Çarşamba-Muşçalı 1	9.4	49.0	41.6	Siltlikil	27.3	7.7	0.01	10.8	8.7	2.5	29.6	0.12	6.3	1.1	22.4	6.7	0.6	0.50
15	Çarşamba-Bafraçalı	32.2	46.0	21.8	Tın	28.2	7.3	0.05	6.3	3.3	0.8	14.7	0.04	2.0	0.4	13.2	2.2	0.6	0.90
16	Çarşamba-Muşçalı 2	23.0	55.0	21.9	Siltlitın	37.3	7.2	0.03	7.8	3.8	2.5	18.2	0.13	12.6	0.7	24.8	9.9	0.8	0.94
17	Çarşamba-Y.Donurlu	35.3	36.0	28.7	Killtın	31.5	7.6	0.03	1.2	2.0	1.6	20.5	0.08	7.7	0.8	22.7	3.2	0.8	0.54
18	Bafra -Doğanca 1	15.7	20.3	64.0	Kil	37.3	7.1	0.06	0.0	2.3	3.0	44.4	0.15	17.6	1.8	21.0	6.9	0.5	2.56
19	Bafra-Koşuköyü	34.5	45.6	19.9	Tın	26.4	7.7	0.02	10.5	4.0	1.9	15.7	0.10	10.4	0.8	17.7	4.0	0.5	4.03
20	Bafra-Şeyhören	26.5	30.1	45.3	Kil	39.3	7.6	0.06	2.2	3.5	2.3	31.8	0.12	28.4	0.8	16.6	6.0	0.4	2.30
21	Bafra-Kalaycılı	23.4	44.0	32.6	Killitın	31.0	7.3	0.02	7.2	4.4	2.4	24.4	0.12	12.0	0.7	16.6	7.7	0.6	1.76
22	Bafra-Adaköyü	22.9	44.5	32.6	Killitın	35.1	7.4	0.04	10.5	6.0	2.5	24.6	0.13	13.6	0.4	13.6	5.3	0.7	1.08
23	Bafra-Fenerköyü	56.8	35.7	7.50	Kumlutın	23.3	7.2	0.03	10.3	3.0	0.7	6.0	0.04	20.8	0.2	9.7	2.7	0.3	0.86
24	Bafra-Sarıkaya	19.7	45.3	35.0	Killitın	32.6	5.2	0.02	0.0	2.4	2.0	25.0	0.10	51.9	0.3	68.5	4.4	0.9	0.65
25	Bafra Doğanca 2	22.5	30.0	39.5	Killitın	29.3	7.3	0.02	0.3	1.8	2.2	28.1	0.11	17.3	0.6	29.5	7.4	1.1	2.59
26	Bafra-Sahilkent	13.4	29.0	57.6	Kil	42.1	6.7	0.03	4.8	4.9	4.1	42.7	0.20	23.3	1.6	17.4	9.2	0.9	2.59

kapsayan topraklar ise Çarşamba' dan alınanın % 10' nunu, Bafra' dan alınanın % 0' ını, Suluova' dan alınanın % 42.9' unu oluşturmuştur. Diğer yandan % 1' den az kireç kapsayan topraklar Çarşamba' dan alınanın % 20' sini, Bafra' dan alınanın % 33.3' ünü teşkil etmiş, % 1 – 5 arası kireç kapsayan topraklar ise Çarşamba' dan alınanın % 30' unu, Bafra' dan alınanın % 22.2' sini oluşturmuştur. Suluova' dan alınan topraklar arasında % 1' in altında ve % 1 – 5 arası kireç kapsayan topraklara rastlanmamıştır.

Deneme topraklarının organik madde kapsamları genellikle % 2 – 3 arasında bulunmuş, bu organik madde içeriğine sahip topraklar Çarşamba' dan alınanın % 60' ını, Bafra' dan alınanın % 55.6' sını, Suluova' dan alınanın % 42.9' unu teşkil etmiş, çoğunlukla Çarşamba ve Bafra toprakları organik madde yönünden orta seviyede bulunmuştur. Organik madde kapsamı % 1 – 2 arası topraklar ise Çarşamba' dan alınanın % 30' unu, Bafra' dan alınanın % 11.1' ini, Suluova' dan alınanın % 57.1' ini teşkil etmiş, çoğunlukla Suluova toprakları organik madde yönünden fakir bulunmuştur. Ayrıca % 1' in altında organik madde kapsayan topraklar Çarşamba' dan alınanın % 10' nunu, Bafra' dan alınanın % 11.1' ini teşkil etmiştir. Diğer yandan Bafra' dan alınan toprakların % 11.1' i % 3 – 4 arası, % 11.1'i ise % 4' den fazla organik madde içerdiği görülmüştür.

Toprakların KDK' ları çoğunlukla 25 me/100g' dan fazla olup çok yüksek bulunmuş, bu düzeydeki KDK' ya sahip topraklar Çarşamba' dan alınanın % 40' ını, Bafra' dan alınanın % 44.4' ünü, Suluova' dan alınanın % 71.4' ünü oluşturmuştur. KDK' sı yüksek (21 – 25 me/100g arası) olan topraklar Çarşamba' dan alınanın % 10' nunu, Bafra' dan alınanın % 33.3' ünü teşkil etmiş, KDK' sı orta (17 – 21 me/100g arası) olan topraklar Çarşamba' dan alınanın % 40' ını, Suluova' dan alınanın % 14.3' ünü oluşturmuştur. Düşük KDK' lı topraklar (13 – 17 me/100g) Çarşamba' dan alınanın % 10' nunu, Bafra' dan alınanın % 11.1' ini, Suluova' dan alınanın % 14.3' ünü oluşturmuş, çok düşük KDK'lı topraklar ise sadece Bafra toprakları arasında bulunmuş, Bafra' dan alınan toprakların % 11.1' ini teşkil etmiştir.

Toprakların toplam azot kapsamları organik madde kapsamlarına benzer şekilde genellikle orta seviyede (% 0.10 – 0.15) olup, bu orta düzeyde azot içeren topraklar Çarşamba' dan alınanın % 60' ını, Bafra' dan alınanın % 77.8' ini, Suluova' dan alınanın % 57.1' ini oluşturmuştur. Bununla beraber toplam azot kapsamı çok düşük (< % 0.05) topraklar Çarşamba' dan alınanın % 10' nunu, Bafra' dan alınanın % 11.1' ini oluşturmuş; toplam azot kapsamı düşük (% 0.05 – 0.10 arası) topraklar ise Çarşamba' dan alınanın % 30' unu, Suluova' dan alınanın % 42.9' unu teşkil etmiştir. Toplam azot yönünden yüksek (% 0.15 – 0.20 arası) topraklar sadece Bafra toprakları arasında bulunmuş, Bafra' dan alınanın % 11.1' ini oluşturmuştur.

Toprakların yarayışlı fosfor kapsamları genellikle çok yüksek (> 12 kg P_2O_5/da) bulunmuş, bu düzeyde çok yüksek fosfor içeren topraklar Çarşamba' dan alınanın % 60' ını, Bafra' dan alınanın % 78' ini, Suluova' dan alınanın % 85.7' sini oluşturmuştur. Bununla beraber çok az düzeyde yarayışlı fosfor kapsayan topraklar sadece Çarşamba toprakları arasında görülmüş, Çarşamba' dan alınanın % 10' nunu oluşturmuştur. Orta seviyede yarayışlı fosfor kapsayan topraklar da yine sadece Çarşamba toprakları arasında görülmüş, alınanın % 30' unu oluşturmuştur. Buna karşın Bafra ve Suluova' dan alınan toprakların yarayışlı fosfor kapsamları yüksek veya çok yüksek bulunmuştur. Bu durum uzun süreden beri bu ovalarda yapılan şekerpancarı yetiştiriciliğine bağlanabilir.

Toprakların yarayışlı potasyum kapsamları genellikle yüksek (0.6 – 2.0 me/100g) bulunmuş, bu düzeyde yüksek potasyum içeren topraklar Çarşamba' dan alınanın % 80' nini, Bafra' dan alınanın % 67' sini, Suluova' dan alınanın % 71.4' ünü oluşturmuştur. Bununla beraber düşük düzeyde yarayışlı potasyum kapsayan topraklar sadece Bafra toprakları arasında görülmüş, Bafra' dan alınanın % 22.2' sini oluşturmuştur. Orta seviyede yarayışlı potasyum kapsayan topraklar Çarşamba' dan alınanın % 20' sini, Bafra' dan alınanın % 11.1' ini oluşturmuştur. Ayrıca aşırı düzeyde yarayışlı potasyum kapsayan topraklar sadece Suluova toprakları arasında görülmüş, Suluova' dan alınanın % 28.6' sını teşkil etmiştir. Bu durum Suluova' da yapılan şekerpancarı yetiştiriciliğine bağlanabilir.

Yarayışlı mangan kapsamları bakımından topraklar yeterli bulunmuş, genellikle 10 – 20 ppm arasında mangan kapsamışlardır. Bu düzeyde (10 – 20 ppm arası) yarayışlı mangan kapsayan topraklar Çarşamba' dan alınanın % 60' ını, Bafra' dan alınanın % 56' sını, Suluova' dan alınanın % 42.9' unu oluşturmuştur. Yarayışlı mangan kapsamı 20 ppm' den fazla olan topraklar Çarşamba' dan alınanın % 40' ını, Bafra' dan alınanın % 33.3' ünü, Suluova'dan alınanın % 14.2' sini teşkil etmiştir. 5 – 10 ppm arası yarayışlı mangan kapsayan topraklar Bafra ve Suluova toprakları arasında bulunmuş, Bafra' dan alınanın % 11.1' ini, Suluova' dan alınanın % 43' ünü oluşturmuştur.

Bafra' dan alınan toprakların % 22.2' sinin yarayışlı çinko kapsamı 0.5 ppm' den düşük olup, çinko eksikliği göstermiştir. Bununla beraber yarayışlı çinko kapsamı 0.5 – 1.0 ppm arası olan ve Lindsay ve Norwell (1969)' a göre marjinal yetersiz kabul edilen topraklar daha fazla bulunmuş, bu düzeyde yarayışlı çinko kapsayan topraklar Çarşamba' dan alınanın % 70' ini, Bafra' dan alınanın % 67' sini, Suluova' dan alınanın % 57.1' ini oluşturmuştur. Loué (1986) DTPA+$CaCl_2$+ TEA (pH=7.3) yöntemi ile ekstrakte edilen çinko için kritik değerin 0.5 – 1.0 ppm arasında olabileceğini belirterek, yarayışlı çinkonun 1.0 ppm' in üzerinde olması gerektiğini belirtmektedir. Yarayışlı çinko kapsamı 1.0 – 1.5 ppm arası olan ve çinko yönünden yeterli topraklar Çarşamba' dan alınanın % 30' unu, Bafra' dan alınanın % 11.1' ini, Suluova' dan alınanın % 42.9' unu teşkil etmiştir.

Deneme topraklarının tümünün yarayışlı bakır kapsamı kritik değer olarak kabul edilen 0.2 ppm' in üzerinde bulunmuş, Çarşamba, Bafra ve Suluova toprakları için bakır eksikliği sorun oluşturmamaktadır. Zira toprakların yarayışlı bakır kapsamları genellikle 3 ppm' den yüksek bulunmuş, bu düzeyde bakır kapsayan topraklar Çarşamba' dan alınanın % 89' unu, Bafra' dan alınanın % 89.9' unu, Suluova' dan alınanın % 42.9' unu teşkil etmiştir.

Çarşamba' dan alınan toprakların % 60' ı, Bafra' dan alınan toprakların % 22.2' si, sıcak su ile ekstrakte edilebilir bor kapsamı 1.0 ppm' den düşük olduğundan bor yönünden yetersiz bulunmuştur. Suluova topraklarının tümü,

Çarşamba' dan alınan toprakların % 40' ı, Bafra' dan alınan toprakların % 77.7' si yarayışlı bor kapsamı yönünden yeterlidir.

Çizelge 5. Alınan örneklerin bazı fiziksel ve kimyasal özelliklerine göre dağılımı

Örneklerin Alındığı İl	Alınan Örnek Sayısı	Toplam Örnekteki Oranı, %	Bünyelerine göre örneklerin dağılımı, %						
			Kil	Siltli kil	Killi tın	Kumlu killi tın	Siltli tın	Tın	Kumlu tın
Çarşamba	10	38.5	30.0	30.0	30.0	0.0	20.0	10.0	0.0
Bafra	9	34.6	33.3	0.0	44.4	0.0	0.0	11.1	11.1
Suluova	7	26.9	42.9	0.0	28.6	0.0	0.0	28.6	0.0

Örneklerin Alındığı İl	Alınan Örnek Sayısı	Toplam Örnekteki Oranı, %	pH değerlerine göre örneklerin dağılımı, %				
			< 5	5 - 6	6 - 7	7 - 8	> 8
Çarşamba	10	38.5	0.0	0.0	50.0	50.0	0.0
Bafra	9	34.6	0.0	11.1	11.1	77.8	0.0
Suluova	7	26.9	0.0	0.0	14.3	85.7	0.0

Ör. Alındığı İl	Al. Örnek Sayısı	Toplam Örnekteki Oranı, %	Tuz Kapsamı, %			Tuz kapsamlarına göre örneklerin dağılımı, %			
			En Düşük	En Yüksek	Ort.	< % 0.15	% 0.15 -0.35	% 0.35-0.65	> %0.65
Çarşamba	10	38.5	0.01	0.03	0.03	100	0	0	0
Bafra	9	34.6	0.02	0.06	0.03	100	0	0	0
Suluova	7	26.9	0.01	0.05	0.03	100	0	0	0

Örneklerin Alındığı İl	Alına Örnek Sayısı	Toplam Örnekteki Oranı, %	Toprakların kireç kapsamı, %			Kireç kapsamlarına göre örneklerin dağılımı, %				
			En Düşük	En Yüksek	Ort.	< %1	% 1 - 5	% 5- 15	% 15 - 25	> % 25
Çarşamba	10	38.5	0.5	15.5	5.4	20.0	30.0	40.0	10.0	0.0
Bafra	9	34.6	0.0	10.5	5.1	33.3	22.2	44.4	0.0	0.0
Suluova	7	26.9	9.1	16.5	12.9	0.0	0.0	57.1	42.9	0.0

Çizelge 5' in devamı. Alınan örneklerin bazı fiziksel ve kimyasal özelliklerine göre dağılımı

Ör. Alındığı İl	Al. Örnek Sayısı	Toplam Örnekteki Oranı, %	Organik Madde Kapsamı, %			Organik madde kapsamlarına göre örneklerin dağılımı, %				
			En Düşük	En Yüksek	Ort.	< %1	% 1 – 2	% 2 – 3	% 3 – 4	> % 4
Çarşamba	10	38.5	0.8	2.7	2.0	10.0	30.0	60.0	0.0	0.0
Bafra	9	34.6	0.7	4.1	2.3	11.1	11.1	55.6	11.1	11.1
Suluova	7	26.9	1.0	2.3	1.8	0.0	57.1	42.9	0.0	0.0

Örneklerin Alındığı İl	Al. Örnek Sayısı	Top. Örn. Oranı, %	KDK Kapsamı, me/100g			KDK kapsamlarına göre örneklerin dağılımı, %				
			En Düş.	En Yük.	Ort.	< 13 me/100g	13-17 me/100g	17-21 me/100g	21-25 me/100g	>25 me/100g
Çarşamba	10	38.5	14.7	33.7	24.6	0.0	10.0	40.0	10.0	40.0
Bafra	9	34.6	6.0	44.4	27.0	11.1	11.1	0.0	33.3	44.4
Suluova	7	26.9	16.7	40.6	27.5	0.0	14.3	14.3	0.0	71.4

Örneklerin Alındığı İl	Al. Örnek Sayısı	Toplam Örnek. Oranı, %	Toplam azot kapsamı, %			Toplam azot kapsamı dağılımı, %				
			En Düş.	En Yük.	Ort.	< % 0.05	% 0.05-0.1	% 0.1-0.15	% 0.15-0.20	> % 0.20
Çarşamba	10	38.5	0.07	0.14	0.1	10.0	30.0	60.0	0.0	0.0
Bafra	9	34.6	0.04	0.20	0.12	11.1	0.0	77.8	11.1	0.0
Suluova	7	26.9	0.05	0.12	0.09	0.0	42.9	57.1	0.0	0.0

Örneklerin Alındığı İl	Al. Ör. Say.	Top. Ör. Oranı, %	Alınabilir fosfor, kgP_2O_5/da			Alınabilir fosfor kapsamı dağılımı, %				
			En Düş	En Yük.	Ort.	< 3 kgP_2O_5/ da	3 - 6 kgP_2O_5/d a	6 -9 kgP_2O_5/d a	9 - 12 kgP_2O_5/da	> 12 kgP_2O_5/da
Çarşamba	10	38.5	2.0	52.0	18.8	10.0	0.0	30.0	0.0	60.0
Bafra	9	34.6	10.4	51.9	21.7	0.0	0.0	0.0	22.2	77.8
Suluova	7	26.9	10.4	137.6	35.6	0.0	0.0	0.0	14.3	85.7

Çizelge 5' in devamı. Alınan örneklerin bazı fiziksel ve kimyasal özelliklerine göre dağılımı

Örneklerin Alındığı İl	Al. Örnek Sayısı	Toplam Örn. Oranı, %	Alınabilir K kapsamı, me/100g			Alınabilir K kapsamı dağılımı, %			
			En Düş.	En Yük.	Ort.	< 0.4 me/100g	0.4 - 0.6 me/100g	0.6 - 2.0 me/100g	> 2 me/100g
Çarşamba	10	38.5	0.4	1.3	0.83	0.0	20.0	80.0	0.0
Bafra	9	34.6	0.2	1.8	0.80	22.2	11.1	66.7	0.0
Suluova	7	26.9	0.6	2.6	1.66	0.0	0.0	71.4	28.6

Örneklerin Alındığı İlçe	Alınan Örnek Sayısı	Toplam Örnekteki Oranı,%	DTPA ile Ekstrakte Edilebilir Mn Kapsamı, ppm			Mn Durumu Yönünden Örneklerin Dağılımı, %				
			En Düşük	En Yüksek	Ort.	< 1 ppm	1- 5 ppm	5- 10 ppm	10 -20 ppm	> 20 ppm
Çarşamba	10	38.5	10.8	24.8	18.3	0.0	0.0	0.0	60.0	40.0
Bafra	9	34.6	9.7	68.5	23.4	0.0	0.0	11.1	55.6	33.3
Suluova	7	26.9	6.1	20.9	11.5	0.0	0.0	42.9	42.9	14.2

Örneklerin Alındığı İlçe	Al. Ör. Sa.	Toplam Örnek. Oranı, %	DTPA ile Ekstrakte Edilebilir Zn Kapsamı, ppm			Zn Durumu Yönünden Toprak Örneklerinin Dağılımı, %						
			En Düşük	En Yüksek	Ort.	< 0.5 ppm	0.5 - 1.0 ppm	1.0- 1.5 ppm	1.5- 2.0 ppm	2.0- 2.5 ppm	2.5- 3.0 ppm	> 3.0 ppm
Çarşamba	10	38.5	0.5	1.2	0.8	0.0	70.0	30.0	0.0	0.0	0.0	0.0
Bafra	9	34.6	0.3	1.1	0.7	22.2	66.7	11.1	0.0	0.0	0.0	0.0
Suluova	7	26.9	0.6	1.3	0.9	0.0	57.1	42.9	0.0	0.0	0.0	0.0

Ör. Alındığı İlçe	Al. Ör Sa	Top. Ör Or. %	DTPA ile Ekstrakte Edilebilir Cu Kapsamı, ppm			Cu Durumu Yönünden Toprak Örneklerinin Dağılımı, %								
			En Düş	En Yük.	Ort.	< 0.2 ppm	0.2- 0.4 ppm	0.4- 0.6 ppm	0.6- 0.8 ppm	0.8- 1.0 ppm	1.0 - 1.6 ppm	1.6 - 2.2 ppm	2.2- 3.0 ppm	> 3.0 ppm
Çarşamba	10	38.5	2.2	9.9	5.7	0.0	0.0	0.0	0.0	0.0	0.0	0.0	11.0	89.0
Bafra	9	34.6	2.7	9.2	6.0	0.0	0.9	0.0	0.0	0.0	0.0	0.0	11.1	88.9
Suluova	7	26.9	1.4	4.4	2.9	0.0	0.0	0.0	0.0	0.0	14.3	14.3	28.6	42.9

Örneklerin Alındığı İl	Al. Örnek Sayısı	Top. Örn. Oranı, %	Sıcak Su ile Ekstrakte Edilebilir Bor Kapsamı, ppm			Sıcak Su ile Ekstrakte Edilen B Kapsamı Dağılımı, %				
			En Düşük	En Yüksek	Ort.	< 0.5 ppm	0.5 - 1.0 ppm	1.0 - 2.5 ppm	2.5 -5 0 ppm	> 5.0 ppm
Çarşamba	10	38.5	0.50	2.09	1.16	0.0	60.0	40.0	0.0	0.0
Bafra	9	34.6	0.65	4.03	2.05	0.0	22.2	33.3	44.4	0.0
Suluova	7	26.9	1.42	4.61	2.40	0.0	0.0	85.7	14.3	0.0

4.2. Fasulye Bitkisiyle Yapılan Sera Denemesi Sonuçları

4.2.1. Değişik Demir Düzeylerinin Fasulye Bitkisinin Kuru Madde Miktarına Etkisi

Toprağa değişik düzeylerde demirli gübre verilerek sera koşullarında yetiştirilen fasulye bitkisinden elde edilen kuru madde miktarları ek Çizelge 1' de, ortalama değerler ise Çizelge 6' da verilmiştir.

Demirli gübrenin fasulye bitkisinin kuru madde miktarı üzerine olan etkisi varyans analizi ile kontrol edilmiş ve varyans analiz sonuçları Çizelge 7' de verilmiştir. Bu çizelgeden de görüldüğü gibi elde edilen kuru madde bakımından demir uygulamaları ve topraklar arasında % 1.0 düzeyinde önemli farklar vardır. Ayrıca toprak x demir dozu interaksiyonun bitki kuru madde miktarı üzerine etkisi istatistiksel olarak % 1.0 düzeyinde önemli bulunmuştur. Diğer bir ifade ile demir uygulamalarının kuru madde miktarı üzerine etkisi topraklara bağlı olarak değişmiştir.

Çizelge 6' nın incelenmesinden de anlaşılacağı üzere 1, 3, 4, 5, 6, 7, 8, 9, 10, 11, 12, 13, 14, 15, 17, 18, 20, 21, 22, 23 ve 26 numaralı topraklarda, verilen demir fasulye bitkisinden elde edilen kuru madde miktarını olumlu yönde etkilemiştir. Verilen demirin tanığa oranla sağladığı ortalama % artış bakımından topraklar Çarşamba – Çınarcık (1 numaralı toprak % 61.01) > Suluova – Eraslan (11 numaralı toprak % 51.26) > Suluova –Yüzbey (8 numaralı toprak % 49.19) > Suluova – Uzunoba (7 numaralı toprak % 46.36) > Suluova – Saluca (6 numaralı toprak % 43.83) > Suluova – Kurnaz (9 numaralı toprak % 41.95) > Çarşamba – Hürriyet (4 numaralı toprak % 36.70) > Bafra – Kalaycılı (21 numaralı toprak % 34.19) > Çarşamba – Ahubaba (5 numaralı toprak % 26.36) > Çarşamba – Ovacık (3 numaralı toprak % 24.47) > Bafra- Şeyhören (20 numaralı toprak % 22.38) > Suluova- Hacıbayram (12 numaralı toprak % 20.02) > Bafra – Sahilkent (26 numaralı toprak % 18.27) > Bafra - Adaköyü (22 numaralı toprak % 14.23) > Çarşamba - Muşçalı 1 (14 numaralı toprak % 11.35) > Çarşamba – Bafraçalı (15

Çizelge 6. Toprağa değişik düzeylerde uygulanan demirli gübrenin sera koşullarında yetiştirilen fasulye bitkisinin kuru madde miktarı üzerine etkisi

Top. no	Demir uygulaması, ppm Fe								
	0	2	4	8	Ort.	2	4	8	Ort
	Kuru madde, g/saksı					Tanığa oranla sağlanan değişim, %			
1	2.91 b KL	4.80 a J-L	5.28 a G-I	3.96 ab K-M	4.24 N	65.14	81.65	36.24	61.01
2	6.29 a B-F	5.43 a H-L	4.67 a H-J	5.39 a G- K	5.44 J-L	-13.63	-25.72	-14.26	-17.87
3	6.43b B-E	8.22 a C-E	7.96 ab CD	7.83 ab C-E	7.61 E-F	27.84	23.79	21.77	24.47
4	3.40 a J-L	4.62 a J-L	4.85 a H-J	4.46 a J-M	4.33 M N	36.02	42.79	31.31	36.70
5	4.72 b F-J	5.72 ab G-L	5.64 ab E-H	6.52 a E-H	5.65 I- K	21.27	19.58	38.23	26.36
6	4.37 b G- K	6.21 a F-J	7.06 a DE	5.60 ab G- K	5.81 H- K	42.00	61.43	28.05	43.83
7	4.49b G- K	5.97 ab F- K	6.71 a D- G	7.02 a D- G	6.05 H-J	33.06	49.55	56.46	46.36
8	6.61 c B-D	9.47 abBC	9.10 b C	11.03 a B	9.05 C	43.20	37.60	66.78	49.19
9	4.24 b H- K	7.22 a E- G	5.37b F- I	5.48b G- K	5.58 I- K	70.15	26.55	29.14	41.95
10	7.22 ab B	6.63 b E- I	8.10 ab CD	8.67 a CD	7.65 D-F	-8.17	12.19	20.08	8.03
11	10.19 c A	13.52 b A	17.53 a A	15.19b A	14.11 A	32.68	72.03	49.07	51.26
12	5.53 b C-H	7.53 a D-F	6.98 ab D-F	5.39 b G- K	6.35 G-I	36.25	26.30	-42.47	20.02
13	11.08a A	10.84 a B	10.97 a B	11.64 a B	11.43 B	-2.20	-1.02	5.02	0.60
14	3.79 a I-L	4.99 a I-L	3.69 a I- K	3.98 a K-M	4.11 N	31.66	-2.64	5.01	11.35
15	4.78 bE-J	4.71b J-L	6.73 a D- G	4.20 b J-M	5.10 K-M	-1.40	40.89	-12.07	9.14
16	4.14 a H- K	4.05 a L	3.43 a I- K	4.68 a I-L	4.20 N	-2.25	-17.22	12.95	-2.17
17	2.40 a L	2.15a M	2.41 a K	2.93 a M	2.47 O	-10.42	0.42	22.08	4.03
18	6.56 a B-D	6.77 a E-H	7.19 a DE	5.85 a F-J	6.59 G-H	3.25	9.66	-10.78	0.71
19	5.17a D- I	4.06 ab L	3.31 b J K	4.78 ab I-L	4.33 M N	-21.42	-35.94	-7.48	-21.61
20	6.03 b B- G	6.12 b F-J	8.18 a CD	7.85 a CD	7.05 F G	1.44	35.58	30.11	22.38
21	4.13 b H- K	4.74 ab J-L	5.69 ab E-H	6.21 a E- I	5.19 KL	14.68	37.66	50.24	34.19
22	4.19 a H- K	4.73a J-L	4.50 a H-J	5.14 a H- K	4.64 L- N	12.80	7.31	22.58	14.23
23	4.13 abH- K	4.36 ab KL	5.00 a H I	3.23 b LM	4.18 N	5.65	21.16	-21.73	1.70
24	11.35 a A	11.01 a B	11.2 a B	11.36 a B	11.24 B	-2.97	-1.12	0.12	-1.32
25	9.96 a A	9.40 a BC	7.21 b DE	7.32 b C-F	8.47 CD	-5.65	-27.63	-26.53	-19.94
26	7.10 b BC	8.06 a CD	7.32 ab DE	8.90 a C	8.07 DE	26.26	3.15	25.41	18.27
ort	5.82 b	6.62 a	6.77 a	6.72a		17.00	19.00	18.00	

LSD $_{0.05}$ Toprak : 0.84 Doz:0.33 Toprak x Doz: 1.69

Aynı sütunda aynı büyük harflerle gösterilen ortalamalar arasında ve aynı satırda aynı küçük harflerle gösterilen ortalamalar arasında istatistiksel olarak 0.05 seviyesinde fark yoktur.

numaralı toprak % 9.14) > Suluova – Saygılı (10 numaralı toprak % 8.03) > Çarşamba – Yukarıdonurlu (17 numaralı toprak % 4.03) > Bafra- Fener Köyü (23 numaralı toprak % 1.70) > Bafra - Doğanca 1 (18 numaralı toprak % 0.71) > Çarşamba – Kurtahmetli (13 numaralı toprak % 0.60) şeklinde sıralanmıştır. Demirli gübreleme sonucu üründe % 20 ve üzerinde artış sağlanan toprakların demir yönünden noksan oldukları düşünülmektedir. Buna göre Çarşamba – Çınarcık (1 numaralı toprak), Suluova – Eraslan (11 numaralı toprak), Suluova – Yüzbey (8 numaralı toprak), Suluova – Uzunoba (7 numaralı toprak) Suluova – Saluca (6 numaralı toprak), Suluova – Kurnaz (9 numaralı toprak), Çarşamba – Hürriyet (4 numaralı toprak), Bafra – Kalaycılı (21 numaralı toprak), Çarşamba – Ahubaba (5 numaralı toprak), Çarşamba – Ovacık (3 numaralı toprak), Bafra - Şeyhören (20 numaralı toprak), Suluova - Hacıbayram (12 numaralı toprak), Bafra – Sahilkent (26 numaralı toprak) topraklarının demir yönünden noksan oldukları söylenebilir. Yapılan değerlendirmelere göre Suluova' dan alınan toprakların % 86' sında, Çarşamba' dan alınan toprakların % 40' ında ve Bafra' dan alınan toprakların % 33' ünde demirli gübreleme sonucu üründe önemli artış sağlanmıştır.

Korkmaz ve Gülser (1995), Samsun ve Bafra' da tütün yetiştirilen tarlalardan alınan toprak örneklerinin yaklaşık % 50' sinde DTPA ile ekstrakte edilebilir demir kapsamının 6 ppm' den düşük olduğunu belirtmişlerdir. Araştırıcılar toprakların pH değerleri, değişebilir Ca, toplam kireç ve aktif kireç kapsamları arttıkça DTPA ile ekstrakte edilebilir demir kapsamlarının ve bu topraklarda yetiştirilen ayçiçeği bitkisinin demir kapsamı ve demir alımlarının azaldığını bildirmişlerdir. Yapılan çalışmada toprakların DTPA ile ekstrakte edilebilir demir kapsamları arttıkça bitkinin demir kapsamı ve demir alımının arttığı da belirtilmiştir.

Demirli gübreleme sonucu kuru maddede tanığa göre sağlanan ortalama artış en yüksek % 61.01 olup, Çarşamba – Çınarcık toprağında (1 numaralı toprak), en düşük artış ise % 0.60 olup Çarşamba – Kurtahmetli toprağında (13 numaralı toprak) elde edilmiştir.

Çizelge 7. Toprağa değişik düzeylerde uygulanan demirli gübrenin sera koşullarında yetiştirilen fasulye bitkisinin kuru madde miktarı, bitkinin toplam demir kapsamı, bitkinin toplam demir alımı, bitkinin aktif demir kapsamı, bitkinin aktif demir alımı üzerine etkisine ilişkin varyans analiz sonuçları

Varyasyon kaynakları	Serbestlik derecesi	Kareler ortalaması				
		Kuru madde	Bitkinin toplam demir kapsamı	Bitkinin toplam demir alımı	Bitkinin aktif demir kapsamı	Bitkinin aktif demir alımı
Genel	311					
Tekerrürler	2					
Topraklar	25	84.06**	250778.41**	18740407.01**	3081.66**	355000.26**
Fe Dozları	3	15.99**	157129.54**	7085189.47**	3471.55**	213585.67**
ToprakxFe	75	3.05**	100810.08**	4010075.98**	805.96**	41475.51**
Hata	206	1.08	15915.85	799913.23	84.73	7575.63

** : P< 0.01

Çizelge 8. Deneme toprağına değişik düzeylerde demirli gübrenin ilavesiyle sera koşullarında yetiştirilen fasulye bitkisinden elde edilen % nisbi ürün miktarları ve tanığa oranla sağlanan % değişim

Toprak no	Demir uygulaması, ppm Fe							
	0	2	4	8	2	4	8	Ort.
	Nisbi ürün , %				Tanığa oranla sağlanan değ şim, %			
1	55	91	100	75	36	45	20	34
2	135	116	100	115	-18	-35	-19	-24
3	81	103	100	101	22	19	20	20
4	70	95	100	84	25	30	13	23
5	84	101	100	121	18	16	38	24
6	62	88	100	91	26	38	29	31
7	67	89	100	105	22	33	38	31
8	73	104	100	109	31	27	36	32
9	79	134	100	116	55	21	37	38
10	89	82	100	83	-7	11	-6	-1
11	58	77	100	87	19	42	29	30
12	79	108	100	77	29	21	-2	16
13	101	99	100	107	-2	-1	6	1
14	103	135	100	94	33	-3	-9	7
15	71	70	100	70	-1	29	0	9
16	121	118	100	84	-3	-21	-37	-20
17	100	89	100	105	-10	0	5	-2
18	91	94	100	93	3	9	2	4
19	156	123	100	97	-33	-56	-59	-49
20	74	75	100	110	1	26	36	21
21	73	83	100	123	11	27	51	30
22	93	105	100	110	12	7	17	12
23	83	87	100	62	5	17	-20	1
24	101	98	100	108	-3	-1	7	1
25	138	130	100	71	-8	-38	-67	-38
26	97	122	100	105	25	3	8	12

Buna karşılık bazı topraklarda demirli gübreleme sonucu azalma görülmüş, tanığa göre kuru maddedeki ortalama azalmalar Bafra – Sarıkaya (24 numaralı toprak) ve Çarşamba – Muşçalı 2 (16 numaralı toprak) topraklarında düşük olmasına rağmen (sırasıyla % 1.32 ve % 2.17), Çarşamba – Karabahçe (2 numaralı toprak), Bafra – Koşuköyü (19 numaralı toprak), Bafra – Doğanca 2 (25 numaralı toprak) topraklarında oldukça yüksek bulunmuştur (sırasıyla % 17.87, % 21.61 ve % 19.94) (Şekil 4.2.1).

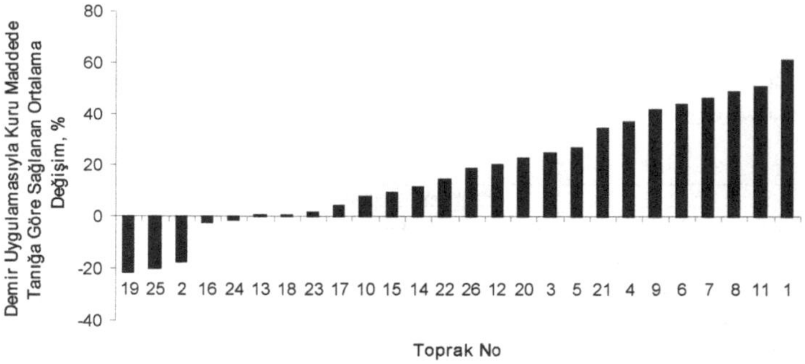

Şekil 4.2.1. Demir uygulamasıyla kuru maddede tanığa göre sağlanan % değişim değerleri

Genel olarak deneme topraklarında en yüksek kuru madde 4 ppm demir dozu uygulandığında elde edilmiş, bu doz optimum doz olarak kabul edilmiştir. Bu dozda elde edilen nispi ürün %100 kabul edilerek diğer dozlarda elde edilen nispi ürün değerleri Çizelge 8' de verilmiştir.

Çizelge 8' in incelenmesinden de görüleceği gibi demirli gübrenin etkisi ile nispi üründe sağlanan ortalama artışlar mutlak kuru madde miktarında tanığa göre sağlanan ortalama artışlarla benzer bulunmuştur.

Demirli gübre verilmemiş kontrol topraklar, nispi ürün değerleri bakımından Çarşamba – Çınarcık (1 numaralı toprak, % 55) < Suluova – Eraslan (11 numaralı toprak, % 58) < Suluova – Saluca (6 numaralı toprak, % 62) < Suluova-Uzunoba (7 numaralı toprak, % 67) < Çarşamba – Hürriyet (4 numaralı toprak, % 70) < Çarşamba- Bafraçalı (15 numaralı toprak, % 71) < Bafra – Kalaycılı (21 numaralı toprak, % 73) = Suluova – Yüzbey (8 numaralı toprak, % 73) < Bafra – Şeyhören (20 numaralı toprak, % 74) < Suluova – Kurnaz (9 numaralı toprak, % 79) = Suluova – Hacıbayram (12 numaralı toprak, % 79) < Çarşamba – Ovacık (3 numaralı toprak, % 81) < Bafra – Fenerköyü (23 numaralı toprak, % 83) < Çarşamba –Ahubaba (5 numaralı toprak, % 84) < Suluova – Saygılı (10 numaralı toprak, % 89) < Bafra - Doğanca 1 (18 numaralı toprak, % 91) < Bafra – Adaköyü (22 numaralı toprak, % 93) < Bafra – Sahilkent (26 numaralı toprak, % 97) < Çarşamba –Yukarıdonurlu (17 numaralı toprak, % 100) < Bafra – Sarıkaya (24 numaralı toprak, % 101) = Çarşamba-Kurtahmetli (13 numaralı toprak, % 101) < Çarşamba-Muşçalı 2 (14 numaralı toprak, % 103) < Çarşamba - Muşçalı 2 (16 numaralı toprak, % % 121) < Çarşamba – Karabahçe (2 numaralı toprak, % 135) < Bafra - Doğanca 2 (25 numaralı toprak, % 138) < Bafra – Koşuköyü (19 numaralı toprak, % 156) şeklinde sıralanmışlardır (Şekil 4.2.2).

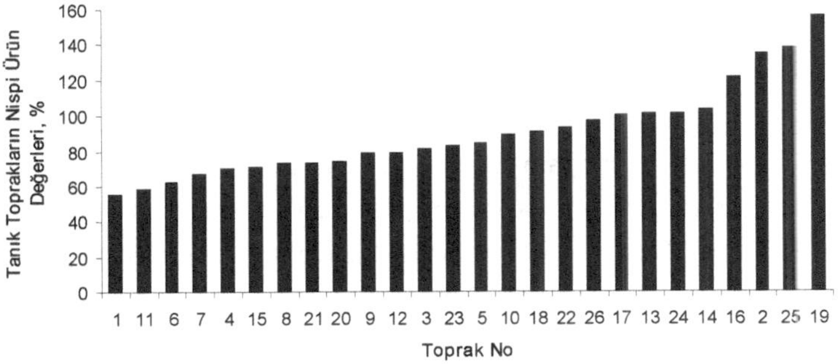

Şekil 4.2.2. Tanık toprakların nispi ürün değerleri

Yeterlilik ya da nispi ürün değerleri % 80' in altında olan topraklar demir noksanlığı yönünden riskli bulunmuştur (Sing ve Karwasra, 1987). Buna göre Çarşamba – Çınarcık (1 numaralı toprak), Çarşamba – Hürriyet (4 numaralı toprak), Çarşamba – Bafraçalı (15 numaralı toprak), Bafra- Şeyhören (20 numaralı toprak), Bafra – Kalaycılı (21 numaralı toprak), Suluova – Saluca (6 numaralı toprak), Suluova – Uzunoba (7 numaralı toprak), Suluova – Yüzbey (8 numaralı toprak), Soluova – Kurnaz (9 numaralı toprak), Suluova – Eraslan (11 numaralı toprak), Suluova – Hacıbayram (12 numaralı toprak) topraklarında demir noksanlık riskinin daha yüksek olduğu söylenebilir.

4.2.2. Deneme Topraklarına Demir Uygulamasıyla Kuru Maddede Tanığa Oranla Sağlanan Yüzde Değişim Değerlerinin Toprakların Alındıkları İlçelere ve Bazı Kimyasal Özelliklerine Göre Dağılımı

Demir uygulamasıyla kuru maddede tanığa oranla sağlanan yüzde değişim değerlerinin toprakların alındıkları ilçelere, kireç kapsamlarına, pH değerlerine, DTPA ile ekstrakte edilebilir demir kapsamlarına ve kloroza neden olma gücü indeks-1 değerlerine göre dağılımı Çizelge 9' da verilmiştir.

Çizelge 9'un incelenmesinden de anlaşılacağı üzere demir uygulamasıyla tanığa oranla sağlanan ortalama % değişim en yüksek Suluova topraklarında (ortalama % 37.2' lik değişim) sonra sırasıyla Çarşamba topraklarında (ort. % 15.4' lük değişim) ve Bafra topraklarında (ort. % 5.4' lük değişim) bulunmuştur. Çarşamba' dan alınan toprakların % 40' ında, Bafra' dan alınan toprakların % 22.2' sinde, Suluova' dan alınan toprakların % 85.7' sinde demir uygulamasıyla kuru maddede % 20' nin üzerinde artış sağlanmıştır.

Çizelge 9. Demir uygulamasıyla kuru maddede tanığa oranla sağlanan yüzde değişim değerlerinin toprakların alındıkları ilçelere, kireç kapsamlarına, pH değerlerine, DTPA ile ekstrakte edilebilir demir kapsamlarına ve kloroza neden olma gücü indeks-1 değerlerine göre dağılımı

Örneklerin Alındığı İlçe	Alınan Örnek Sayısı	Toplam Örnekteki Oranı, %	Kuru maddedeTanığa Oranla sağlanan % Değişim			Kuru maddede Demir Uygulamasıyla Tanığa Göre Sağlanan Değişim Yönünden Örneklerin Dağılımı, %				
			En Düşük	En Yüksek	Ort.	< 0	0-20	20-40	40-60	> 60
Çarşamba	10	38.5	-17.9	61.0	15.4	20.0	40.0	30.0	0.0	10.0
Bafra	9	34.6	-21.6	34.2	5.4	33.3	44.4	22.2	0.0	0.0
Suluova	7	26.9	8.0	51.3	37.2	0.0	14.3	14.3	71.4	0.0

Toprak Kireç Kapsamı ,%	Alınan Örnek Sayısı	Toplam Örnekteki Oranı, %	Kuru maddedeTanığa Oranla sağlanan Değişim %			Demir Uygulamasıyla Tanığa Göre Sağlanan Değişim Yönünden Örneklerin Dağılımı, %				
			En Düşük	En Yüksek	Ort.	< 0	0-20	20-40	40-60	> 60
< 1	5	19.2	-19.9	26.3	1.3	40.0	40.0	20.0	0.0	0.0
1 – 5	5	19.2	-17.8	24.5	10.3	20.0	40.0	40.0	0.0	0.0
5 – 15	12	46.2	-21.6	51.3	17.7	16.7	41.7	25.0	16.7	0.0
15 – 25	4	15.4	41.9	61.0	48.3	0.0	0.0	0.0	75.0	25 0
> 25	0	0	-	-	-	-	-	-	-	-

Top. pH' sı	Al. Örn Sa.	Toplam Örnekteki Oranı, %	Kuru maddede Tanığa Oranla sağlanan Değişim, %			Demir Uygulamasıyla Tanığa Göre Sağlanan Değişim Yönünden Örneklerin Dağılımı, %				
			En Düşük	En Yüksek	Ort.	< 0	0-20	20-40	40-60	> 60
< 5	0	0.0	-	-	-	-	-	-	-	-
5 - 6	1	3.8	-1.3	-	-1.3	100.0	0.0	0.0	0.0	0.0
6 – 7	7	26.9	-17.9	36.7	13.8	14.3	42.9	42.9	0.0	0.0
7 – 8	18	69.2	-21.6	61.0	20.4	16.7	33.3	16.7	27.8	5.6
> 8	0	0.0	-	-	-	-	-	-	-	-

Top.da DTPA ile Ekst. Edil. Fe Kaps. ppm	Alınan Örnek Sayısı	Toplam Örnekteki Oranı, %	Kuru maddedeTanığa Oranla Sağlanan Değişim %			Demir Uygulamasıyla Tanığa Göre Sağlanan Değişim Yönünden Örneklerin Dağılımı, %				
			En Düşük	En Yüksek	Ort.	< 0	0-20	20-40	40-60	> 60
< 6	5	19.2	1.70	46.36	28.4	0.0	40.0	0.0	60.0	0.0
6 – 9	3	11.5	20.02	51.26	40.2	0.0	0.0	33.3	66.7	0.0
> 9	18	69.2	- 21.61	61.01	11.1	27.80	38.90	27.8	0.0	5.60

Çizelge 9' un devamı.

Toprakların Kloraza Neden Olma Gücü İndeks – 1 Değerleri	Alınan Örnek Sayısı	Toplam Örnekteki Oranı, %	Kuru maddedeTanığa Oranla Sağlanan Değişim %			Kuru maddede Demir Uygulamasıyla Tanığa Göre Sağlanan Değişim Yönünden Örneklerin Dağılımı, %				
			En Düş.	En Yük.	Ort.	< 0	0-20	20-40	40-60	> 60
< 10	14	53.8	- 19.94	36.70	7.4	28.6	42.9	28.6	0.0	0.0
10 – 30	5	19.2	- 21.61	34.19	11.6	20.0	40.0	40.0	0.0	0.0
> 30	7	27.0	8.03	61.01	43.1	0.0	14.3	0.0	71.4	14.3

Yapılan değerlendirmelere göre % 1' in altında kireç kapsayan toprakların % 20' sinde, % 1 – 5 arası kireç kapsayan toprakların % 40' ında, % 5 – 15 arası kireç kapsayan toprakların % 41.7' sinde ve % 15 – 25 arası kireç kapsayan toprakların ise % 100' ünde demir uygulamasıyla kuru maddede tanığa oranla % 20' nin üzerinde artış sağlanmıştır. Aynı şekilde pH' ları 5 – 6 arasında olan toprakların hiçbirinde demir uygulamasıyla ürün artışı sağlanamaz iken pH değerleri 6 – 7 arası toprakların % 42.9' unda, pH değerleri 7- 8 arası toprakların ise % 50.1' inde demir uygulamasıyla kuru maddede tanığa oranla % 20' nin üzerinde artış sağlanmıştır. Aynı şekilde klorozan gücü indeks-1 değeri 10' un altında olan toprakların % 28.6' sında, 10 – 30 arası toprakların % 40' ında demir uygulamasıyla kuru maddede % 20' nin üzerinde artış görüldüğü halde, kloroza neden olma gücü indeks-1 değeri 30' un üzerinde olan toprakların % 85.7' sinde görülmüştür. Buna karşın DTPA ile ekstrakte edlebilir demir kapsamı 6 ppm' den daha düşük olan toprakların % 60' ında, 6 – 9 ppm arası demir kapsayan toprakların ise % 100' ünde, 9 ppm' in üzerinde demir içeren toprakların % 33.4' ünde görülmüştür.

Toprak gruplarına ilişkin kireç kapsamı, pH değeri ve kloroza neden olma gücü indeks-1 değeri arttığında demir uygulamasıyla kuru maddede tanığa oranla sağlanan ortalama değişimin pozitif yönde artış gösterdiği tespit edilmiştir. Buna karşın aynı çizelgeden görüleceği üzere 9 ppm' in üzerinde yüksek miktarda demir kapsayan topraklarda (DTPA yöntemiyle belirlenen demir) demir uygulamasıyla tanığa oranla kuru maddede sağlanan ortalama değişim 6 ppm' den düşük ve 6 – 9 ppm arası demir kapsayan topraklara göre azalma göstermiştir. Zira demir uygulamasıyla tanığa oranla kuru maddede sağlanan ortalama değişim demir kapsamı 6 ppm' den düşük topraklarda % 28.4, demir kapsamı 6 – 9 ppm arası topraklarda % 40.2 bulunmuş, 9 ppm' in üzerinde demir kapsayan topraklarda ise % 11.1 bulunmuştur.

4.2.3. Kontrol Toprakların Nispi Ürün Değerlerinin Alındıkları İlçelere ve Bazı Kimyasal Özelliklere Göre Dağılımı

Kontrol toprakların nispi ürün değerlerinin alındıkları ilçelere, toprakların DTPA ile ekstrakte edilebilir demir kapsamlarına ve kloroza neden olma gücü indeks – 1 değerlerine göre dağılımı Çizelge 10' da verilmiştir.

Çizelge 10. Kontrol toprakların nispi ürün değerlerinin alındıkları ilçelere, toprakların DTPA ile ekstrakte edilebilir demir kapsamlarına ve kloroza neden olma gücü indeks – 1 değerlerine göre dağılımı

Örneklerin Alındığı İlçe	Alınan Örnek Sayısı	Toplam Örnekteki Oranı,%	Kontrol toprakların Nispi Ürün Değerleri, %			Nispi Ürün Değerleri Yönünden Örneklerin Dağılımı, %	
			En Düşük	En Yüksek	Ortalama	< % 80	> % 80
Çarşamba	10	38.5	55	135	92.1	30.0	70.0
Bafra	9	34.6	73	156	100.7	22.2	77.8
Suluova	7	26.9	58	89	72.4	85.7	14.3

Topraklarda DTPA ile Ekst. Edil. Fe Kaps. ppm	Alınan Örnek Sayısı	Toplam Örnekteki Oranı, %	Kontrol Toprakların Nispi Ürün Değerleri, %			Nispi Ürün Değerleri Yönünden Örneklerin Dağılımı, %	
			En Düşük	En Yüksek	Ortalama	< % 80	> % 80
< 6	5	19.2	62	89	76.0	60.0	40.0
6 – 9	3	11.5	58	79	70.0	100.0	0.0
> 9	18	69.2	55	156	96.9	22.2	77.8

Toprakların Kloraza Neden Olma Gücü İndeks – 1 Değerleri	Alınan Örnek Sayısı	Toplam Örnekteki Oranı, %	Kontrol Toprakların Nispi Ürün Değerleri, %			Nispi Ürün Değerleri Yönünden Örneklerin Dağılımı, %	
			En Düşük	En Yüksek	Ortalama	< % 80	> % 80
< 10	14	53.8	70	138	96.2	21.4	78.6
10 – 30	5	19.2	73	156	100.8	40.0	60.0
> 30	7	27.0	55	89	69.0	85.7	14.3

Çizelgenin incelenmesinden anlaşılacağı üzere Suluova topraklarının % 85.7' sinde, Çarşamba topraklarının % 30' unda ve Bafra topraklarının % 22.2' sinde nispi ürün değeri % 80' nin altında bulunmuştur. Suluova topraklarının ortalama nispi ürün değeri% 72.4 olup, Çarşamba ve Bafra' ya göre daha düşük bulunmuştur. Bu Suluova topraklarının demir yönünden daha yetersiz olduğunu göstermektedir.

DTPA ile ekstrakte edilebilir demir kapsamı 6 ppm' den düşük toprakların % 60' ı, demir kapsamı 6 – 9 ppm arası toprakların % 100' ü demir yönünden yetersiz (nispi ürün değeri % 80' nin altında) olduğu halde, demir kapsamı 9 ppm'in üzerinde olan toprakların % 22.2' si demir yönünden yetersiz bulunmuştur. Ekstrakte edilebilir demir kapsamı 6 ppm' den düşük toprakların ortalama nispi ürün değeri % 76, demir kapsamı 6 – 9 ppm arası toprakların ortalama nispi ürün değeri % 70 bulunmuş, buna karşın demir kapsamı 9 ppm' in üzerinde olan toprakların ortalama nispi ürün değeri % 96.9 bulunmuştur.

Kloroza neden olma gücü indeks- 1 değerleri 10' dan düşük toprakların % 21.4' ü, 10 – 30 arası toprakların % 40' ı, 30' un üstündeki toprakların % 85.7' sinde nispi ürün değeri % 80' nin altında bulunmuş, kloroza neden olma gücü indeks- 1 değerleri arttıkça demir noksanlık riskinin arttığı görülmüştür. İndeks – 1 değerleri 10' dan düşük toprakların ortalama nispi ürün değeri % 96.2, 10 – 30 arası toprakların ortalama nispi ürün değeri % 100.8 bulunduğu halde, 30' un üzerindeki toprakların ortalama nispi ürün değeri % 69.0 bulunmuştur.

4.2.4. Değişik Demir Düzeylerinin Fasulye Bitkisinin Toplam Demir Kapsamına Etkisi

Değişik düzeylerde demirli gübre verilerek sera koşullarında yetiştirilen fasulye bitkisinin toplam demir kapsamları ek Çizelge 2' de, ortalama değerler ise Çizelge 11' de, farklı topraklarda demirli gübrenin, fasulye bitkisinin toplam demir kapsamına etkisine ilişkin varyans analiz sonuçları Çizelge 7' de verilmiştir.

Yapılan varyans analiz sonuçlarına göre fasulye bitkisinin toplam demir kapsamı bakımından demir uygulamaları ve topraklar arasında % 1.0 düzeyinde önemli farklar vardır. Ayrıca toprak x demir dozu interaksiyonun bitkinin toplam demir kapsamı üzerine etkisi istatistiksel olarak % 1.0 düzeyinde önemli bulunmuştur (Çizelge 7). Diğer bir ifade ile demir uygulamalarının bitkinin toplam demir kapsamı üzerine etkisi topraklara bağlı olarak değişmiştir.

Çizelge 11' in incelenmesinden de anlaşılacağı üzere 1, 2, 5, 6, 9, 12, 14, 20 ve 21 numaralı topraklarda yetiştirilen bitkinin toplam demir kapsamında demirli gübreleme sonucu tanığa oranla değişik seviyelerde artışlar sağlanmış, bu artışlar bakımından topraklar Suluova - Kurnaz, % 140.88 (9 numaralı toprak) > Çarşamba- Karabahçe, % 125.04 (2 numaralı toprak) > Çarşamba – Ahubaba, % 101.82 (5 numaralı toprak) > Bafra- Kalaycılı, % 59.58 (21 numaralı toprak) > Çarşamba – Çınarcık, % 52.42 (1 numaralı toprak) > Suluova – Saluca, % 36.96 (6 numaralı toprak) > Suluova – Hacıbayram, % 22.61 (12 numaralı toprak) > Bafra – Şeyhören, % 15.25 (20 numaralı toprak) > Çarşamba – Muşçalı 1, % 7.55 (14 numaralı toprak) şeklinde sıralanmıştır. Buna karşın demirli gübreleme yapıldığı halde 3, 4, 7, 8, 10, 11, 13, 15, 16, 17, 18, 19, 22, 23, 24, 25 ve 26 numaralı topraklarda yetiştirilen bitkinin toplam demir kapsamında tanığa oranla değişik seviyelerde azalma olmuştur (Şekil 4.2.4).

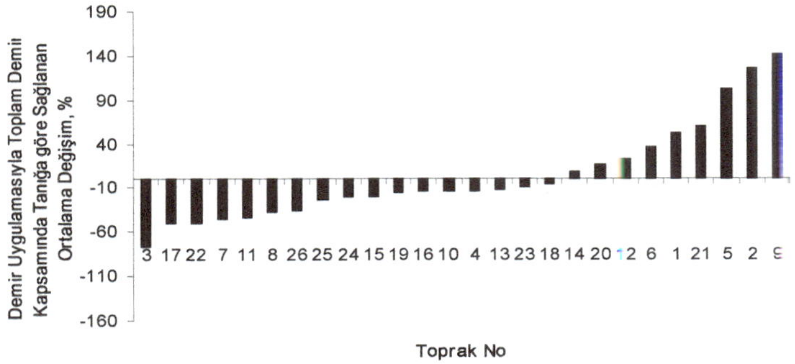

Şekil 4.2.4. Demir uygulamasıyla toplam demir kapsamında tanığa göre sağlanan ortalama % değişim değerleri

Çizelge 11. Deneme topraklarına artan dozlarda uygulanan demirli gübrenin sera koşullarında yetiştirilen fasulye bitkisinin toplam demir kapsamına etkisi

Top. no	Demir uygulaması, ppm Fe								
	0	2	4	8	Ort.	2	4	8	Ort
	Bitkide toplam Fe kapsamı, ppm					Tanığa oranla sağlanan değişim, %			
1	223.5 a K	396.5 a D- I	312.5 a E- I	313.0 a C-E	311.4 E- G	77.40	39.82	40.04	52.42
2	193.0 c K	399.0 b D- I	676.0 a A-C--	228.0 bc DE	374.0 D-F	106.74	250.26	18.13	125.04
3	1519.3 a A	629.7 b AB	190.0 c H I	201.7 c DE	635.2 B	-58.56	-87.49	-86.73	-77.59
4	508.5 b C-E	345.0 c E-J	198.0 c H I	780.0 a A	457.9 CD	-32.15	-61.06	53.39	-13.27
5	247.7 c J K	372.5 bc E-J	505.0 ab C-E	622.0 a AB	436.8 CD	50.40	103.90	151.14	101.82
6	196.0 a K	307.3 a F-J	266.3 a G-I	231.7 a DE	250.3 G	56.80	35.88	18.20	36.96
7	363.67 a D- K	255.0 a G-J	173.3 a H I	167.0 a E	239.8 G	-29.88	-52.34	-54.08	-45.43
8	292.0 a F- K	334.50 a H-J	167.0 a H I	146.0 a E	209.9 G	-19.69	-42.81	-50.00	-37.50
9	226.0 b K	598.7 a B-D	357.0 b D-H	677.5 a AB	464.8 CD	164.90	57.96	199.78	140.88
10	520.5 a C-E	452.0 a B- G	488.7 a C-F	403.5 a CD	466.2 CD	-13.16	-6.12	-22.48	-13.92
11	453.5 a D- I	401.0 ab D- I	167.0 c H I	203.0 bc DE	306.1 E- G	-11.58	-63.18	-55.24	-43.33
12	240.3 a J K	282.7 a G-J	359.3 a D-H	242.0 a DE	281.1 F G	17.61	49.51	0.69	22.61
13	304.5 a E- K	244.3 a H-J	179.3 a H I	379.0 a CD	276.8 F G	-19.76	-41.11	24.47	-12.13
14	730.5 b B	619.3 b A-C	1128.3 a A	609.3 b AB	771.9 A	-15.22	54.46	-16.59	7.55
15	283.0 a G- K	219.0 a H-J	210.3a H I	253.0 a DE	241.3 G	-22.61	-25.68	-10.60	-19.63
16	274.5 a H- K	339.3 a F-J	151.0 a I	212.0 a DE	244.2 G	23.62	-44.99	-22.77	-14.71
17	461.0 a D- I	189.0 b J	214.3 b H I	279.7 ab DE	286.0 F G	-59.00	-53.51	-39.33	-50.61
18	490.7 a C-F	422.0 a C-H	451.0 a D- G	501.7 a BC	466.3 CD	-13.99	-8.08	2.24	-6.61
19	261.5 a I- K	254.3 a G-J	206.3 a H I	204.0 a DE	231.5 G	-2.74	-21.10	-21.99	-15.28
20	247.0 a J K	357.0 a E-J	279.3 a G-I	217.7 a DE	275.3 F G	44.53	13.09	-11.08	15.25
21	161.5 a K	299.0 a F-J	245.5 a H I	228.7 a DE	233.7 G	85.14	52.01	41.59	59.58
22	444.0 a D-J	207.3 b IJ	147.3 b I	318.50 ab C-E	279.3 F G	-53.30	-66.82	-28.27	-49.46
23	482.0c- G C- G	808.0 a A	205.0 b H I	292.3 ab DE	446.8 CD	67.63	-57.47	-39.35	-9.73
24	467.0 ab D-H	545.3 a B-E	296.7 b F- I	282.7 b DE	398.0 C-E	16.77	-36.47	-39.47	-19.72
25	725.7 a B	638.0 a AB	730.5 a B	312.0 b C-E	601.5 B	-12.08	0.67	-57.01	-22.81
26	681.0 a BC	496.0 a B-F	552.7 a B-D	245.7 b DE	493.8 CD	-27.17	-18.84	-63.93	-36.65
ort	423.0 a	396.6 a	340.7 b	328.9 b		12.33	-1.13	-2.69	

$LSD_{0.05}$ Toprak : 102.32 Doz:40.13 Toprak x Doz:204.63

Aynı sütunda aynı büyük harflerle gösterilen ortalamalar arasında ve aynı satırda aynı küçük harflerle gösterilen ortalamalar arasında istatistiksel olarak 0.05 seviyesinde fark yoktur.

Demirli gübreleme sonucu üründe % 20 ve üzerinde artış sağlayan ve demir yönünden noksan oldukları düşünülen 1, 3, 4, 5, 6, 7, 8, 9, 11, 12, 20, 21 ve 26 numaralı topraklarda demir uygulanmaksızın (tanık) yetiştirilen bitkilerin demir kapsamları sırasıyla 223.5 ppm, 1519.3 ppm, 508.5 ppm, 247.7 ppm, 196.0 ppm, 363.67 ppm, 292.0 ppm, 226.0 ppm, 453.5 ppm, 240.3 ppm, 247.0 ppm, 161.5 ppm ve 681.0 ppm bulunmuştur. Bu topraklarda demirli gübreleme ile kuru maddede önemli artışlar sağlandığı halde, yetiştirilen tanık bitkilerin toplam demir kapsamları belirtilen kritik demir kapsamından çok yüksektir (> 50 ppm Fe) (Loué, 1986). Bu sonuç toplam demir kapsamının bitkilerde veya topraklarda demir noksanlığının tespitinde iyi bir ölçüt olamayacağını göstermektedir. Elde edilen sonuçlar bunu destekler yöndedir. Nitekim tanık topraklarda yetiştirilen bitkilerin toplam demir kapsamları ile demir uygulaması sonucu tanığa oranla kuru maddede sağlanan ortalama % değişim değerleri arasındaki ilişkinin korelasyon katsayısı düşük (r= - 0.118) bulunmuş ve istastistiksel olarak önemli olmadığı saptanmıştır. Diğer bir ifadeyle topraklara demir uygulaması sonucu tanığa göre kuru maddede sağlanan ortalama % değişim değerleri tanık topraklarda yetiştirilen bitkilerin toplam demir kapsamlarına bağlı bulunmamıştır. Aynı şekilde tanık topraklarda yetiştirilen bitkilerin toplam demir kapsamları ile tanık topraklarda elde edilen nispi ürün değerleri arasındaki ilişkinin korelasyon katsayısı düşük (r= 0.077) bulunmuş ve istatistiksel olarak önemli olmadığı saptanmıştır. Diğer bir ifadeyle tanık topraklardan elde edilen nispi ürün oranlarının, bu topraklarda yetiştirilen bitkilerin toplam demir kapsamlarıyla ilişkili olmadığı tespit edilmiştir.

Benzer olarak tanık topraklarda yetiştirilen bitkilerin toplam demir kapsamları ile tanık topraklarda elde edilen kuru madde miktarları arasındaki ilişkinin korelasyon katsayısı düşük (r= 0.195) bulunmuş ve istatistiksel olarak önemli olmadığı saptanmıştır. Diğer bir ifadeyle tanık topraklarda yetiştirilen bitkilerin kuru madde miktarları bu topraklarda yetiştirilen bitkilerin toplam demir kapsamlarıyla ilişkili bulunmamıştır.

4.2.5. Değişik Demir Düzeylerinin Fasulye Bitkisinin Toplam Demir Alımına Etkisi

Değişik düzeylerde demirli gübre verilerek sera koşullarında yetiştirilen fasulye bitkisinin toplam demir alımları ek Çizelge 3' de, ortalama değerler ise Çizelge 12' de, farklı topraklarda demirli gübrenin fasulye bitkisinin toplam demir alımına etkisine ilişkin varyans analiz sonuçları Çizelge 7' de verilmiştir.

Yapılan varyans analiz sonuçlarına göre fasulye bitkisinin toplam demir alımı bakımından demir uygulamaları ve topraklar arasında % 1.0 düzeyinde önemli farklar vardır. Ayrıca toprak x demir dozu interaksiyonun bitkinin toplam demir alımı üzerine etkisi istatistiksel olarak % 1.0 düzeyinde önemli bulunmuştur (Çizelge 7). Diğer bir ifade ile demir uygulamalarının bitkinin toplam demir alımı üzerine etkisi topraklara bağlı olarak değişmiştir.

Çizelge 12' nin incelenmesinden de anlaşılacağı üzere 1, 2, 4, 5, 6, 9, 12, 14, 20 ve 21 numaralı topraklarda yetiştirilen bitkinin toplam demir alımında demirli gübreleme sonucu tanığa oranla değişik seviyelerde artışlar sağlanmış, bu artışlar bakımından topraklar Suluova - Kurnaz, % 245.08 (9 numaralı toprak) > Çarşamba - Hürriyet % 154.71 (5 numaralı toprak) > Çarşamba – Çınarcık, % 144.42 (1 numaralı toprak) > Suluova - Saluca, % 105.51 (6 numaralı toprak) > Bafra - Kalaycılı, % 104.87 (21 numaralı toprak) > Çarşamba - Karabahçe, % 81.21 (2 numaralı toprak) > Suluova – Hacıbayram, % 47.67 (12 numaralı toprak) > Bafra – Şeyhören, % 35.28 (20 numaralı toprak) > Çarşamba – Hürriyet % 17.18 (4 numaralı toprak), Çarşamba – Muşçalı 1, % 14.48 (14 numaralı toprak) şeklinde sıralanmıştır (Şekil 4.2.5). Buna karşın demirli gübreleme yapıldığı halde 3, 7, 8, 10, 11, 13, 15, 16, 17, 18, 19, 22, 23, 24, 25 ve 26 numaralı topraklarda yetiştirilen bitkinin toplam demir alımında tanığa oranla değişik seviyelerde azalma olmuştur. Tanık topraklarda yetiştirilen bitkilerin toplam demir alımları ile tanık topraklarda yetiştirilen bitkilerin kuru madde miktarları arasındaki ilişkinin korelasyon katsayısı pozitif ve yüksek (r= 0.634**) bulunmuş ve istastistiksel olarak önemli olduğu saptanmıştır. Diğer bir ifadeyle tanık topraklarda yetiştirilen bitkilerin kuru madde miktarları arttıkça bitkilerin demir alımları artmıştır. Bununla beraber tanık topraklarda yetiştirilen bitkilerin toplam demir alımları ile tanık topraklarda elde edilen nispi ürün değerleri arasındaki ilişkinin korelasyon katsayısı düşük (r= 0.164) bulunmuş ve istatistiksel olarak önemli olmadığı saptanmıştır.

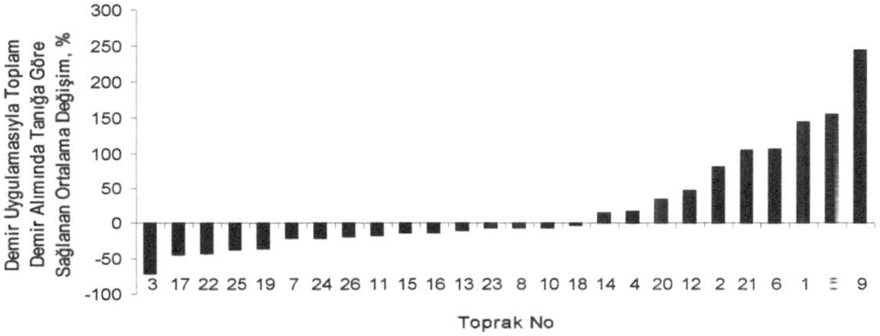

Şekil 4.2.5. Demir uygulamasıyla toplam demir alımında tanığa göre sağlanan ortalama % değişim değerleri

Diğer bir ifadeyle tanık topraklardan elde edilen nispi ürün değerleri bu topraklarda yetiştirilen bitkilerin topraktan kaldırdıkları demir miktarıyla ilişkili bulunmamıştır.

Benzer olarak tanık topraklarda yetiştirilen bitkilerin toplam demir alımları ile topraklara demir uygulaması sonucu kuru maddede sağlanan ortalama % değişim değerleri arasındaki ilişkinin korelasyon katsayısı negatif ve düşük (r= - 0.205) bulunmuş ve istatistiksel olarak önemli olmadığı saptanmıştır. Diğer bir ifadeyle demir uygulaması sonucu kuru maddede sağlanan ortalama % değişim değerleri tanık topraklarda yetiştirilen bitkilerin kaldırdıkları demir miktarıyla ilişkili bulunmamıştır.

Çizelge 12. Deneme topraklarına artan dozlarda uygulanan demirli gübrenin sera koşullarında yetiştirilen fasulye bitkisinin toplam demir alımına etkisi

Top. no	Demir uygulaması, ppm Fe								
	0	2	4	8	Ort.	2	4	8	Ort
	Bitkide toplam Fe alımı, µg/saksı					Tanığa oranla sağlanan değişim, %			
1	651.0 a J	1902.5 a E- G	1639.0 a E- I	1231.0 a EF	1355.8 H-I	192.31	151.84	89.12	144.42
2	1212.9 b J	2133.4 ab D- G	3210.2 a B-D	1250.1 b EF	1951.6 G-I	75.89	164.67	3.06	81.21
3	9770.3 a A	5160.5 b AB	1514.8 c E- I	1572.8 c D-F	4504.8 AB	-47.19	-84.50	-83.90	-71.86
4	1743.8 b H-J	1597.5 b E-H	985.8 b G-I	3547.0 a A-C	1968.5 GH	-8.39	-43.47	103.40	17.18
5	1185.5 c J	2129.6 bc D- G	2860.0 ab B-E	4069.5 a A	2561.1 F G	79.64	141.24	243.27	154.71
6	854.0 a J	1921.3 a E- G	2012.0 a D-H	1330.0 a EF	1529.1 H- K	125.08	135.67	55.79	105.51
7	1633 a IJ	1519.0 a F-H	1150.7 a F- I	1176.0 a EF	1369.7 H-L	-6.98	-29.53	-27.98	-21.50
8	1915 a H-J	2223.6 a D- G	1510.5 a E- I	1608.0 a D-F	1814.1 H-J	16.05	-21.13	-16.03	-7.03
9	965.43 b J	4337.0 a BC	1391.8 b D- I	3726.3 a AB	2740.1 F	349.21	100.08	285.96	245.08
10	3740.0 a D-F	3030.4 a C-E	3904.0 a A-C	3499.0 a A-C	3543.3 C-E	-18.97	4.40	-6.44	-7.00
11	4627.2 a CD	5488.1 a AB	2927.4 b B-E	3016.5 b A-D	4014.8 BC	18.60	-36.73	-34.81	-17.65
12	1344.0 a IJ	2118.3 a D- G	2530.0 a C-F	1304.0 a EF	1824.0 H- K	57.67	88.33	-2.98	47.67
13	3373.7 ab D G	2649.9 b D-F	1966.2 b D- I	4426.1 a A	3104.0 D-F	-21.45	-41.72	31.20	-10.66
14	2749.0 ab F- I	3045.4 ab C-E	3954.0 a A-C	2443.0 b B-E	3047.9 EF	10.77	43.82	-11.15	14.48
15	1363.0 a IJ	1074.0 a GH	1405.0 a F- I	1064.0 a EF	1226.6 I-L	-21.20	3.10	-21.91	-13.34
16	1163.0 a J	1370 a F-H	660.0 a H I	1000.0 a EF	1048.1 KL	17.82	-43.19	-14.03	-13.13
17	1054.2 a J	405.7 a H	521.5 a I	843.8 a F	706.3 L	-61.52	-50.53	-19.96	-44.00
18	3122.0 a E-H	2812.4 a D-F	3243.0 a B-D	2997.0 a A-D	3043.6 EF	-9.93	3.86	-4.03	-3.36
19	1351.0 a IJ	1004.6 a GH	680.0 a H I	918.0 a F	988.3 KL	-25.64	-49.68	-32.06	-35.80
20	1524.0 a IJ	2207.8 a D- G	2279.0 a D- G	1696.0 a D-F	1926.7 G-I	44.91	49.60	11.34	35.28
21	672.0 a J	1410.3 a F-H	1396.1 a F- I	1323.1 a EF	1200.4 J-L	109.90	107.78	96.92	104.87
22	1859.0 a H-J	966.1 a GH	674.6 a H I	1632.4 a D-F	1276.3 H-L	-48.03	-65.17	-12.19	-41.80
23	1989.5 b G-J	3517.9 a CD	1025.9 b G-I	1001.4 b EF	1883.7 G-J	76.72	-48.43	-49.67	-7.09
24	5272.0 a C	6012.9 a A	3350.0 b B-D	3152. b A-C	4446.8 B	14.05	-36.46	-40.20	-20.87
25	7266.0 a B	5999.9 b A	5335.0 b A	2196.0 c C-F	5199.2 A	-17.43	-26.58	-69.78	-37.93
26	4449.0 a C-E	4474.8 a BC	4111.0 a AB	2185.0 b C-F	3805.1 B-D	0.57	-7.59	-50.89	-19.31
ort	2571.1 a	2712.0 a	2182.8 b	2084.9 b		34.71	15.76	16.23	

$LSD_{0.05}$ Toprak : 725.35 Doz: 284.51 Toprak x Doz: 1450.70

Aynı sütunda aynı büyük harflerle gösterilen ortalamalar arasında ve aynı satırda aynı küçük harflerle gösterilen ortalamalar arasında istatistiksel olarak 0.05 seviyesinde fark yoktur.

4.2.6. Değişik Demir Düzeylerinin Fasulye Bitkisinin Aktif Demir Kapsamına Etkisi

Değişik düzeylerde demirli gübre verilerek sera koşullarında yetiştirilen fasulye bitkisinin aktif demir kapsamları ek Çizelge 4' de, ortalama değerler ise Çizelge 13' de, farklı topraklarda demirli gübrenin fasulye bitkisinin aktif demir kapsamına etkisine ilişkin varyans analiz sonuçları Çizelge 7' de verilmiştir.

Yapılan varyans analiz sonuçlarına göre fasulye bitkisinin aktif demir kapsamı bakımından demir uygulamaları ve topraklar arasında % 1.0 düzeyinde önemli farklar vardır. Ayrıca toprak x demir dozu interaksiyonun bitkinin aktif demir kapsamı üzerine etkisi istatistiksel olarak % 1.0 düzeyinde önemli bulunmuştur (Çizelge 7). Diğer bir ifade ile demir uygulamalarının bitkinin aktif demir kapsamı üzerine etkisi topraklara bağlı olarak değişmiştir.

Çizelge 13' ün incelenmesinden de anlaşılacağı üzere tanık topraklarda yetiştirilen bitkinin aktif demir kapsamı en düşük (6.04 ppm) Suluova – Saluca (6 numaralı toprak), en yüksek (81.98 ppm) Çarşamba – Ovacık' da (3 numaralı toprak) belirlenmiştir. Demirli gübreleme sonucu üründe % 20 ve üzerinde artış sağlanan ve demir yönünden noksan oldukları düşünülen 1, 3, 4, 5, 6, 7, 8, 9, 11, 12, 20, 21 ve 26 numaralı topraklarda demir uygulanmaksızın yetiştirilen bitkilerin aktif demir kapsamları 6.04 ppm – 81.98 ppm arasında bulunmuştur.

Denemede 2, 4, 5, 6, 7, 8, 10, 12, 14, 15, 16, 17, 18, 19, 20, 21, 23, 24, 25 ve 26 numaralı topraklarda yetiştirilen bitkinin aktif demir kapsamında demirli gübreleme sonucu tanığa oranla değişik seviyelerde artışlar sağlanmış bu artışlar bakımından topraklar Suluova – Saluca % 219.61 (6 numaralı toprak) > Bafra – Şeyhören % 204.33 (20 numaralı toprak) > Suluova – Uzunoba % 174.91 (7 numaralı toprak) > Çarşamba - Hürriyet, % 160.53 (4 numaralı toprak) > Bafra – Doğanca 2, % 159.89 (25 numaralı toprak) > Bafra - Fenerköyü, % 123.43 (23 numaralı toprak) > Çarşamba – Y.Donurlu, % 110.89 (17 numaralı toprak) > Çarşamba - Ahubaba, % 104.30 (5 numaralı toprak) > Suluova – Hacıbayram, %92.80 (12 numaralı toprak) > Suluova – Yüzbey, % 75.62 (8 numaralı toprak) >

Çizelge 13. Deneme topraklarına artan dozlarda uygulanan demirli gübrenin sera koşullarında yetiştirilen fasulye bitkisinin aktif demir kapsamına etkisi

Top. no	Demir uygulaması, ppm Fe								
	0	2	4	8	Ort.	2	4	8	Ort
	Bitkide aktif Fe kapsamı, ppm					Tanığa oranla sağlanan değişim, %			
1	23.93 a DF	15.42F ab G	8.50 b N	23.27 ab F-H	18.28 L- N	-40.51	-67.20	-10.20	-39.61
2	17.83 a E-H	22.12 b E- G	28.92 ab G-L	37.39 a C-F	26.57 H-K	24.06	62.22	109.72	65.33
3	81.98 b A	29.62 c D-F	116.09 a A	36.32 c C-F	66.00 B	-63.37	41.60	-55.70	-25.99
4	16.70 b E-F	35.63 a C-E	46.77 a D-F	48.13 a B-D	36.81 E-F	113.33	180.08	188.18	160.53
5	22.66 B D- G	28.19 b D-F	83.10 a B	27.62 b E-H	40.39 D-E	24.37	266.66	21.89	104.30
6	6.04 b H	25.08 a E- G	15.08 ab L- N	17.82 ab I	16.01 M N	314.72	149.39	194.71	219.61
7	12.15 b F-H	25.87 ab E- G	37.43 a F- I	27.04 ab F-H	25.62 H-L	112.98	208.12	122.61	174.91
8	12.50 b F-H	15.36 ab FG	20.23 ab J- N	30.29 a E-H	19.60K-N	22.87	61.77	142.23	75.62
9	64.41 b BC	33.15c C-E	11.98 d M N	86.07a A	48.90 C	-48.53	-81.41	33.62	-32.11
10	23.01 b D- G	20.71 b E- G	17.39 b K- N	52.64 a B	28.44 H I	-10.01	-24.42	128.74	31.44
11	29.33 ab DE	24.4 ab E- G	21.04 b J- N	37.64 a C-F	28.12 H I	-16.62	-28.25	28.32	-5.52
12	17.09 b E-H	23.64 b E- G	43.83 a E- G	31.40 ab E-H	28.99 G-I	38.30	156.40	83.72	92.80
13	54.54 a C	24.35 b E- G	28.24 b H-L	36.95 b C-F	36.02 E- G	-55.34	-48.22	-32.25	-45.27
14	27.72 b DE	25.36 b E- G	27.44 b H-L	49.11 a bc	32.41 F-H	-8.52	-1.03	77.13	22.52
15	10.07 a GH	10.95 a G	11.76 a M N	20.10 a GH	13.22 N	8.71	16.75	99.57	41.67
16	22.93 ab D- G	16.91 b F G	18.47 b K- N	34.14 a D- G	23.11F-M	-26.26	-19.45	48.91	1.07
17	11.19 c F-H	11.73 G	26.61 ab I-M	32.44 aE-H	20.49J- N	4.83	137.84	189.99	110.89
18	34.59 b d	34.71 b C-E	23.99 b I-M	78.74 a A	43.01C-E	0.35	-30.64	127.66	32.46
19	29.23 b DE	48.00 a bc	42.22 ab F-H	36.52 ab C-F	38.99D-F	64.24	44.46	24.95	44.55
20	16.54 c E-H	41.44 b cd	67.06 a C	42.48 b B-E	41.88C-E	150.59	305.52	156.86	204.33
21	61.59 b bc	62.12 b b	54.67 b C-E	81.69a A	65.02 B	0.87	-11.23	32.64	7.42
22	27.82 ab DE	29.37 ab D-F	17.14 b K- N	34.14 a D- G	27.12 H-J	5.57	-38.40	22.73	-3.37
23	12.52 b F-H	27.70 a D-F	31.81 a G- K	24.42 ab F-H	24.11 I-L	121.22	154.05	95.02	123.43
24	75.52 bc ab	84.28 ab A	60.77 c CD	91.49 a A	78.01A	11.61	-19.53	21.15	4.41
25	21.10 c D- G	16.74 c F G	92.78b	55.02 b B	46.41CD	-20.68	339.63	160.70	159.89
26	25.53 a D-F	21.00 a E- G	33.46 a F-J	31.93 a E-H	27.98H I	-17.75	31.07	25.10	12.81
ort	29.2 c	29.00 c	37.95 b	42.49 a		27.33	68.68	78.38	

$LSD_{0.05}$ Toprak : 7.47 Doz: 2..93 Toprak x Doz : 14.93

Aynı sütunda aynı büyük harflerle gösterilen ortalamalar arasında ve aynı satırda aynı küçük harflerle gösterilen ortalamalar arasında istatistiksel olarak 0.05 seviyesinde fark yoktur

Çarşamba – Karabahçe, % 65.33 (2 numaralı toprak) > Bafra – Koşuköyü, % 44.55 (19 numaralı toprak) > Çarşamba – Bafraçalı, % 41.67 (15 numaralı toprak) > Bafra – Doğanca 1, % 32.46 (18 numaralı toprak) > Suluova – Saygılı, % 31.44 (10 numaralı toprak) > Çarşamba – Muşçalı 1, % 22.52 (14 numaralı toprak) > Bafra - Sahilkent, % 12.81 (26 numaralı toprak) > Bafra – Kalaycılı, % 7.42 (21 numaralı toprak) > Bafra – Sarıkaya, % 4.41 (24 numaralı toprak) > Çarşamba – Muşçalı 2, % 1.07 (16 numaralı toprak) şeklinde sıralanmıştır. Buna karşın demirli gübreleme yapıldığı halde 1, 3, 9, 11, 13 ve 22 numaralı topraklarda yetiştirilen bitkinin aktif demir kapsamında tanığa oranla değişik seviyelerde azalma olmuştur (Şekil 4.2.6).

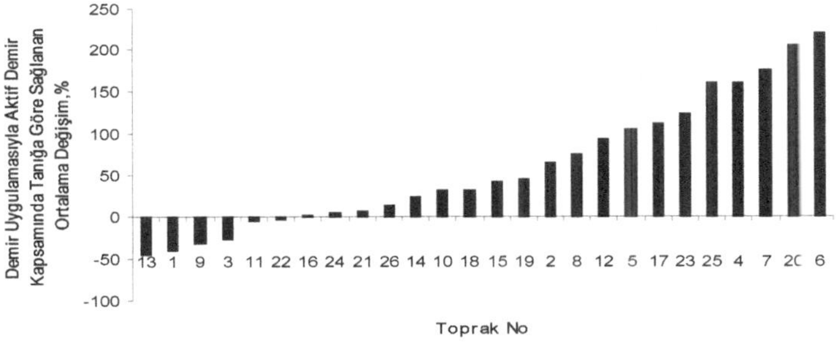

Şekil 4.2.6. Demir uygulamasıyla aktif demir kapsamında tanığa göre sağlanan ortalama % değişim değerleri

Tanık topraklarda yetiştirilen bitkilerin aktif demir kapsamları ile demir uygulaması sonucu tanığa oranla kuru maddede sağlanan ortalama % değişim değerleri arasındaki ilişkinin korelasyon katsayısı düşük (r= - 0.032) bulunmuş ve istastistiksel olarak önemli olmadığı saptanmıştır. Diğer bir ifadeyle topraklara demir uygulaması sonucu tanığa göre kuru maddede sağlanan ortalama % değişim değerleri tanık topraklarda yetiştirilen bitkilerin aktif demir kapsamlarına bağlı bulunmamıştır. Aynı şekilde tanık topraklarda yetiştirilen bitkilerin aktif demir kapsamları ile tanık toprakların nispi ürün değerleri arasındaki ilişkinin korelasyon katsayısı düşük (r= 0.055) bulunmuş ve istatistiksel olarak önemli olmadığı saptanmıştır. Diğer bir ifadeyle tanık toprakların nispi ürün değerlerinin bu topraklarda yetiştirilen bitkilerin aktif demir kapsamlarıyla ilişkili olmadıkları görülmüştür.

Bununla birlikte tanık topraklarda yetiştirilen bitkilerin aktif demir kapsamları ile tanık topraklarda elde edilen kuru madde miktarları arasındaki ilişkinin korelasyon katsayısı r= 0.381* bulunmuş ve istatistiksel olarak önemli olduğu saptanmıştır. Elde edilen bu sonuç tanık topraklarda yetiştirilen bitkilerin kuru madde miktarlarının bu bitkilerin aktif demir kapsamlarıyla ilişkili oldukları anlamına gelmektedir.

Ayrıca tanık topraklarda yetiştirilen bitkilerin aktif demir kapsamları ile bu topraklarda yetiştirilen bitkilerin toplam demir kapsamları ve demir alımları arasındaki ilişkilerin korelasyon katsayıları sırasıyla r= 0.387* ve r= 0.498* bulunmuştur. Diğer bir ifadeyle tanık topraklarda yetiştirilen bitkilerin toplam demir kapsamları ve kaldırdıkları demir miktarları arttıkça bu bitkilerin aktif demir kapsamları artmıştır.

4.2.7. Kontrol Topraklarda Yetiştirilen Bitkilerin Aktif Demir Kapsamlarının Toprakların DTPA İle Ekstrakte Edilebilir Demir Kapsamlarına Göre Dağılımı

Kontrol topraklarda yetiştirilen bitkilerin aktif demir kapsamlarının toprakların DTPA ile ekstrakte edilebilir demir kapsamlarına göre dağılımı Çizelge 14' de verilmiştir.

Çizelge 14. Kontrol topraklarda yetiştirilen bitkilerin aktif demir kapsamlarının toprakların DTPA ile ekstrakte edilebilir demir kapsamlarına göre dağılımı

Topraklarda DTPA ile Ekst. Edil. Fe Kaps. ppm	Alınan Örnek Sayısı	Toplam Örnekteki Oranı, %	Kontrol Topraklarda Yetiştirilen Bitkilerin Aktif Demir Kapsamları, ppm			Aktif Demir Kapsamına Göre Örneklerin Dağılımı, %		
			En Düşük	En Yüksek	Ortalama	< 20	20 - 30	> 30
< 6	5	19.2	6.04	64.41	23.7	60.0	20.0	20.0
6 – 9	3	11.5	12.50	29.33	19.6	66.7	33.3	0.0
> 9	18	69.2	10.07	81.98	32.3	27.8	44.4	27.8

Çizelgeniin incelenmesinden de anlaşılacağı üzere DTPA ile ekstrakte edilebilir demir kapsamı 6 ppm' den düşük topraklarda yetiştirilen bitkinin ortalama aktif demir kapsamı 23.7 ppm, demir kapsamı 6 – 9 ppm arası topraklarda yetiştirilen bitkinin ortalama aktif demir kapsamı ise 19.6 ppm bulunmuş, buna karşın demir kapsamı 9 ppm' in üzerindeki topraklarda yetiştirilen bitkilerin ortalama aktif demir kapsamı 32.3 ppm' e yükselmiştir. Yapılan değerlendirmelere göre 6 ppm' den daha az demir içeren toprakların % 60' ında, 6 – 9 ppm arası demir içeren toprakların ise % 66.7' sinde yetiştirilen bitkiler 20 ppm' in altında aktif demir içermişlerdir. Buna karşın 9 ppm' in üzerinde demir içeren toprakların daha az bir kısmında, % 27.8' inde yetiştirilen bitkilerin aktif demir kapsamı 20 ppm' in altında bulunmuştur.

4.2.8. Değişik Demir Düzeylerinin Fasulye Bitkisinin Aktif Demir Alımına Etkisi

Değişik düzeylerde demirli gübre verilerek sera koşullarında yetiştirilen fasulye bitkisinin aktif demir alımları ek Çizelge 5' de, ortalama değerler ise Çizelge 15' de, farklı topraklarda demirli gübrenin fasulye bitkisinin aktif demir alımına etkisine ilişkin varyans analiz sonuçları Çizelge 7' de verilmiştir.

Yapılan varyans analiz sonuçlarına göre fasulye bitkisinin aktif demir alımı bakımından demir uygulamaları ve topraklar arasında % 1.0 düzeyinde önemli farklar vardır. Ayrıca toprak x demir dozu interaksiyonun bitkinin aktif demir alımı üzerine etkisi istatistiksel olarak % 1.0 düzeyinde önemli bulunmuştur (Çizelge 7). Diğer bir ifade ile demir uygulamalarının bitkinin aktif demir alımı üzerine etkisi topraklara bağlı olarak değişmiştir.

Çizelge 15' in incelenmesinden de anlaşılacağı üzere 2, 4, 5, 6, 7, 8, 10, 11, 12, 14, 15, 16, 17, 18, 19, 20, 21, 22, 23, 24, 25 ve 26 numaralı topraklarda yetiştirilen bitkinin aktif demir alımında demirli gübreleme sonucu tanığa oranla değişik seviyelerde artışlar sağlanmış, bu artışlar bakımından topraklar Suluova - Saluca, % 451.96 (6 numaralı toprak) > Bafra – Şeyhören % 294.25 (20 numaralı toprak) > Çarşamba – Hürriyet, % 281.88 (4 numaralı toprak) > Suluova - Uzunoba % 266.42 (7 numaralı toprak) > Suluova - Yüzbey, % 168.55 (8 numaralı toprak) > Bafra - Fenerköyü, % 156.02 (23 numaralı toprak) > Çarşamba - Y.Donurlu, % 144.03 (17 numaralı toprak) > Çarşamba – Ahubaba, % 143.43 (5 numaralı toprak) > Suluova - Hacıbayram, % 123.94 (12 numaralı toprak) > Bafra – Doğanca 2, % 101.68 (25 numaralı toprak) > Çarşamba – Bafraçalı, % 64.60 (15 numaralı toprak) > Bafra – Sahilkent, % 47.28 (26 numaralı toprak) > Suluova – Saygılı, % 41.69 (10 numaralı toprak) > Bafra – Kalaycılı, % 39.73 (21 numaralı toprak) > Çarşamba – Karabahçe, % 29.56 (2 numaralı toprak) > Çarşamba – Muşçalı 1, % 28.93 (14 numaralı toprak) > Suluova – Eraslan, % 28.74 (11 numaralı toprak) > Bafra – Doğanca 1, % 28.57 (18 numaralı toprak) > Bafra - Adaköyü, % 12.85 (22 numaralı toprak) > Bafra – Koşuköyü, % 5.41 (19 numaralı toprak) > Çarşamba – Muşçalı 2, % 5.21 (16 numaralı toprak) > Bafra – Sarıkaya, % 1.79 (24 numaralı toprak) şeklinde sıralanmıştır. Buna karşın demirli gübreleme yapıldığı halde 1, 3, 9 ve 13 numaralı topraklarda yetiştirilen bitkinin aktif demir alımında tanığa oranla değişik seviyelerde azalmalar olmuştur (Şekil 4.2.8).

Çizelge 15. Deneme topraklarına artan dozlarda uygulanan demirli gübrenin sera koşullarında yetiştirilen fasulye bitkisinin aktif demir alımına etkisi

Top. no	Demir uygulaması, ppm Fe								
	0	2	4	8	Ort.	2	4	8	Ort
	Bitkide aktif Fe alımı µg/saksı					Tanığa oranla sağlanan değişim, %			
1	75.20 a G-I	74.00 a F G	44.53 a K	92.17 a K	71.48 MN	-1.58	-40.75	22.58	-6.58
2	112.13 a F- I	104.27 a E- G	136.87 a H- K	194.73 a G-K	137.00 J-M	-7.01	22.03	73.66	29.56
3	527.77 b B	238.27 c B-E	921.97a A	276.03 c F- I	491.00 B	-54.85	74.70	-47.70	-9.28
4	56.30 b H-I	186.60 ab B-E	224.8 a F-J	233.5 a G-J	175.32 G- K	231.57	299.31	314.77	281.88
5	105.90 b F- I	133.03 b C-G	461.40 a cd	179.17 b H-K	219.88 F-H	25.59	335.57	69.13	143.43
6	26.50 b I	237.50 a B-E	103.5 abI- K	97.7 ab J K	116.31 J- N	796.43	290.68	268.76	451.96
7	54.40 bH I	156.20 ab C-G	251.90 a E-H	190.07 ab G-K	163.14 H-L	186.99	362.96	249.32	266.42
8	82.20 b G-I	146.87 b c- G	184.13 b F- K	331.17 a D- G	186.09 G-J	78.69	124.06	302.89	168.55
9	279.70 b cd	170.43 bcc- G	63.90 c K	473.83 a BC	244.47 F G	-36.80	-76.31	75.70	-12.47
10	166.57 b c- I	112.53 b D- G	137.67 b H- K	457.97 a CD	218.68 F- I	-32.45	-17.37	174.90	41.69
11	294.10 bc c	163.70 c C- G	369.20 b DE	602.90 a B	357.45 CD	-44.35	25.53	105.02	28.74
12	95.37 b F- I	164.70 ab C-E	304.90 a E- G	171.10 ab H- K	184.02 G-J	72.67	219.71	79.43	123.94
13	604.87 a b	221.90 c B-E	310.20 bc E-G	430.90 b C-E	391.97 C	-63.31	-48.71	-28.77	-46.93
14	103.20 a F- I	104.30 a E- G	96.80 a J K	198.20 a G- K	125.64 J-N	1.08	-6.26	91.98	28.93
15	47.90 a H-I	73.20 a F G	79.20 a K	84.30 a K	71.18 MN	52.62	65.30	75.89	64.60
16	94.70 a F- I	63.60 a F G	81.40 a K	154.10 a I- K	98.39 L-N	-32.89	-14.08	62.59	5.21
17	26.50 a I	36.47 a G	63.70 a K	93.90 a J- K	55.14 N	37.51	140.32	254.25	144.03
18	226.47 b C-F	236.20 b B-E	171.60 b G- K	465.80 a B-D	275.02 EF	4.29	-24.23	105.66	28.57
19	150.70 a d- I	165.70 a C- G	131.30 a H- K	179.60 a H- K	156.85 I-L	9.91	-12.87	19.18	5.41
20	99.27 c F- I	320.43 b B	546.57 a BC	306.77 b E-H	318.26 DE	222.89	450.74	209.12	294.25
21	254.70 b C-E	258.57 b BC(b	313.80 b EF	495.40 a bc	330.62C-E	1.52	23.19	94.48	39.73
22	116.60 a e- I	142.40 a C-G	77.70 a K	174.60 a H- K	127.83 J-M	22.18	-33.35	49.74	12.85
23	51.10 b H I	154.43 a C- G	158.93 a H- K	78.90 b K	110.84 K- N	202.33	211.20	54.52	156.02
24	864.00 b A	917.70 ab A	683.70b	1037.10 a A	875.66 A	6.21	-20.87	20.03	1.79
25	211.00 c c- G	250.50 c b- G	615.40 a B	410.40 b C-F	371.84 CD	18.75	191.73	94.55	101.68
26	170.40 a C- I	226.23 a B-E	242.40 a E- I	284.20 a F- I	230.81F-H	32.78	42.26	66.81	47.28
ort	107.99 c	194.01 c	200.07 b	295.94 a		66.67	00.40	109.94	

LSD $_{0.05}$ Toprak : 70.59 Doz: 27.69 Toprak x Doz: 141.18

Aynı sütunda aynı büyük harflerle gösterilen ortalamalar arasında ve aynı satırda aynı küçük harflerle gösterilen ortalamalar arasında istatistiksel olarak 0.05 seviyesinde fark yoktur.

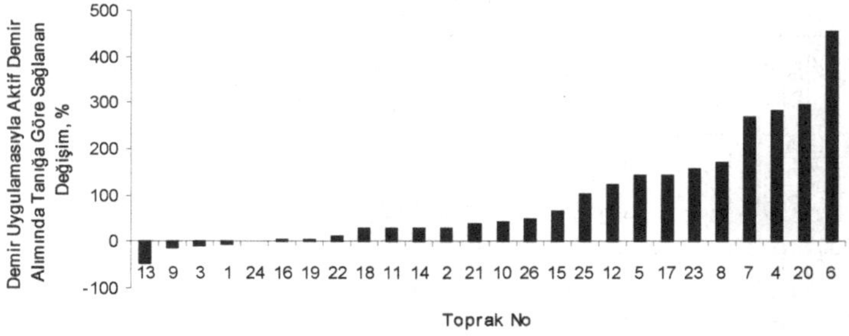

Şekil 4.2.8. Demir uygulamasıyla aktif demir alımında tanığa göre sağlanan ortalama % değişim değerleri

Tanık topraklarda yetiştirilen bitkilerin aktif demir alımları ile tanık topraklarda yetiştirilen bitkilerin kuru madde miktarları arasındaki ilişkinin korelasyon katsayısı pozitif ve yüksek (r= 0.731**) bulunmuş ve istastistiksel olarak önemli olduğu saptanmıştır. Diğer bir ifadeyle tanık topraklarda yetiştirilen bitkilerin kuru madde miktarları arttıkça bitkilerin aktif demir alımları artmıştır. Aynı şekilde tanık topraklarda yetiştirilen bitkilerin aktif demir alımları ile tanık topraklarda yetiştirilen bitkilerin toplam demir alımları arasındaki ilişkinin korelasyon katsayısı pozitif ve yüksek (r= 0.604**) bulunmuş ve istatistiksel olarak önemli olduğu saptanmıştır. Diğer bir ifadeyle tanık topraklarda yetiştirilen bitkilerin toplam demir alımları arttıkça, bu topraklarda yetiştirilen bitkilerin topraktan kaldırdıkları aktif demir miktarları artmıştır.

Benzer olarak tanık topraklarda yetiştirilen bitkilerin aktif demir alımları ile bu topraklarda yetiştirilen bitkilerin aktif demir kapsamları arasındaki ilişkinin korelasyon katsayısı r= 0.856** bulunmuş ve istatistiksel olarak önemli olduğu saptanmıştır. Diğer bir ifadeyle tanık topraklarda yetiştirilen bitkilerin aktif demir kapsamları arttıkça bitkilerin kaldırdığı aktif demir miktarı artmıştır.

Buna karşın tanık topraklarda yetiştirilen bitkilerin aktif demir alımları tanık toprakların nispi ürün değerleriyle, demir uygulaması sonucu tanığa göre kuru maddede sağlanan ortalama % değişim değerleriyle ve tanık topraklarda yetiştirilen bitkilerin toplam demir kapsamlarıyla önemli derecede ilişkili bulunmamıştır.

4.3. Toprakların Demir Durumunu Belirleyen Biyolojik İndekslerin Kendi Aralarındaki İlişkiler

Biyolojik indekslerin kendi aralarındaki ilişkileri gösteren korelasyon katsayıları Çizelge 16' da verilmiştir. Çizelge 16' nın incelenmesinden de anlaşılacağı üzere tanık topraklarda yetiştirilen bitkiden elde edilen kuru madde miktarı ile tanık topraklarda yetiştirilen bitkilerin toplam demir alımları, aktif demir kapsamları ve aktif demir alımları arasındaki ilişkilerin korelasyon katsayıları sırasıyla r= 0.634**, r= 0.381* ve r= 0.731** bulunmuştur (Şekil 4.3.1, 4.3.2). Elde edilen bu sonuçlar tanık topraklarda yetiştirilen bitkilerin toplam ve aktif demir alımlarının elde edilen kuru madde miktarlarına bağlı olarak değiştiğini göstermiştir. Aynı şekilde tanık topraklarda yetiştirilen bitkilerin kuru madde miktarları aktif demir kapsamlarına bağlı bulunmuştur.

Elde edilen sonuçlara göre tanık topraklarda yetiştirilen bitkilerin kuru madde miktarları demir uygulamasıyla kuru maddede tanığa göre sağlanan ortalama % değişim değerleriyle, tanık toprakların nispi ürün değerleriyle, demir uygulamasıyla nispi üründe tanığa göre sağlanan ortalama % değişim değerleriyle, tanık topraklarda yetiştirilen bitkilerin toplam demir kapsamlarıyla, demir uygulamasıyla bitkilerin toplam demir kapsamında tanığa göre sağlanan % değişim değerleriyle, demir uygulamasıyla bitkilerin toplam demir alımında tanığa göre sağlanan % değişim değerleriyle, demir uygulamasıyla bitkilerin aktif demir kapsamında tanığa oranla sağlanan % değişim değerleriyle, demir uygulamasıyla bitkilerin aktif demir alımında tanığa göre sağlanan % değişim değerleriyle yüksek ve önemli ilişkili bulunmamıştır.

Çizelge **16**. Toprakların Demir Durumunu Belirleyen biyolojik indekslerin kendi aralarındaki ilişkileri gösteren korelasyon katsayıları

Biyolojik indeksler	1	2	3	4	5	6	7	8	9	10	11	12
1	-	- 0.272	0.217	-0.235	0.195	0.634**	0.381*	0.731**	-0.237	-0.285	-0.210	-0.295
2		-	-0.879**	0.926**	-0.118	-0.205	-0.032	-0.176	0.100	0.421*	0.032	0.339
3			-	-0.935**	0.077	0.164	0.055	0.122	-0.000	-0.339	-0.089	-0.382*
4				-	-0.077	-0.179	0.095	-0.055	0.148	0.409*	-0.000	0.315
5					-	0.863**	0.387*	0.332	-0.546**	-0.434*	-0.170	-0.205
6						-	0.498**	0.604**	-0.503**	-0.427*	-0.212	-0.293
7							-	0.856**	0.055	-0.105	-0.639**	-0.582**
8								-	-0.138	-0.212	-0.503**	-0.489**
9									-	0.654**	-0.000	-0.000
10										-	0.259	0.459*
11											-	0.917**
12												-

* 0.05 seviyesinde önemli

** 0.01 seviyesinde önemli

1.Tanık topraklarda kuru madde, 2. Demir uygulamasıyla kuru maddede tanığa göre sağlanan ortalama % değişim, 3. Tanık toprakların nispi ürün değerleri, 4. Demir uygulamasıyla nispi üründe tanığa göre sağlanan ortalama % değişim, 5. Tanık topraklarda yetiştirilen bitkilerin toplam demir kapsamı,6. Tanık topraklarda yetiştirilen bitkilerin toplam demir alımı, 7. Tanık topraklarda yetiştirilen bitkilerin aktif demir kapsamı, 8. Tanık topraklarda yetiştirilen bitkilerin aktif demir alımı, 9. Demir uygulamasıyla bitkilerin toplam demir kapsamında tanığa göre sağlanan % değişim, 10. Demir uygulamasıyla bitkilerin toplam demir alımında tanığa göre sağlanan % değişim, 11. Demir uygulamasıyla bitkilerin aktif demir kapsamında tanığa oranla sağlanan % değişim, 12. Demir uygulamasıyla bitkilerin aktifdemir alımında tanığa göre sağlanan % değişim.

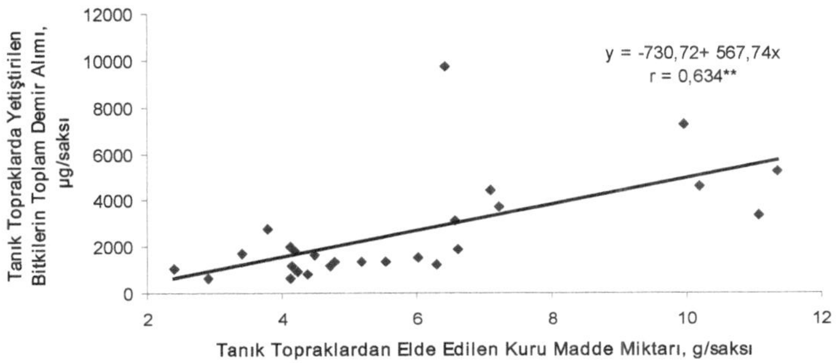

Şekil 4.3.1. Tanık topraklardan elde edilen kuru madde miktarı ile tanık toprakla-da yetiştirilen bitkilerin toplam demir alımı arasındaki ilişki

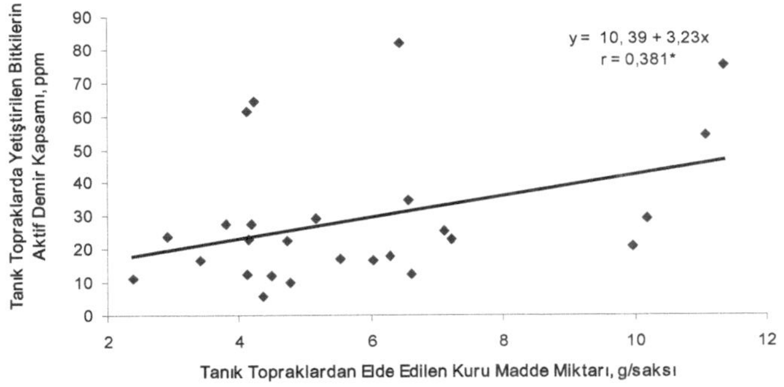

Şekil 4.3.2. Topraklardan elde edilen kuru madde miktarı ile tanık topraklarda yetiştirilen bitkilerin aktif demir kapsamı arasındaki ilişki

Demir uygulamasıyla kuru maddede tanığa göre sağlanan % değişim değerleri ile tanık toprakların nispi ürün değerleri, demir uygulamasıyla nispi üründe tanığa göre sağlanan % değişim değerleri ve bitkilerin toplam demir alımında demir uygulaması sonucu tanığa göre sağlanan % değişim değerleri arasındaki ilişkilerin korelasyon katsayıları sırasıyla r= -0.879** , r= 0.926** ve r= 0.421* bulunmuştur.

Elde edilen bu sonuçlar demir uygulamasıyla kuru maddede tanığa göre sağlanan % değişim değerlerinin tanık toprakların nispi ürün değerlerine bağlı bulunduğunu göstermiştir (Şekil 4.3.3).

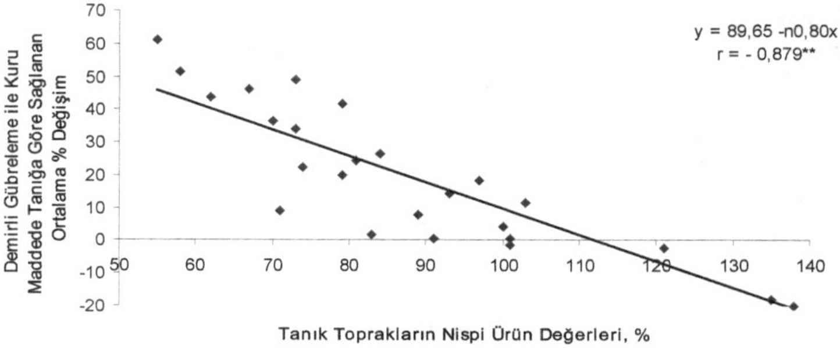

Şekil 4.3.3. Tanık toprakların nispi ürün değerleri ile demirli gübreleme ile kuru maddede tanığa göre sağlanan ortalama % değişim değerleri arasındaki ilişki

Diğer bir ifadeyle tanık toprakların nispi ürün değerleri arttıkça demir uygulaması sonucu kuru maddede tanığa göre sağlanan % değişim değerleri azalma göstermiş, bazı topraklarda üründe azalmaya da sebebiyet vermiştir. Diğer yandan demir uygulamasıyla kuru maddede tanığa göre sağlanan % değişim değerleri nispi üründeki tanığa göre sağlanan % değişim değerleriyle paralellik göstermiştir. Ayrıca demir uygulamasıyla kuru maddede tanığa göre sağlanan % değişim değerleri arttıkça, toplam demir alımında tanığa göre sağlanan % değişim değerleri artış göstermiştir. Demir uygulamasıyla kuru maddede tanığa göre sağlanan % değişim değerleri, tanık topraklarda yetiştirilen bitkilerin toplam demir kapsamlarıyla, tanık topraklarda yetiştirilen bitkilerin toplam demir alımlarıyla, tanık topraklarda yetiştirilen bitkilerin aktif demir kapsamlarıyla, tanık topraklarda yetiştirilen bitkilerin aktif demir alımlarıyla, demir uygulamasıyla bitkilerin toplam demir kapsamında tanığa göre sağlanan % değişim değerleriyle, demir uygulamasıyla bitkilerin aktif demir kapsamında tanığa oranla sağlanan % değişim değerleriyle ve demir uygulamasıyla bitkilerin aktif demir alımında tanığa göre sağlanan % değişim değerleriyle yüksek ilişkili bulunmamıştır.

Tanık toprakların nispi ürün değerleri ile demir uygulaması sonucu nispi üründe tanığa göre sağlanan % değişim değerleri ve bitkinin aktif demir alımında tanığa göre sağlanan % değişim değerleri arasındaki ilişkilerin korelasyon katsayıları sırasıyla r= -0.935** ve r= -0.382* bulunmuştur. Diğer bir ifadeyle demir uygulaması sonucu nispi üründe ve aktif demir alımında sağlanan % değişim değerleri tanık toprakların nispi ürün değerlerine bağlı bulunmuştur. Tanık toprakların nispi ürün değerleri arttıkça demir uygulaması sonucu nispi üründe ve aktif demir alımında sağlanan % değişim değerleri azalma göstermiştir (Şekil 4.3.4).

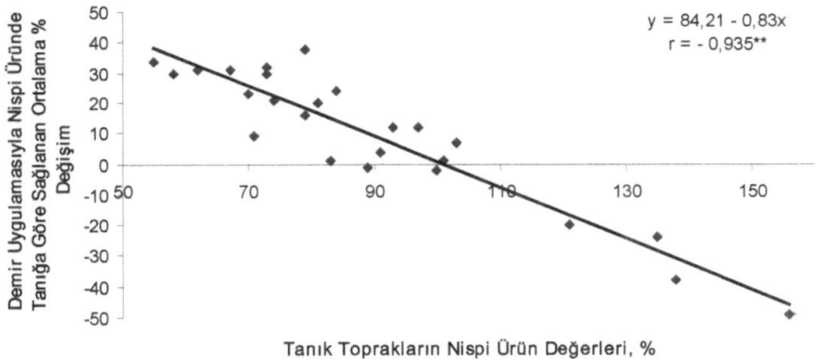

Şekil 4.3.4. Tanık toprakların nispi ürün değerleri ile demirli gübreleme ile nispi üründe tanığa göre sağlanan ortalama % değişim değerleri ile arasındaki ilişki

Tanık toprakların nispi ürün değerleri tanık topraklarda yetiştirilen bitkilerin toplam demir kapsamlarıyla, tanık topraklarda yetiştirilen bitkilerin toplam demir alımlarıyla, tanık topraklarda yetiştirilen bitkilerin aktif demir kapsamlarıyla, tanık topraklarda yetiştirilen bitkilerin aktif demir alımlarıyla, demir uygulamasıyla bitkilerin toplam demir kapsamında tanığa göre sağlanan % değişim değerleriyle, demir uygulamasıyla bitkilerin toplam demir alımında tanığa göre sağlanan % değişim değerleriyle ve demir uygulamasıyla bitkilerin aktif demir kapsamında tanığa oranla sağlanan % değişim değerleriyle yüksek ilişkili bulunmamıştır.

Demir uygulamasıyla nispi üründe tanığa göre sağlanan ortalama % değişim değerleri ile demir uygulamasıyla bitkilerin toplam demir alımında tanığa göre sağlanan % değişim değerleri arasındaki ilişkinin korelasyon katsayısı r= 0.409* olup, % 5 seviyesinde önemli bulunmuştur. Diğer bir ifadeyle demir uygulamasıyla bitkilerin toplam demir alımında tanığa göre sağlanan % değişim değerleri, demir uygulamasıyla nispi üründe tanığa göre sağlanan ortalama % değişim değerlerine bağlı bulunmuştur. Demir uygulamasıyla nispi üründe tanığa göre sağlanan ortalama % değişim değerleri arttıkça, bitkilerin toplam demir alımında tanığa göre sağlanan % değişim değerleri de artmıştır.

Demir uygulamasıyla nispi üründe tanığa göre sağlanan ortalama % değişim değerleri tanık topraklarda yetiştirilen bitkilerin toplam demir kapsamlarıyla, tanık topraklarda yetiştirilen bitkilerin toplam demir alımlarıyla, tanık topraklarda yetiştirilen bitkilerin aktif demir kapsamlarıyla, tanık topraklarda yetiştirilen bitkilerin aktif demir alımlarıyla, demir uygulamasıyla bitkilerin toplam demir kapsamında tanığa göre sağlanan % değişim değerleriyle, demir uygulamasıyla bitkilerin aktif demir kapsamında tanığa oranla sağlanan % değişim değerleriyle ve demir uygulamasıyla bitkilerin aktif demir alımında tanığa göre sağlanan % değişim değerleriyle yüksek ilişkili bulunmamıştır.

Tanık topraklarda yetiştirilen bitkilerin toplam demir kapsamları ile tanık topraklarda yetiştirilen bitkilerin toplam demir alımları, tanık topraklarda yetiştirilen bitkilerin aktif demir kapsamları, demir uygulamasıyla bitkilerin toplam demir kapsamında tanığa göre sağlanan % değişim değerleri ve demir uygulamasıyla bitkilerin toplam demir alımında tanığa göre sağlanan % değişim değerleri arasındaki ilişkilerin korelasyon katsayıları sırasıyla r= 0.863**, r= 0.387*, r= - 0.546** ve r= - 0.434* bulunmuştur. Diğer bir ifadeyle tanık topraklarda yetiştirilen bitkilerin toplam demir kapsamları arttıkça bitkilerin demir alımları ve aktif demir kapsamları artış göstermiştir. Aynı şekilde demir uygulamasıyla bitkilerin toplam demir kapsamında ve toplam demir alımında tanığa göre sağlanan % değişim değerleri tanık topraklarda yetiştirilen bitkilerin toplam demir kapsamlarına bağlı bulunmuştur. Tanık topraklarda yetiştirilen bitkilerin toplam demir kapsamları arttıkça demir uygulamasıyla bitkilerin toplam demir kapsamında ve toplam demir alımında tanığa göre sağlanan % değişim değerleri azalma göstermiştir (Şekil 4.3.5).

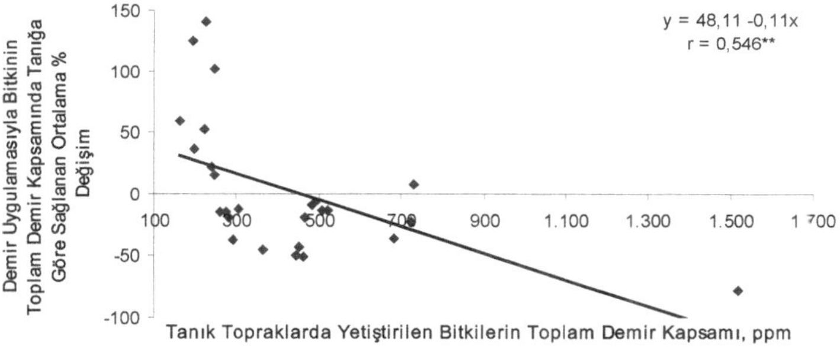

Şekil 4.3.5. Tanık topraklarda yetiştirilen bitkilerin toplam demir kapsamları ile demir uygulamasıyla bitkinin toplam demir kapsamında tanığa göre sağlanan ortalama % değişim değerleri arasındaki ilişki

Tanık topraklarda yetiştirilen bitkilerin toplam demir kapsamları, tanık topraklarda yetiştirilen bitkilerin aktif demir alımlarıyla, demir uygulamasıyla bitkilerin aktif demir kapsamında tanığa oranla sağlanan % değişim değerleriyle, demir uygulamasıyla bitkilerin aktif demir alımında tanığa göre sağlanan % değişim değerleriyle yüksek ilişkili bulunmamıştır.

Tanık topraklarda yetiştirilen bitkilerin toplam demir alımları ile tanık topraklarda yetiştirilen bitkilerin aktif demir kapsamları, tanık topraklarda yetiştirilen bitkilerin aktif demir alımları, demir uygulamasıyla bitkilerin toplam demir kapsamında ve bitkilerin toplam demir alımında tanığa göre sağlanan % değişim değerleri arasındaki ilişkilerin korelasyon katsayıları sırasıyla r= 0.498**, r= 0.604**, r = -0.503** ve r= -0.427* bulunmuştur. Diğer bir ifadeyle tanık topraklarda yetiştirilen bitkilerin toplam demir alımları arttıkça tanık topraklarda yetiştirilen bitkilerin aktif demir kapsamları ve bitkilerin aktif demir alımları artmıştır. Aynı şekilde demir uygulamasıyla bitkilerin toplam demir kapsamında ve bitkilerin toplam demir alımında tanığa göre sağlanan % değişim değerleri tanık topraklarda yetiştirilen bitkilerin toplam demir alımlarına bağlı bulunmuştur. Tanık topraklarda yetiştirilen bitkilerin toplam demir alımları arttıkça demir uygulamasıyla bitkilerin toplam demir kapsamında ve bitkilerin toplam demir alımında tanığa göre sağlanan % değişim değerleri azalma göstermiştir.

Tanık topraklarda yetiştirilen bitkilerin toplam demir alımları, demir uygulamasıyla bitkilerin aktif demir kapsamında tanığa oranla sağlanan % değişim değerleri ve demir uygulamasıyla bitkilerin aktif demir alımında tanığa göre sağlanan % değişim değerleriyle yüksek ilişkili bulunmamıştır.

Tanık topraklarda yetiştirilen bitkilerin aktif demir kapsamı ile tanık topraklarda yetiştirilen bitkilerin aktif demir alımı, demir uygulamasıyla bitkilerin aktif demir kapsamında tanığa oranla sağlanan % değişim değerleri ve bitkilerin aktif demir alımında tanığa göre sağlanan % değişim değerleri arasındaki ilişkilerin korelasyon katsayıları r= 0.856**, r= - 0.639** ve r= -0.582** bulunmuştur. Diğer bir ifadeyle tanık topraklarda yetiştirilen bitkilerin aktif demir alımı arttıkça tanık topraklarda yetiştirilen bitkilerin aktif demir kapsamı önemli derecede artmıştır. Bununla beraber tanık topraklarda yetiştirilen bitkilerin aktif demir kapsamı arttıkça demir uygulamasıyla bitkilerin aktif demir kapsamında tanığa oranla sağlanan % değişim değerleri ve bitkilerin aktif demir alımında tanığa göre sağlanan % değişim değerleri önemli derecede azalma göstermiştir (Şekil 4.3.6).

Demir uygulamasıyla bitkilerin toplam demir kapsamında tanığa göre sağlanan % değişim değerleri ve bitkilerin toplam demir alımında tanığa göre sağlanan % değişim değerleri tanık topraklarda yetiştirilen bitkilerin aktif demir kapsamı ile yüksek ilişkili bulunmamıştır.

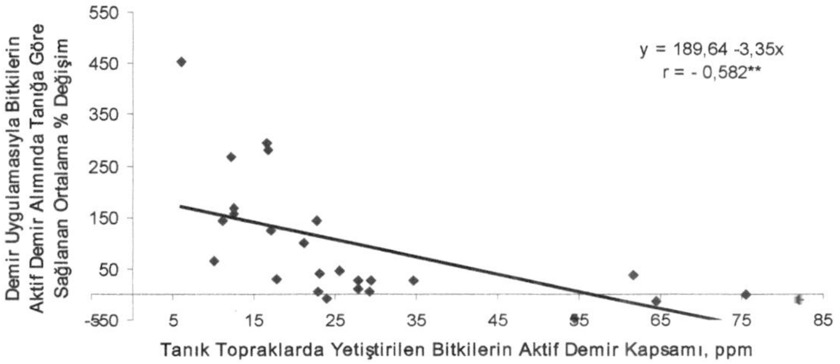

Şekil 4.3.6. Tanık topraklarda yetiştirilen bitkilerin aktif demir kapsamları ile demir uygulamasıyla bitklerin aktif demir alımında tanığa göre sağlanan ortalama % değişim değerleri arasındaki ilişki

Tanık topraklarda yetiştirilen bitkilerin aktif demir alımı ile demir uygulamasıyla bitkilerin aktif demir kapsamında tanığa oranla sağlanan % değişim değerleri ve bitkilerin aktif demir alımında tanığa göre sağlanan % değişim değerleri arasındaki ilişkilerin korelasyon katsayıları sırasıyla r= -0.503** ve r= -0.489** bulunmuştur. Diğer bir ifadeyle tanık topraklarda yetiştirilen bitkilerin aktif demir alımları arttıkça demir uygulamasıyla bitkilerin aktif demir kapsamında tanığa oranla sağlanan % değişim değerleri ve bitkilerin aktif demir alımında tanığa göre sağlanan % değişim değerleri önemli derecede azalma göstermiştir.

Demir uygulamasıyla bitkilerin toplam demir kapsamında tanığa göre sağlanan % değişim değerleri ve bitkilerin toplam demir alımında tanığa göre sağlanan % değişim değerleri, tanık topraklarda yetiştirilen bitkilerin aktif demir alımlarına bağlı bulunmamıştır.

Demir uygulamasıyla bitkilerin toplam demir kapsamında tanığa göre sağlanan % değişim değerleri ile demir uygulamasıyla bitkilerin toplam demir alımında tanığa göre sağlanan % değişim değerleri arasındaki ilişkinin korelasyon katsayıs r = 0.654** bulunmuştur. Diğer bir ifadeyle demir uygulamasıyla bitkilerin toplam demir kapsamında tanığa göre sağlanan % değişim değerleri arttıkça, bitkilerin toplam demir alımında tanığa göre sağlanan % değişim değerleri önemli derecede artmıştır.

Demir uygulamasıyla bitkilerin aktif demir kapsamında tanığa oranla sağlanan % değişim değerleri ve bitkilerin aktif demir alımında tanığa göre sağlanan % değişim değerleri, bitkilerin toplam demir kapsamında tanığa göre sağlanan % değişim değerlerine bağlı bulunmamıştır.

Demir uygulamasıyla bitkilerin toplam demir alımında tanığa göre sağlanan % değişim değerleri ile bitkilerin aktif demir alımında tanığa göre sağlanan % değişim değerleri arasındaki ilişkinin korelasyon katsayısı r= 0.459* bulunmuştur. Diğer bir ifadeyle bitkilerin toplam demir alımında tanığa göre sağlanan % değişim değerleri bitkilerin aktif demir alımında tanığa göre sağlanan % değişim değerlerine bağlı bulunmuştur.

Demir uygulamasıyla bitkilerin aktif demir kapsamında tanığa oranla sağlanan % değişim değerleri, bitkilerin toplam demir alımında tanığa göre sağlanan % değişim değerlerine bağlı bulunmamıştır.

Demir uygulamasıyla bitkilerin aktif demir kapsamında tanığa oranla sağlanan % değişim değerleri ile bitkilerin aktif demir alımında tanığa göre sağlanan % değişim değerleri arasındaki ilişkinin korelasyon katsayısı r= 0.917** bulunmuştur. Diğer bir ifadeyle demir uygulamasıyla bitkilerin aktif demir alımında tanığa göre sağlanan % değişim değerleri arttıkça bitkilerin aktif demir kapsamında tanığa oranla sağlanan % değişim değerleri artış göstermiştir.

4.4. Toprakların Farklı Demir Fraksiyon Kapsamları ve Dağılım Yüzdeleri

Toprakların demir fraksiyon kapsamları Çizelge 17' de, toplam demirin %' si olarak fraksiyon dağılımları Çizelge 18' de verilmiştir.

Toprakların toplam demir kapsamları 20000 ppm (8, 21 ve 23 numaralı topraklar) ile 34000 ppm (3 numaralı toprak) arasında değişmiştir. Toprakların ortalama toplam demir kapsamları 25615.38 ppm bulunmuştur. Toprakların ilk 3 demir formu (değişebilir demir, organik bağlı demir ve mangan oksitlere bağlı demir) toplam demirin önemli sayılmayacak kadar çok küçük bir fraksiyonunu

Çizelge 17. Deneme topraklarının demir fraksiyon kapsamları, ppm

Toprak no	Demir fraksiyonları						
	Değişebilir demir	Organik bağlı demir	Mangan oksitlere Bağlı demir	Amorfdemir oksitlere bağlı Demir	Kristal demir oksitlere bağlı demir	Artık demir	Toplam demir
1	1.3	0.9	9.20	4500	9400	10800	25000
2	1.5	1.1	11.7	4400	10100	14800	29000
3	1.9	0.7	44.4	6600	7800	19400	34000
4	1.1	1.4	18.3	5600	10100	16600	32000
5	1.1	1.3	22.0	3900	9700	18900	33000
6	0.9	0.8	8.60	4800	11300	11700	28000
7	1.3	0.9	4.00	1100	9800	16000	27000
8	1.5	0.8	3.90	2200	6000	11700	20000
9	2.0	1.0	7.00	3500	12600	9100	25000
10	1.1	0.9	8.00	2900	8800	10600	22000
11	1.0	0.7	8.60	2800	10400	12600	26000
12	1.0	1.0	12.3	2200	8400	10700	21000
13	1.1	1.1	39.4	4600	11300	12500	28000
14	1.6	1.1	9.40	5100	10700	12400	28000
15	0.9	1.0	5.80	6100	9900	10500	27000
16	1.1	0.8	6.00	6700	10300	10500	28000
17	0.9	0.9	19.9	4800	8800	12600	26000
18	1.5	1.0	39.6	2400	10100	15700	28000
19	1.8	0.6	8.60	2600	9100	9400	21000
20	1.4	0.9	11.5	1800	9200	12000	23000
21	0.8	0.9	7.50	2500	10100	7800	20000
22	1.9	1.0	6.00	4000	9800	8700	22000
23	2.4	1.2	13.1	3500	7100	9300	20000
24	1.7	0.9	109.4	2100	8800	11600	22000
25	1.2	1.6	158.9	2300	9000	14400	26000
26	1.5	1.1	9.90	4100	8900	12500	25000
En düşük	0.8	0.6	3.90	1100	6000	7800	20000
Enyüksek	2.4	1.6	158.9	6700	11300	19400	34000
Ort	1.37	0.98	23.19	3734.62	9519.23	12415.38	25615.38

temsil etmektedir. Toprakların değişebilir demir formu 0.8 ppm ile 2.4 ppm arasında, organik bağlı demir formu 0.6 ppm ile 1.6 ppm arasında, mangan oksitlere bağlı demir formu 3.9 ppm ile 158.9 ppm arasında bulunmuş, bu demir formları ortalama olarak sırasıyla toplam demirin % 0.006, % 0.004 ve % 0.009' unu teşkil etmektedir. Toprakların amorf demir oksitlere bağlı demir formu 1100 ppm – 6700 ppm arasında, kristal demir oksitlere bağlı demir formu 6000 ppm – 11300 ppm arasında, artık demir formu ise 7800 ppm – 19400 ppm arasında bulunmuş, bu demir formları sırasıyla ortalama olarak toplam demirin % 14.38, % 37.67 ve % 48.23' ünü teşkil etmiştir. Diğer bir ifadeyle, toprakların amorf demir oksitlere, kristal demir oksitlere bağlı demir formları ile artık demir formu toplam demirin önemli bir kısmını teşkil etmiştir.

Fraksiyonlara ilişkin ortalama demir kapsamları dikkate alındığında toprakların demir fraksiyonları R-Fe > CFeOX-Fe > AFeOX-Fe > MnOX-Fe > EX-Fe > OM-Fe şeklinde sıralanmıştır. Shuman ve Hargrove (1985), toprakta demir formlarının, miktarlarına göre değişebilir demir < organik bağlı demir < mangan oksitlere bağlı demir < amorf demir oksitlere bağlı demir <artık demir < kristal demir oksitlere bağlı demir şeklinde sıralandığını belirtmişlerdir.

Çizelge 18.Deneme topraklarında demir fraksiyonlarının % olarak dağılımları

Toprak no	Demir Fraksiyonları					
	Değişebilir demir *	Organik bağlı demir *	Mangan oksitlere bağlı demir *	Amorf demir oksitlere bağlı demir *	Kristal demir oksitlere bağlı demir *	Artık demir *
1	0.005	0.004	0.04	18.00	37.60	43.20
2	0.005	0.004	0.04	15.17	34.83	51.03
3	0.006	0.002	0.13	19.41	22.94	57.06
4	0.003	0.004	0.06	17.50	31.56	51.88
5	0.003	0.004	0.07	11.82	29.39	57.27
6	0.003	0.003	0.03	17.14	40.36	41.79
7	0.005	0.003	0.01	4.07	36.30	59.26
8	0.008	0.004	0.02	11.00	30.00	58.50
9	0.008	0.004	0.03	14.00	50.40	36.40
10	0.005	0.004	0.04	13.18	40.00	48.18
11	0.004	0.003	0.03	10.77	40.00	48.46
12	0.005	0.005	0.06	10.48	40.00	50.95
13	0.004	0.004	0.14	16.43	40.36	44.64
14	0.006	0.004	0.03	18.21	38.21	44.29
15	0.003	0.004	0.02	22.59	36.67	38.89
16	0.004	0.003	0.02	23.93	36.79	37.50
17	0.003	0.003	0.08	18.46	33.85	48.46
18	0.005	0.004	0.14	8.57	36.07	56.07
19	0.009	0.003	0.04	12.38	43.33	44.76
20	0.006	0.004	0.05	7.83	40.00	52.17
21	0.004	0.005	0.04	12.50	50.50	39.00
22	0.009	0.005	0.03	18.18	44.55	39.55
23	0.012	0.006	0.07	17.50	35.50	46.50
24	0.008	0.004	0.50	9.55	40.00	52.73
25	0.005	0.006	0.61	8.85	34.62	55.38
26	0.006	0.004	0.04	16.40	35.60	50.00
En düşük	0.003	0.002	0.01	4.07	22.94	36.40
En yüksek	0.012	0.006	0.61	23.93	50.50	59.26
Ort	0.006	0.004	0.09	14.38	37.67	48.23

* :Toplam demirin %' si olarak

4.5. Toprakların Değişik Kimyasal Ekstraksiyon Çözeltileri ile Ekstrakte Edilen Demir Kapsamları

Toprakların değişik kimyasal ekstraksiyon yöntemleri ile ekstrakte edilen demir kapsamları Çizelge 19' da, toplam demirin %' si olarak ekstrakte edilen demir oranları ise Çizelge 20' de verilmiştir.

0.005 M DTPA + 0.01 M $CaCl_2$ + 0.1 M TEA (pH=7.3) yöntemi: Toprakların bu yöntemle ekstrakte edilen demir kapsamları 3.9 ppm (10 numaralı toprak) ile 42.5 ppm (25 numaralı toprak) arasında bulunmuştur. Lindsay ve Norvell yöntemi için Boer ve Reisenauer (1973) tarafından kritik düzey olarak verilen sınır değerine göre (6 ppm) 6, 7, 9, 10 ve 23 numaralı topraklar (sırasıyla Suluova –Saluca, Suluova - Uzunoba, Suluova - Kurnaz, Suluova - Saygılı ve Bafra - Fenerköyü toprakları) noksan düzeyde demir kapsamaktadır. Korkmaz ve Gülser (1995), Samsun ve Bafra' da tütün yetiştirilen tarlalardan alınan toprak örneklerinin yaklaşık % 50' sinde DTPA ile ekstrakte edilebilir demir kapsamının 6 ppm' den düşük olduğunu belirtmişlerdir.

Loué (1986) tarafından bildirildiği üzere CdF Chimie – Azote et Fertilisants' a göre toprakların DTPA ile ekstrakte edilebilir demir kapsamları değerlendirildiğinde 10 ppm' den az demir kapsayan Suluova - Saluca, Suluova - Uzunoba, Suluova - Yüzbey, Suluova - Kurnaz, Suluova - Saygılı, Suluova - Eraslan, Suluova - Hacıbayram, Bafra - Kalaycılı ve Bafra - Fenerköyü topraklarında (sırasıyla 6, 7, 8, 9, 10, 11, 12, 21 ve 23 numaralı topraklar) yüksek demir noksanlığı riski vardır. Buna ilave olarak 10 - 20 ppm arası DTPA ile ekstrakte edilebilir demir kapsayan Çarşamba - Çınarcık, Çarşamba - Karabahçe, Çarşamba - Hürriyet, Çarşamba - Ahubaba, Çarşamba -Kurtahmetli, Çarşamba - Bafraçalı, Çarşamba - Y.Donurlu, Bafra - Koşuköyü, Bafra -Şeyhören ve Bafra - Adaköyü topraklarında (sırasıyla 1, 2, 4, 5, 13, 15, 17, 19, 20, 22 numaraları topraklar) çok düşük de olsa demir noksanlığı riski vardır. Sera şartlarında 1, 3, 4, 5, 6, 7, 8, 9, 10, 11, 12, 13, 14, 15, 17, 18, 20, 21, 22, 23 ve 26 numaralı topraklarda yetiştirilen fasulye bitkisi demirli gübrelemeye olumlu cevap vererek toprakların demir durumunu toprak analizleriyle

Çizelge 19. Deneme topraklarına uygulanan çeşitli kimyasal ekstraksiyon yöntemleriyle bulunan demir miktarları, ppm Fe

Toprak no	Toprakların alındıkları yerler		0.005 M DTPA + 0.01 M $CaCl_2$ + 0.1 M TEA (pH=7.3) yöntemi	1 M NH_4HCO_3+ 0.005 M DTPA (pH= 7.6) yöntemi	0.05 M EDTA (pH=7.0) yöntemi	1 N NH_4OAC (pH=3.0) yöntemi	1 N NH_4OAC (pH=4.8) yöntemi	0.05 N HCl + 0.025 N H_2SO_4 yöntemi	0.2 M Amonyum Oksalat + 0.2 M Okzalik Asit (pH=3.0) yöntemi	0.2 N Amonyum Oksalat yöntemi
	İlçe	Köy								
1	Çarşamba	Çınarcık	15.4	60.4	46.3	370.3	71.8	1.13	3400	18.4
2	Çarşamba	Karabahçe	19.5	58.2	123.4	183.9	57.0	0.92	3600	44.6
3	Çarşamba	Ovacık	41.4	84.5	771.3	56.8	59.5	0.80	6700	76.5
4	Çarşamba	Hürriyet	13.6	40.3	77.1	238.9	38.7	0.92	3500	35.4
5	Çarşamba	Ahubaba	15.6	38.7	370.2	104.0	15.7	0.91	4800	39.7
6	Suluova	Saluca	4.4	9.7	33.2	59.5	21.9	0.94	1400	28.1
7	Suluova	Uzunoba	4.9	12.6	23.8	43.0	9.7	1.21	900	20.3
8	Suluova	Yüzbey	8.0	26.3	44.9	82.3	31.9	0.80	2200	18.0
9	Suluova	Kurnaz	4.8	12.9	29.4	46.4	14.2	0.65	1400	12.3
10	Suluova	Saygılı	3.9	8.9	27.4	29.2	1.8	0.67	1600	19.7
11	Suluova	Eraslan	7.3	9.0	27.3	51.0	3.9	0.68	2400	20.8
12	Suluova	Hacıbayram	6.4	16.5	57.5	107.5	36.1	1.21	2900	24.7
13	Çarşamba	Kurtahmetli	15.6	24.2	159.9	100.1	10.1	0.79	3100	109.5
14	Çarşamba	Muşçalı 1	29.2	93.9	60.3	458.9	34.7	0.77	5300	59.1
15	Çarşamba	Bafraçalı	11.7	23.1	58.2	143.3	47.4	0.76	3200	24.7
16	Çarşamba	Muşçalı 2	35.7	99.2	108.0	554.2	42.5	1.42	6600	28.6
17	Çarşamba	Y. Donurlu	14.2	53.6	124.8	108.3	14.2	0.73	3100	34.9
18	Bafra	Doğanca 1	30.3	70.3	794.4	103.5	16.1	0.59	3100	59.6
19	Bafra	Koşuköyü	15.6	49.6	55.4	114.1	20.3	0.53	1800	24.6
20	Bafra	Şeyhören	13.4	33.9	144.4	119.4	12.3	0.62	2300	25.2
21	Bafra	Kalaycılı	9.3	25.0	49.1	95.6	11.4	0.91	2900	16.7
22	Bafra	Ada köyü	15.9	83.1	51.9	257.5	40.3	0.71	4800	15.3
23	Bafra	Fener köyü	5.3	23.4	79.9	92.9	56.6	0.80	3700	49.9
24	Bafra	Sarıkaya	33.3	57.4	143.0	49.1	16.1	1.36	3700	76.5
25	Bafra	Doğanca 2	42.5	79.1	524.5	312.9	55.9	1.01	4100	114.8
26	Bafra	Sahilkent	21.9	80.5	94.0	183.1	31.9	0.73	3700	34.9

Çizelge 20. Deneme topraklarında değişik ekstraksiyon yöntemleri ile ekstrakte edilen demir oranları, (toplam demirin %' si olarak)

Toprak no	Toprakların alındıkları yerler		0.005 M DTPA + 0.01 M $CaCl_2$ + 0.1 M TEA (pH:7.3) yöntemi	1 M NH_4HCO_3+ 0.005 M DTPA (pH= 7.6) yöntemi	0.05 M EDTA (pH=7) yöntemi	1 N NH_4OAC (pH=3) yöntemi	1 N NH_4OAC (pH=4.8) yöntemi	0.05 N HCl + 0.025 N H_2SO_4 yöntemi	0.2 M Amonyum Oksalat + 0.2 M Okzalik Asit (pH=3.0) yöntemi	0.2 N Amonyum Oksalat yöntemi
	İlçe	Köy								
1	Çarşamba	Çınarcık	0.06	0.24	0.19	1.48	0.29	0.005	13.60	0.07
2	Çarşamba	Karabahçe	0.07	0.20	0.43	0.63	0.20	0.003	12.41	0.15
3	Çarşamba	Ovacık	0.12	0.25	2.27	0.17	0.17	0.002	19.71	0.23
4	Çarşamba	Hürriyet	0.04	0.13	0.24	0.75	0.12	0.003	10.94	0.11
5	Çarşamba	Ahubaba	0.05	0.12	1.12	0.32	0.05	0.003	14.55	0.12
6	Suluova	Saluca	0.02	0.03	0.12	0.21	0.08	0.003	5.00	0.10
7	Suluova	Uzunoba	0.02	0.05	0.09	0.16	0.04	0.004	3.33	0.08
8	Suluova	Yüzbey	0.04	0.13	0.22	0.41	0.16	0.004	11.00	0.09
9	Suluova	Kurnaz	0.02	0.05	0.12	0.19	0.06	0.003	5.60	0.05
10	Suluova	Saygılı	0.02	0.04	0.12	0.13	0.01	0.003	7.27	0.09
11	Suluova	Eraslan	0.03	0.03	0.11	0.20	0.01	0.003	9.23	0.08
12	Suluova	Hacıbayram	0.03	0.08	0.27	0.51	0.17	0.006	13.81	0.12
13	Çarşamba	Kurtahmetli	0.06	0.09	0.57	0.36	0.04	0.003	11.07	0.39
14	Çarşamba	Muşçalı 1	0.10	0.34	0.22	1.64	0.12	0.003	18.93	0.21
15	Çarşamba	Bafraçalı	0.04	0.09	0.22	0.53	0.18	0.03	11.85	0.09
16	Çarşamba	Muşçalı 2	0.13	0.35	0.39	1.98	0.15	0.05	23.57	0.10
17	Çarşamba	Yukarı donurlu	0.05	0.21	0.48	0.42	0.05	0.03	11.92	0.13
18	Bafra	Doğanca 1	0.11	0.25	2.84	0.37	0.06	0.02	11.07	0.21
19	Bafra	Koşuköyü	0.07	0.24	0.26	0.54	0.10	0.03	8.57	0.12
20	Bafra	Şeyhören	0.06	0.15	0.63	0.52	0.05	0.03	10.00	0.11
21	Bafra	Kalaycılı	0.05	012	0.25	0.48	0.06	0.05	14.50	0.08
22	Bafra	Ada köyü	0.07	0.38	0.24	1.17	0.18	0.03	21.82	0.07
23	Bafra	Fener köyü	0.03	0.12	0.40	0.46	0.28	0.04	18.50	0.25
24	Bafra	Sarıkaya	0.15	0.26	0.66	0.22	0.07	0.06	16.82	0.35
25	Bafra	Doğanca 2	0.16	0.30	2.02	1.20	0.22	0.04	15.77	0.44
26	Bafra	Sahilkent	0.09	0.32	0.38	0.73	0.13	0.03	14.80	0.14
Ort			0.10	0.25	0.69	0.76	0.31	0.23	13.18	0.46

ortaya koymak amacıyla 0.005 M DTPA + 0.01 M $CaCl_2$ + 0.1 M TEA (pH= 7.3) yöntemi için yapılan değerlendirmeleri sera şartlarında elde edilen sonuçlar desteklemiştir.

0.005 M DTPA + 0.01 M $CaCl_2$ + 0.1 M TEA (pH=7.3) ekstrakt çözeltisiyle ekstrakte edilen demir miktarı toplam demirin % 0.02 - 0.16' sını teşkil etmiş, ortalama % 0.10' nunu oluşturmuştur. DTPA ile toplam demirin çok düşük bir kısmının ekstrakte edildiği tespit edilmiştir.

Toprakların DTPA ile ekstrakte edilebilir demir kapsamlarının alındıkları ilçelere, kireç kapsamlarına, pH değerlerine ve kloroza neden olma gücü indeks – 1 değerlerine göre dağılımı Çizelge 21' de verilmiştir.

Çizelge 21. Toprakların DTPA ile ekstrakte edilebilir demir kapsamlarının alındıkları ilçelere, kireç kapsamlarına, pH değerlerine ve kloroza neden olma gücü indeks – 1 değerlerine göre dağılımı

Örneklerin Alındığı İlçe	Alınan Örnek Sayısı	Toplam Örnekteki Oranı, %	DTPA ile Ekstrakte Edilebilir Fe Kapsamı, ppm			DTPA ile Ektrakte Edilebilir Fe Kapsamı Yönünden Örneklerin Dağılımı, %		
			En Düşük	En Yüksek	Ortalama	< 6 ppm	6 – 9 ppm	> 9.0 ppm
Çarşamba	10	38.5	11.7	41.4	21.2	0.0	0.0	100.0
Bafra	9	34.6	5.3	42.5	20.8	11.1	0.0	88.9
Suluova	7	26.9	3.9	8.0	5.7	57.1	42.9	0.0

Toprak Kireç Kapsamı, %	Alınan Örnek Sayısı	Toplam Örnekteki Oranı, %	DTPA ile Ekstrakte Edilebilir Fe Kapsamı, ppm			DTPA ile Ektrakte Edilebilir Fe Kapsamı Yönünden Örneklerin Dağılımı, %		
			En Düşük	En Yüksek	Ortalama	< 6 ppm	6 – 9 ppm	> 9.0 ppm
< 1	5	19.2	15.6	42.5	27.5	0.0	0.0	100
1 – 5	5	19.2	13.4	21.9	22.1	0.0	0.0	100
5 – 15	12	46.2	5.3	35.7	13.5	16.7	25.0	58.3
15 – 25	4	15.4	4.4	15.4	7.4	75.0	0.0	25.0
> 25	0	0	-	-	-	-	-	-

Çizelge 21' in devamı.

Toprak pH' sı	Alınan Örnek Sayısı	Toplam Örnekteki Oranı, %	DTPA ile Ekstrakte Edilebilir Fe Kapsamı, ppm			DTPA ile Ektrakte Edilebilir Fe Kapsamı Yönünden Örneklerin Dağılımı, %		
			En Düşük	En Yüksek	Ort.	< 6 ppm	6 – 9 ppm	> 9.0 ppm
< 5	0	0	-	-	-	-	-	-
5 - 6	1	3.8	33.3	-	33.3	0.0	0.0	100
6 – 7	7	26.9	3.9	41.4	18.8	14.3	0.0	85.7
7 – 8	18	69.2	4.4	42.5	15.0	22.2	16.7	61.1
> 8	0	0	-	-	-	-	-	-

Toprakların Kloraza Neden Olma Gücü İndeks – 1 Değerleri	Alınan Örnek Sayısı	Toplam Örnekteki Oranı, %	DTPA ile Ekstrakte Edilebilir Fe Kapsamı, ppm			DTPA ile Ektrakte Edilebilir Fe Kapsamı Yönünden Örneklerin Dağılımı, %		
			En Düşük	En Yüksek	Ort.	< 6 ppm	6 – 9 ppm	> 9.0 ppm
< 10	14	53.8	5.3	42.5	22.4	7.1	0.0	92.9
10 – 30	5	19.2	6.4	29.2	15.3	0.0	20.0	80.0
> 30	7	27.0	3.9	15.4	7.0	57.1	28.6	14.3

Çizelgenin incelenmesinden de anlaşılacağı üzere Çarşamba' dan alınan toprakların ortalama DTPA ile ekstrakte edilebilir demir kapsamı 21.2 ppm, Bafra' dan alınan toprakların 20.8 ppm, Suluova' dan alınan toprakların 5.7 ppm bulunmuştur. Bafra' dan alınan toprakların % 11.1' inin, Suluova' dan alınan toprakların % 57.1' inin DTPA ile ekstrakte edilebilir demir kapsamı 6 ppm' den düşük bulunmuştur. Çarşamba' dan alınan toprakların % 100' ünün DTPA ile ekstrakte edilebilir demir kapsamı 9 ppm' in üzerinde bulunmuştur. Buna karşın demir kapsamı 9 ppm' in üzerindeki topraklar Bafra topraklarının % 89' unu oluşturmuş, Suluova topraklarının hiçbiri 9 ppm' in üzerinde demir içermemiştir. Suluova topraklarının % 42.9' unun DTPA ile ekstrakte edilebilir demir kapsamı ise 6 – 9 ppm arasında bulunmuştur.

% 1' in altında kireç kapsayan toprakların DTPA ile ekstrakte edilebilir ortalama demir kapsamı 27.5 ppm, % 1 – 5 arası kireç kapsayan toprakların ortalama demir kapsamı 22.1 ppm, % 5 – 15 arası kireç kapsayan toprakların ortalama demir kapsamı 13.5 ppm, 15 – 25 arası kireç kapsayan toprakların ortalama demir kapsamı 7.4 ppm bulunmuş, kireç kapsamı arttıkça toprakların DTPA ile ekstrakte edilebilir ortalama demir kapsamları azalma göstermiştir. % 1' in altında ve % 1 – 5 arası kireç kapsayan toprak örnekleri arasında 6 ppm' den düşük demir içeren toprağa rastlanmamıştır. Buna kaşın % 5 – 15 arası kireç kapsayan toprakların % 16.7' si, % 15 – 25 arası kireç kapsayan toprakların ise % 75' i 6 ppm' den daha düşük demir içeriğine sahip bulunmuştur.

pH' sı 5 – 6 arası toprakların DTPA ile ekstrakte edilebilir ortalama demir kapsamı 33.3 ppm, pH' sı 6 – 7 arası toprakların ortalama demir kapsamı 18.8 ppm, pH' sı 7- 8 arası toprakların ise ortalama demir kapsamı 15 ppm bulunmuştur. Aynı şekilde pH değerleri 5 – 6 arası topraklar arasında 6 ppm' den düşük demir içeren toprağa rastlanmamıştır. Buna karşın pH değeri 6 – 7 arası toprakların % 14.3' ü, pH değeri 7 – 8 arası toprakların ise % 22.2' si 6 ppm' den daha düşük demir içeriğine sahip bulunmuştur.

Kloroza neden olma gücü indeks – 1 değerleri 10' dan düşük toprakların DTPA ile ekstrakte edilebilir ortalama demir kapsamı 22.4 ppm, 10 – 30 arası toprakların ortalama demir kapsamı 15.3 ppm, 30' un üstünde toprakların ortalama demir kapsamı 7 ppm bulunmuştur. 6 ppm' den daha az demir içeren topraklar kloroza neden olma gücü indeks – 1 değerleri 30' un üstündeki toprakların % 57.1' inde görülmüştür. Buna karşın 6 ppm' den daha az demir içeren topraklara, kloroza neden olma gücü indeks – 1 değerleri 10' dan düşük toprakların % 7.1' inde rastlanmış, 10 – 30 arası toprakların ise hiçbirinde 6 ppm'den daha düşük demir içeren toprağa rastlanmamıştır.

1.0 M NH_4HCO_3 + 0.005 M DTPA (pH=7.6) yöntemi: Toprakların bu yöntem ile ekstrakte edilen demir kapsamları 8.9 ppm (10 numaralı Suluova - Saygılı toprağı) – 84.5 ppm (3 numaralı Çarşamba - Ovacık toprağı) arasında bulunmuştur. Bu yöntem için Havlin ve Soltanpour (1981), tarafından bildirilen sınır değerine göre (4.8 ppm) deneme topraklarında herhangi bir noksanlık bulunmamaktadır. Buna rağmen bu yöntemle ekstrakte edilebilir demir kapsamı belirlenen kritik değerden yüksek olan 1, 3, 4, 5, 6, 7, 8, 9, 10, 11, 12, 13, 14, 15, 17, 18, 20, 21, 22, 23 ve 26 numaralı topraklarda yetiştirilen fasulye bitkisi demirli gübrelemeye (Fe-EDDHA şeklinde) olumlu cevap vermiştir.

Bu ekstrakt çözeltisiyle ekstrakte edilen demir miktarı toplam demirin % 0.03 – 0.38' ini teşkil etmiş, ortalama % 0.25' ini oluşturmuştur. Toplam demirin çok düşük bir kısmının ekstrakte edildiği görülmüştür.

0.05 M EDTA (pH=7.0) yöntemi: Toprakların bu yöntemle ekstrakte edilen demir kapsamları 23.8 ppm (7 numaralı Suluova – Uzunoba toprağı) - 794.4 ppm (18 numaralı Bafra-Doğanca1 toprağı) arasında bulunmuştur.

Bu ekstrakt çözeltisiyle ekstrakte edilen demir miktarı toplam demirin % 0.09 - 2.84' ünü teşkil etmiş, ortalama % 0.69' unu oluşturmuştur. Bu yöntemle de toplam demirin çok düşük bir kısmının ekstrakte edilebildiği görülmüştür. Wallace ve Shannon (1956), EDTA' nın kalsiyuma olan ilgisinden dolayı kireçli topraklarda demiri çözme gücünün azaldığını bildirmişlerdir.

1.0 N NH_4OAc (pH=3.0) yöntemi: Toprakların bu yöntemle ekstrakte edilen demir kapsamları 29.2 ppm (10 numaralı Suluova - Saygılı toprağı) - 554.2 ppm (16 numaralı Çarşamba - Muşçalı 2 toprağı) arasında bulunmuştur. Bu ekstrakt çözeltisiyle ekstrakte edilen demir miktarı toplam demirin % 0.16 - 1.98' ini teşkil etmiş, ortalama % 0.76' sını oluşturmuştur. Bu yöntemle toplam demirin çok düşük bir kısmı ekstrakte edilebilmiştir.

1.0 N NH_4OAc (pH=4.8) yöntemi: Toprakların bu yöntemle ekstrakte edilen demir kapsamları 1.8 ppm (10 numaralı Suluova - Saygılı toprağı) – 71.8 ppm (1numaralı Çarşamba - Çınarcık toprağı) arasında bulunmuştur. 1.0 N NH_4OAc (pH=4.8) ile ekstrakte edilebilir demir kapsamı dikkate alındığında, Olson ve Carlson (1950) tarafından 1.0 N NH_4OAc (pH=4.8) yöntemi için önerilen kritik seviye (2.0 ppm) değerine göre, deneme topraklarından sadece 10 numaralı Suluova - Saygılı toprağı demir yönünden noksan kabul edilebilir. Zira 10 numaralı toprakta yetiştirilen fasulye bitkisi demirli gübrelemeye olumlu cevap vermiştir. Bu yönteme göre diğer toprakları demir yönünden yeterli kabul etmek gerekecektir. Oysa ki 1.0 N NH_4OAc (pH=4.8) ile ekstrakte edilebilir demir kapsamı belirlenen kritik seviyeden yüksek olan 1, 3, 4, 5, 6, 7, 8, 9, 11, 12, 13, 14, 15, 17, 18, 20, 21, 22, 23 ve 26 numaralı topraklarda yetiştirilen fasulye bitkisi demirli gübrelemeye pozitif cevap vermiştir.

Bu ekstrakt çözeltisiyle ekstrakte edilen demir miktarı toplam demirin % 0.01 – 0.31' ini teşkil etmiş, ortalama % 0.31' ini oluşturmuştur. Bu yöntemle de toplam demirin çok düşük bir kısmı ekstrakte edilebilmiştir.

0.05 N HCl + 0.025 N H_2SO_4 yöntemi: Toprakların bu yöntemle ekstrakte edilen demir kapsamları 0.53 ppm (19 numaralı Bafra - Koşuköyü toprağı) - 1.36 ppm (24 numaralı Bafra - Sarıkaya toprağı) arasında bulunmuştur.

Bu ekstrakt çözeltisiyle ekstrakte edilen demir miktarı toplam demirin % 0.002-0.23' ünü teşkil etmiş, ortalama % 0.23' ünü oluşturmuştur. Bu çözeltiyle de ekstrakte edilen demir, toplam demirin çok düşük bir kısmını oluşturmaktadır. Bu durum araştırıcılar tarafından çözücünün çözme gücünün $CaCO_3$ tarafından nötralize edilmesi şeklinde açıklanmaktadır (Mısra ve Pande, 1974; Antep, 1983).

0.2 N Amonyum okzalat + 0.2 M Okzalik asit (pH=3.0) yöntemi: Toprakların bu yöntemle ekstrakte edilen demir kapsamları 900 ppm (7 numaralı Suluova - Uzunoba toprağı) – 6700 ppm (3 numaralı Çarşamba - Ovacık toprağı) arasında bulunmuştur. Bu ekstrakt çözeltisiyle ekstrakte edilen demir miktarı toplam demirin % 3.33 - 23.57' sini teşkil etmiş, ortalama % 13.18' ini oluşturmuştur. Diğer yöntemlere göre bu ekstrakt çözeltisiyle belirlenen demir kapsamı yüksek bulunmuş ve toplam demirin önemli bir kısmını oluşturmuştur.

0.2 N Amonyum okzalat yöntemi: Toprakların bu yöntemle ekstrakte edilen demir kapsamları 12.3 ppm (9 numaralı Suluova - Kurnaz toprağı) – 114.8 ppm (25 numaralı Bafra - Doğanca 2 toprağı) arasında bulunmuştur. Bu ekstrakt çözeltisiyle ekstrakte edilen demir miktarı toplam demirin % 0.05 – 0.44' ünü teşkil etmiş, ortalama % 0.46' sını oluşturmuştur.

4.6.Toprakların Kloroza Neden Olma Gücü İndeks Değerleri

Toprakların kloroza neden olma gücü indeks değerleri Çizelge 22' de verilmiştir.

Çizelge 22. Toprakların kloroza neden olma gücü indeks değerleri

Toprak no	Toprakların alındıkları yerler		Toprakların kloroza neden olma gücü indeks değerleri	
	İlçe	Köy	İndeks-1*	İndeks-2**
1	Çarşamba	Çınarcık	34.08	215.47
2	Çarşamba	Karabahçe	1.97	15.11
3	Çarşamba	Ovacık	0.04	3.93
4	Çarşamba	Hürriyet	7.40	35.19
5	Çarşamba	Ahubaba	0.26	22.19
6	Suluova	Saluca	88.70	124.17
7	Suluova	Uzunoba	227.74	3[illegible]1.69
8	Suluova	Yüzbey	32.27	200.20
9	Suluova	Kurnaz	118.01	673.86
10	Suluova	Saygılı	94.92	183.59
11	Suluova	Eraslan	122.10	209.77
12	Suluova	Hacıbayram	13.61	73.74
13	Çarşamba	Kurtahmetli	0.98	2.09
14	Çarşamba	Muşçalı 1	23.92	24.91
15	Çarşamba	Bafraçalı	9.74	54.08
16	Çarşamba	Muşçalı 2	3.26	46.53
17	Çarşamba	Yukarı donurlu	1.28	16.44
18	Bafra	Doğanca 1	0.04	3.48
19	Bafra	Koşuköyü	13.03	66.06
20	Bafra	Şeyhören	1.68	55.17
21	Bafra	Kalaycılı	18.26	138.48
22	Bafra	Ada köyü	22.28	236.10
23	Bafra	Fener köyü	4.69	12.05
24	Bafra	Sarıkaya	1.17	4.10
25	Bafra	Doğanca 2	0.07	1.37
26	Bafra	Sahilkent	5.55	4.39

* : Hesaplamada EDTA ile ekstakte edilebilir demir kapsamı kullanılmıştır.
**: Hesaplamada 0.2 N Amonyum okzalat ile ekstrakte edilebilir demir kapsamı kullanılmıştır.

Çizelge 22 incelendiğinde toprakların kloroza neden olma gücü indeks-1 değerleri 0.04 (3 numaralı Çarşamba – Ovacık toprağı, 18 numaralı Bafra – Doğanca1 toprağı) – 227.74 (6 numaralı Suluova – Uzunoba toprağı) arasında bulunmuştur. Toprakların indeks -2 değerleri ise 1.37 (25 numaralı Bafra - Doğanca 2 toprağı) – 673.86 (9 numaralı Suluova -Kurnaz toprağı) arasında bulunmuştur. İndeks -1 ve indeks -2 değerleri arasındaki farklılık hesaplamada kullanılan ekstrakte edilebilir demir kapsamından ileri gelmiştir. Zira hesaplamada kullanılan formülde indeks – 1 ve indeks – 2 değerlerini hesaplarken aynı aktif kireç kapsamları kullanılmış, fakat indeks -1 için EDTA ile ekstrakte edilebilir demir, indeks- 2 için ise 0.2 N Amonyum okzalat ile ekstrakte edilebilir demir kapsamları alınmıştır.

4.7. Toprakların Demir Durumunu Belirlemek İçin Kullanılan Kimyasal Yöntemlerin Kendi Aralarındaki İlişkileri Gösteren Korelasyon Katsayıları (r)

Toprakların demir durumunu belirlemek için kullanılan kimyasal yöntemlerin kendi aralarındaki ilişkileri gösteren korelasyon katsayıları (r) Çizelge 23' de verilmiştir.

Çizelge 23' ün incelenmesinden de anlaşılacağı üzere, aralarındaki korelasyon katsayıları istatistiksel olarak önemli bulunması nedeniyle 0.005 M DTPA + 0.01 M $CaCl_2$ + 0.1 M TEA (pH=7.3) yöntemiyle ekstrakte edilen demir kapsamları, 0.05 N HCl + 0.025 N H_2SO_4 yöntemi hariç, diğer kimyasal yöntemlerle ekstrakte edilen demir kapsamlarıyla uygunluk göstermiştir. Ekstraksiyon çözeltileri 0.005 M DTPA + 0.01 M $CaCl_2$ + 0.1 M TEA (pH=7.3) ve 0.05 M EDTA (pH=7.0) olan yöntemlerin birbiriyle % 1 düzeyinde önemli, yüksek korelasyon (r= 0.709**) verdiği görülmüştür (Şekil 4.7.1).

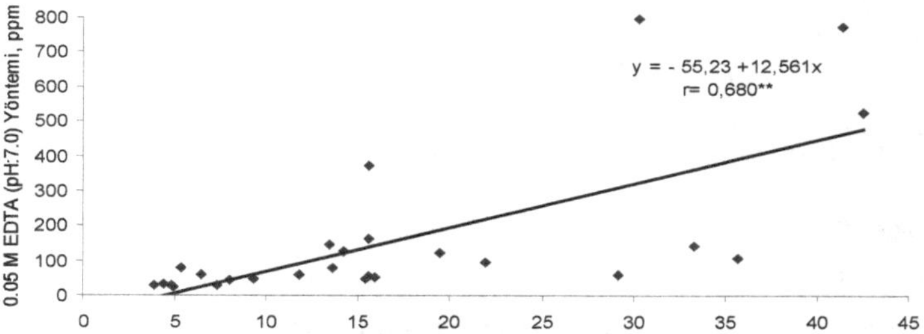

Şekil 4.7.1. 0.005 M DTPA + 0.01 M $CaCl_2$ + 0.1 M TEA (pH=7.3) yöntemiyle belirlenen demir kapsamları ile 0.05 M EDTA (pH=7.0) yöntemiyle ekstrakte edilen demir kapsamları arasındaki ilişki

Çizelge 23.Toprakların demir durumunu belirlemek için kullanılan kimyasal yöntemlerin kendi aralarındaki ilişkileri gösteren korelasyon katsayıları (r)

Toprakta demir durumunu belirleyen yöntemler	Toprakta demir durumunu belirleyen yöntemler																
	1	2	3	4	5	6	7	8	9	10	11	12	13	14	15	16	17
1	-	0.854**	0680**	0.493*	0.385*	0.239	0.746**	0.669**	0.170	0.190	0.653**	0.295	-0.077	0.354	0.400*	-0.508**	-0.499**
2		-	0.484**	0.367	0.429*	- 0.164	0.539**	0.431*	0.272	0.148	0.308	0.402*	-0.077	0.212	0.283	-0.530**	-0.401*
3			-	-0.000	-0.303	-0.000	0.561**	0.647**	0.152	0.190	0.522**	0.084	-0.141	0.531**	0.490**	-0.352	-0.385*
4				-	0.513**	0.332	0.606**	0.089	-0.045	0.257	0.045	0.464*	0.155	-0.032	0.182	-0.322	-0.207
5					-	0.268	0.552**	0.184	0.297	0.279	0.148	0.469*	-0.303	0.170	0.167	-0.411*	-0.245
6						-	0.266	0.110	-0.232	0.100	0.295	0.000	-0.032	0.219	0.095	0.045	-0.141
7							-	0.391*	0.173	0.205	0.228	0.621**	-0.134	0.321	0.434*	-0.597**	-0.479**
8								-	0.110	0.460*	0.792**	0.095	-0.032	0.387*	0.329	-0.405*	-0.547**
9									-	-0.032	0.045	-0.077	-0.249	-0.077	-0.192	-0.245	-0.173
10										-	0.455*	0.032	0.077	0.276	0.249	-0.281	-0.228
11											-	-0.195	-0.122	0.253	0.085	-0.283	-0.333
12												-	0.221	0.277	0.605**	-0.348	-0.241
13													-	-0.032	0.365	0.288	0.363
14														-	0.733**	0.045	-0..241
15															-	-0.045	-0.239
16																-	0.696**
17																	-

*P < 0.05 seviyesinde önemli, ** P< 0.01 seviyesinde önemli, 1. 0.005 M DTPA + 0.01 M $CaCl_2$ + 0.1 M TEA (pH:7.3) yöntemi, 2. 1.0 M NH_4HCO_3 + 0.005 M DTPA (pH:7.6) yöntemi, 3. 0.05 M EDTA (pH:7.0) yöntemi, 4. 1.0 N NH_4OAc (pH:3.0) yöntemi, 5.1.0 N NH_4OAc (pH:4.8) yöntemi, 6. 0.05 N HCl+ 0.025 N H_2SO_4 yöntemi, 7. 0.2 N Amonyum okzalat+0.2 M Okzalik asit (pH:3.0), 8. 0.2 N Amonyum okzalat, 9. Değişebilir demir, 10. Organik bağlı demir, 11.Mangan oksitlere bağlı demir,12. Amorf demir oksitlere bağlı demir, 13. Kristal demir oksitlere bağlı demir, 14. Artık demir, 15. Toplam demir, 16. Toprakların kloroza neden olma gücü indeks-1, 17. Toprakların kloroza neden olma gücü indeks-2

Ayrıca ekstraksiyon çözeltileri 0.005 M DTPA + 0.01 M $CaCl_2$ + 0.1 M TEA (pH=7.3) ve 0.2 N Amonyum okzalat + 0.2 M Okzalik asit (pH=3.0) olan yöntemlerin birbiriyle % 1 düzeyinde önemli, yüksek korelasyon (r= 0.745**) verdiği görülmüştür (Şekil 4.7.2).

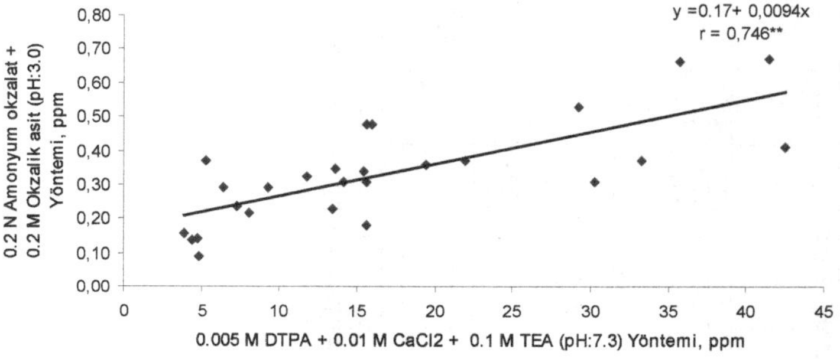

Şekil 4.7.2. 0.005 M DTPA + 0.01 M $CaCl_2$ + 0.1 M TEA (pH=7.3) yöntemiyle belirlenen demir kapsamları ile 0.2 N Amonyum okzalat + 0.2 M Okzalik asit (pH=3.0) yöntemiyle ekstrakte edilen demir kapsamları arasındaki ilişki

Aynı şekilde ekstraksiyon çözeltileri 0.005 M DTPA + 0.01 M $CaCl_2$ + 0.1 M TEA (pH=7.3) ve. 1.0 M NH_4HCO_3 + 0.005 M DTPA (pH=7.6) olan yöntemler birbiriyle % 1 düzeyinde önemli yüksek korelasyon (r= 0.686**) vermiştir (Şekil 4.7.3).

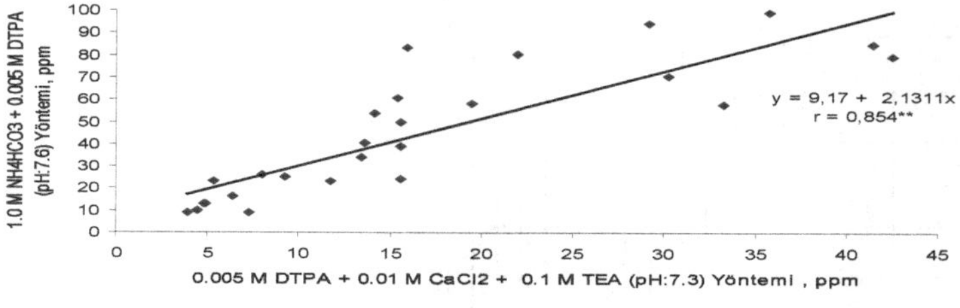

Şekil 4.7.3. 0.005 M DTPA + 0.01 M $CaCl_2$ + 0.1 M TEA (pH=7.3) yöntemiyle belirlenen demir kapsamları ile 1.0 M NH_4HCO_3 + 0.005 M DTPA (pH=7.6) yöntemiyle ekstrakte edilen demir kapsamları arasındaki ilişki

Toprakların mangan oksitlere bağlı demir kapsamları ve toplam demir kapsamları ile 0.005 M DTPA + 0.01 M $CaCl_2$ + 0.1 M TEA (pH=7.3) yöntemiyle ekstrakte edilen demir kapsamları aralarında da pozitif ve istatistiksel olarak önemli ilişkiler saptanmış, bu ilişkilerin korelasyon katsayıları sırasıyla r= 0.653** ve r= 0.394* bulunmuştur (Şekil 4.7.4, 4.7.5).

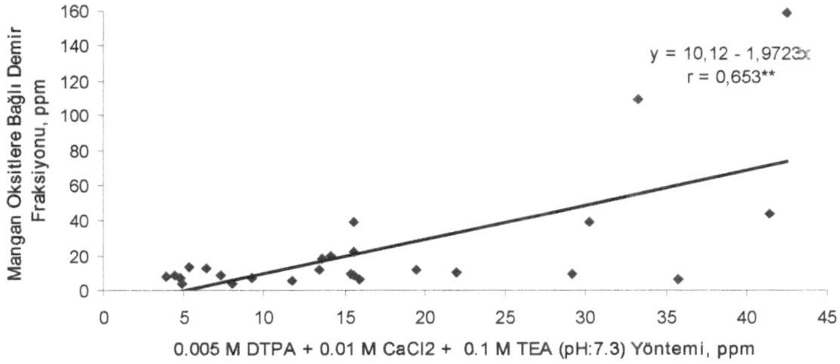

Şekil 4.7.4. 0.005 M DTPA + 0.01 M $CaCl_2$ + 0.1 M TEA (pH=7.3) yöntemiyle belirlenen demir kapsamları ile mangan oksitlere bağlı demir fraksiyon kapsamları arasındaki ilişki

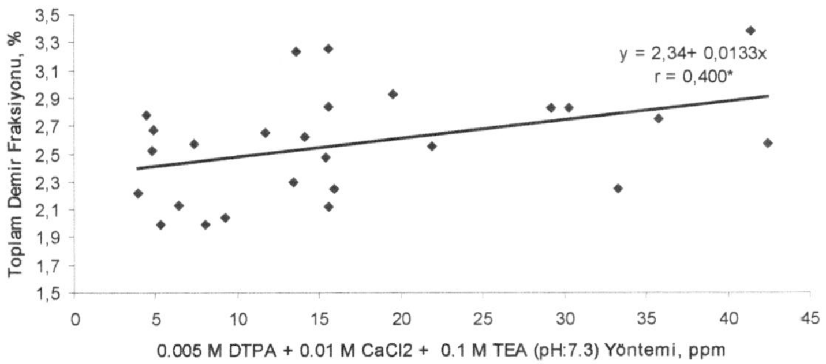

Şekil 4.7.5. 0.005 M DTPA + 0.01 M $CaCl_2$ + 0.1 M TEA (pH=7.3) yöntemiyle belirlenen demir kapsamları ile toplam demir fraksiyon kapsamları arasındaki ilişki

Ayrıca toprakların demir klorozuna neden olma gücünü belirleyen indeks-1 ve indeks-2 değerleri ile 0.005 M DTPA + 0.01 M $CaCl_2$ + 0.1 M TEA (pH=7.3) yöntemiyle ekstrakte edilen demir kapsamları aralarında da negatif ve istatistiksel olarak önemli ilişkiler belirlenmiş, bu ilişkilerin korelasyon katsayıları sırasıyla r= -0.508** ve r= -0.498** bulunmuştur. Diğer bir ifadeyle, 0.005 M DTPA + 0.01 M $CaCl_2$ + 0.1 M TEA (pH=7.3) yöntemiyle ekstrakte edilen demir kapsamları arttıkça toprakların demir klorozuna neden olma gücünü belirleyen indeks-1 ve indeks-2 değerleri azalış göstermiştir (Şekil 4.7.6, 4.7.7).

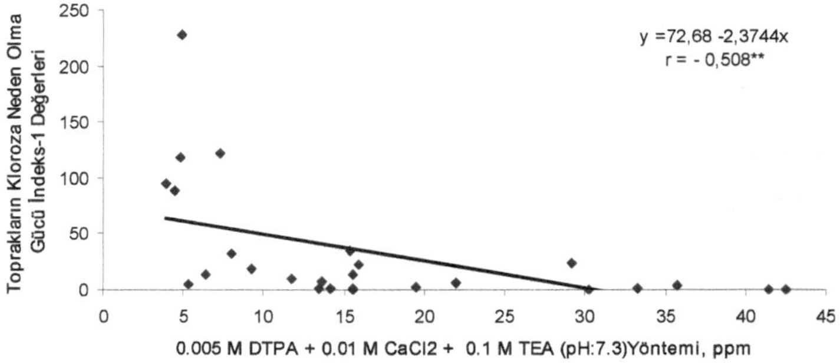

Şekil 4.7.6. 0.005 M DTPA + 0.01 M $CaCl_2$ + 0.1 M TEA (pH=7.3) yöntemiyle belirlenen demir kapsamları ile toprakların kloroza neden olma gücü indeks-1 değerleri arasındaki ilişki

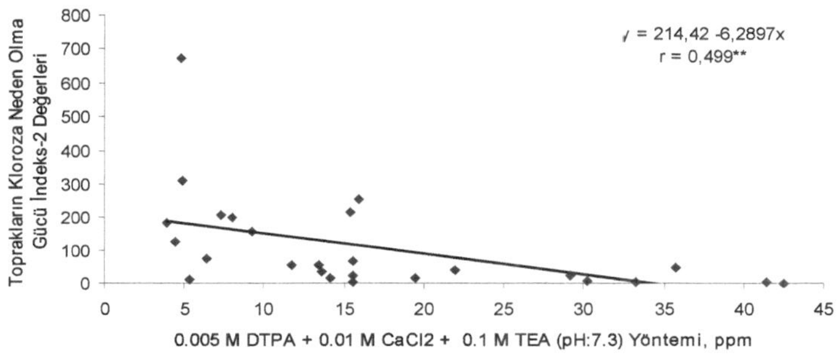

Şekil 4.7.7. 0.005 M DTPA + 0.01 M $CaCl_2$ + 0.1 M TEA (pH=7.3) yöntemiyle belirlenen demir kapsamları ile toprakların kloroza neden olma gücü indeks-2 değerleri arasındaki ilişki

1.0 M NH_4HCO_3 + 0.005 M DTPA (pH=7.6) yöntemiyle ekstrakte edilen demir kapsamları, 1.0 N NH_4OAc (pH=3.0) ve 0.05 N HCl + 0.025 N H_2SO_4 yöntemleri hariç, diğer kimyasal yöntemlerle ekstrakte edilen demir kapsamlarıyla uygunluk göstermiştir. Toprakların amorf demir oksitlere bağlı demir formları ile 1.0 M NH_4HCO_3 + 0.005 M DTPA (pH=7.6) yöntemiyle ekstrakte edilen demir kapsamları arasında pozitif ve istatistiksel olarak önemli ilişki saptanmış ve bu ilişkinin korelasyon katsayısı r= 0.402* bulunmuştur. Ayrıca toprakların demir klorozuna neden olma gücünü belirleyen indeks-1 ve indeks-2 değerleri ile 1.0 M NH_4HCO_3 + 0.005 M DTPA (pH=7.6) yöntemiyle ekstrakte edilen demir kapsamları arasında negatif ve istatistiksel olarak önemli ilişkiler belirlenmiş, bu ilişkilerin korelasyon katsayıları sırasıyla r= - 0.530** ve r= -0.401* bulunmuştur. Diğer bir ifadeyle, 1.0 M NH_4HCO_3 + 0.005 M DTPA (pH=7.6) yöntemiyle ekstrakte edilen demir kapsamları arttıkça toprakların demir klorozuna neden olma gücünü belirleyen indeks-1 ve indeks-2 değerleri azalış göstermiştir (Şekil 4.7.8, 4.7.9).

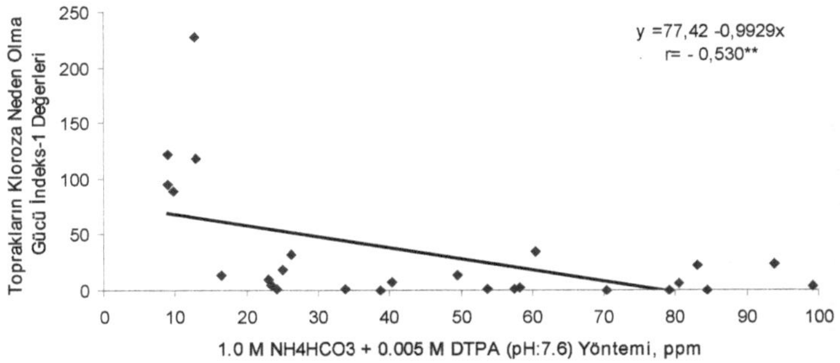

Şekil 4.7.8. 1.0 M NH_4HCO_3 + 0.005 M DTPA (pH=7.6) yöntemiyle ekstrakte edilen demir kapsamları ile toprakların kloroza neden olma gücü indeks-1 değerleri arasındaki ilişki

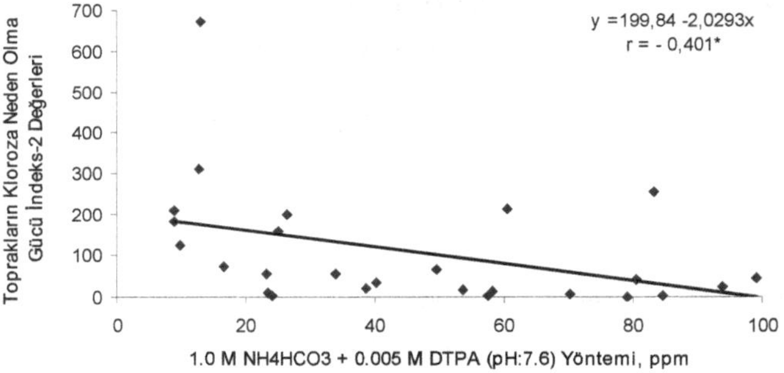

Şekil 4.7.9.1.0 M NH_4HCO_3 + 0.005 M DTPA (pH=7.6) yöntemiyle ekstrakte edilen demir kapsamları ile toprakların kloroza neden olma gücü indeks-2 değerleri arasındaki ilişki

Toprakların mangan oksitlere bağlı demir formu, artık demir ve toplam demir kapsamları ile 0.05 M EDTA (pH=7.0) yöntemiyle ekstrakte edilen demir kapsamları arasında pozitif ve istatistiksel olarak önemli ilişkiler saptanmış ve bu ilişkilerin korelasyon katsayıları sırasıyla r= 0.522**, r= 0.531** ve r=0.490** bulunmuştur.

Ayrıca toprakların demir klorozuna neden olma gücünü belirleyen indeks-2 değerleri ile 0.05 M EDTA (pH=7.0) yöntemiyle ekstrakte edilen demir kapsamları arasında negatif ve istatistiksel olarak önemli ilişki belirlenmiş, bu ilişkinin korelasyon katsayısı r= -0.385* bulunmuştur. Diğer bir ifadeyle, 0.05 M EDTA (pH=7.0) yöntemiyle ekstrakte edilen demir kapsamları arttıkça, toprakların demir klorozuna neden olma gücünü belirleyen indeks-2 değerleri azalış göstermiştir. Benzer şekilde toprakların demir klorozuna neden olma gücünü belirleyen indeks-1 değerleri ile 0.05 M EDTA (pH=7.0) yöntemiyle ekstrakte edilen demir kapsamları arasında negatif ilişki belirlenmiş, fakat bu ilişkinin korelasyon katsayısı önemli bulunmamıştır.

Ekstraksiyon çözeltisi NH_4-asetat kapsayan pH' ları 3.0 ve 4.8' e ayarlı yöntemler birbirleriyle % 1 düzeyinde önemli ve korelasyon katsayısı r= 0.513** olan doğrusal ilişki göstermiştir. Öte yandan 0.2 N Amonyum okzalat + 0.2 M Okzalik asit (pH=3.0) yöntemi ile elde edilen sonuçlar ekstraksiyon çözeltisi NH_4-asetat (pH' sı 3.0 ve 4.8) olan çözücülerle elde edilen sonuçlarla uyum göstermiş ve aralarında % 1 düzeyinde önemli korelasyonların varlığı saptanmıştır.

Toprakların amorf demir oksitlere bağlı demir formu ile 1.0 N NH_4OAc (pH=3.0) yöntemiyle ekstrakte edilen demir kapsamları arasında pozitif ve istatistiksel olarak önemli ilişki saptanmış ve bu ilişkinin korelasyon katsayısı r= 0.464* bulunmuştur.

Toprakların demir klorozuna neden olma gücünü belirleyen indeks-1 ve indeks-2 değerleri ile 1.0 N NH_4OAc (pH=3.0) yöntemiyle ekstrakte edilen demir kapsamları arasındaki ilişkilerin korelasyon katsayıları istatistiksel olarak önemli bulunmamıştır. Diğer bir ifadeyle, 1.0 N NH_4OAc (pH=3.0) yöntemiyle ekstrakte edilen demir kapsamları toprakların demir klorozuna neden olma gücünü belirleyen indeks-1 ve indeks-2 değerleri üzerinde etkili bulunmamıştır.

Toprakların amorf demir oksitlere bağlı demir formu ile 1.0 N NH_4OAc (pH=4.8) yöntemiyle ekstrakte edilen demir kapsamları arasında pozitif ve istatistiksel olarak önemli ilişki saptanmış ve bu ilişkinin korelasyon katsayısı r= 0.469* bulunmuştur. Toprakların demir klorozuna neden olma gücünü belirleyen indeks-1 değerleri ile 1.0 N NH_4OAc (pH=4.8) yöntemiyle ekstrakte edilen demir kapsamları arasında negatif ve istatistiksel olarak önemli ilişki saptanmış, bu ilişkinin korelasyon katsayısı r= -0.411* bulunmuştur. Toprakların demir klorozuna neden olma gücünü belirleyen indeks-2 değerleri ile 1.0 N NH_4OAc (pH=4.8) yöntemiyle ekstrakte edilen demir kapsamları arasında negatif ilişki saptanmış, fakat bu ilişkinin korelasyon katsayısı istatistiksel olarak önemli bulunmamıştır.

0.05 N HCl + 0.025 N H_2SO_4 yöntemiyle ekstrakte edilen demir kapsamları kimyasal yöntemlerin hiçbiriyle ilişkili bulunmamıştır. Ayrıca 0.05 N HCl + 0.025 N H_2SO_4 yöntemiyle ekstrakte edilen demir kapsamları üzerinde toprakta bulunan demir formları etkili bulunmamıştır.

0.2 N Amonyum okzalat + 0.2 M Okzalik asit (pH=3.0) yöntemiyle ekstrakte edilen demir kapsamları 0.2 N Amonyum okzalat yöntemiyle ekstrakte edilen demir kapsamlarıyla uyumlu olmakla birlikte, bu iki yöntem arasındaki ilişkinin korelasyon katsayısı düşük (r= 0.391*) ve % 5 düzeyinde önemli bulunmuştur.

Toprakların amorf demir oksitlere bağlı demir ve toplam demir kapsamları ile 0.2 N Amonyum okzalat + 0.2 M Okzalik asit (pH=3.0) yöntemiyle ekstrakte edilen demir kapsamları arasında pozitif ve istatistiksel olarak önemli ilişkiler belirlenmiş, bu ilişkilerin korelasyon katsayıları sırasıyla r= 0.621** ve r= 0.434* bulunmuştur.

Toprakların demir klorozuna neden olma gücünü belirleyen indeks-1 ve indeks-2 değerleri ile 0.2 N Amonyum okzalat + 0.2 M Okzalik asit (pH=3.0) yöntemiyle ekstrakte edilen demir kapsamları arasında negatif ve istatistiksel olarak önemli ilişkiler saptanmış ve bu ilişkilerin korelasyon katsayıları sırasıyla r= -0.597** ve r= -0.479** bulunmuştur. Diğer bir ifadeyle toprakların 0.2 N Amonyum okzalat + 0.2 M Okzalik asit (pH=3.0) yöntemiyle ekstrakte edilebilir demir kapsamları arttıkça toprakların demir klorozuna neden olma gücünü belirleyen indeks-1 ve indeks-2 değerleri azalış göstermiştir (Şekil 4.7.10, 4.7.11).

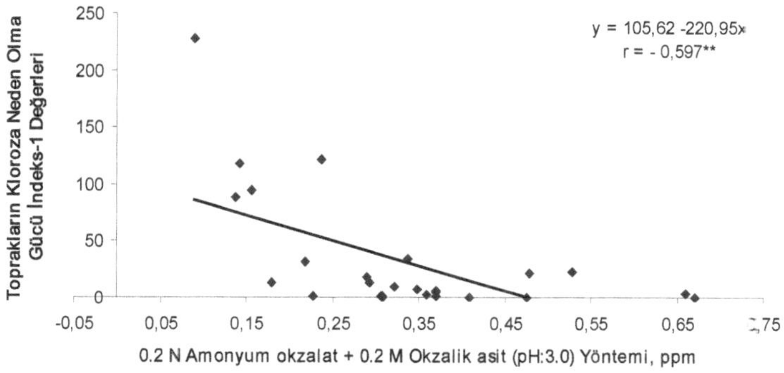

Şekil 4.7.10. 0.2 N Amonyum okzalat + 0.2 M Okzalik asit (pH=3.0) yöntemiyle ekstrakte edilen demir kapsamları ile toprakların kloroza neden olma gücü indeks-1değerleri arasındaki ilişki

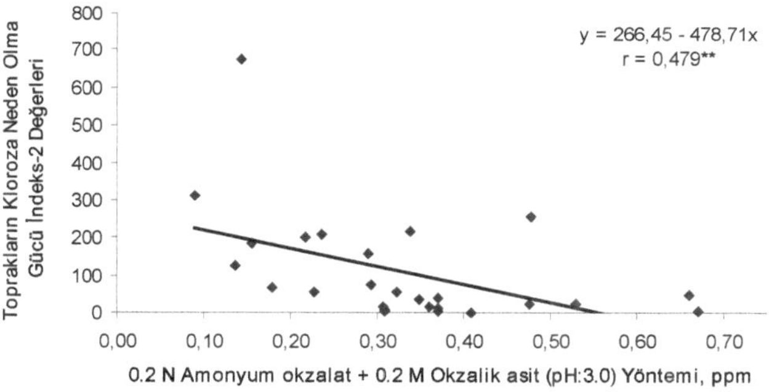

Şekil 4.7.11 0.2 N Amonyum okzalat + 0.2 M Okzalik asit (pH=3.0) yöntemiyle ekstrakte edilen demir kapsamları ile toprakların kloroza neden olma gücü indeks-2 değerleri arasındaki ilişki

Toprakların organik bağlı demir, mangan oksitlere bağlı demir ve artık demir kapsamları ile 0.2 N Amonyum okzalat yöntemiyle ekstrakte edilen demir kapsamları aralarında pozitif ve istatistiksel olarak önemli ilişkiler saptanmış, bu ilişkilerin korelasyon katsayıları sırasıyla r= 0.460*, r= 0.792** ve r= 0.387* bulunmuştur. Diğer bir ifadeyle, toprakların organik bağlı demir, mangan oksitlere bağlı demir ve artık demir kapsamları arttıkça 0.2 N Amonyum okzalat yöntemiyle ekstrakte edilen demir kapsamları artış göstermiştir.

Toprakların demir klorozuna neden olma gücünü belirleyen indeks-1 ve indeks-2 değerleri ile 0.2 N Amonyum okzalat yöntemiyle ekstrakte edilen demir kapsamları arasında negatif ve istatistiksel olarak önemli ilişkiler saptanmış ve bu ilişkilerin korelasyon katsayıları sırasıyla r= -0.405* ve r= -0.547** bulunmuştur. Diğer bir ifadeyle toprakların 0.2 N Amonyum okzalat yöntemiyle ekstrakte edilebilir demir kapsamları arttıkça toprakların demir klorozuna neden olma gücünü belirleyen indeks-1 ve indeks-2 değerleri azalış göstermiştir (Şekil 4.7.12, 4.7.13).

Korelasyon katsayıları incelendiğinde değişebilir demir kapsamı üzerine diğer demir formlarının ve toplam demir kapsamının etkisinin istatistiksel olarak önemli olmadığı saptanmıştır. Ayrıca toprakların kloroza neden olma gücünü belirleyen indeks-1 ve indeks-2 değerleriyle değişebilir demir kapsamları arasındaki ilişkilerin de istatistiksel olarak önemli olmadığı görülmüştür. Diğer bir ifadeyle, değişebilir demir toprakların kloroza neden olma gücünü belirleyen indeks-1 ve indeks-2 değerleri üzerinde etkili bulunmamıştır.

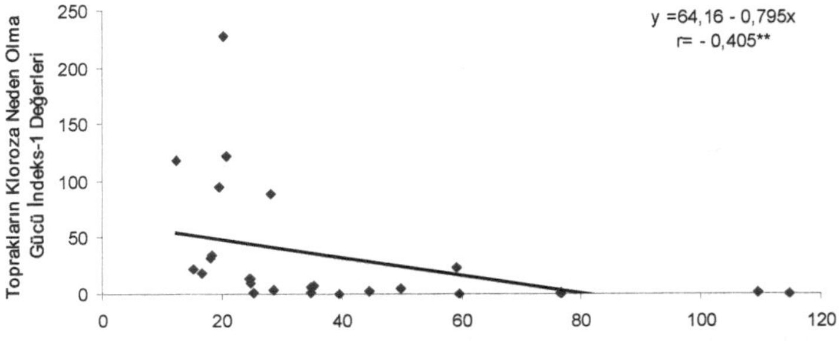

Şekil 4.7.12. 0.2 N Amonyum okzalat yöntemiyle ekstrakte edilen demir kapsamları ile toprakların kloroza neden olma gücü indeks-1değerleri arasındaki ilişki

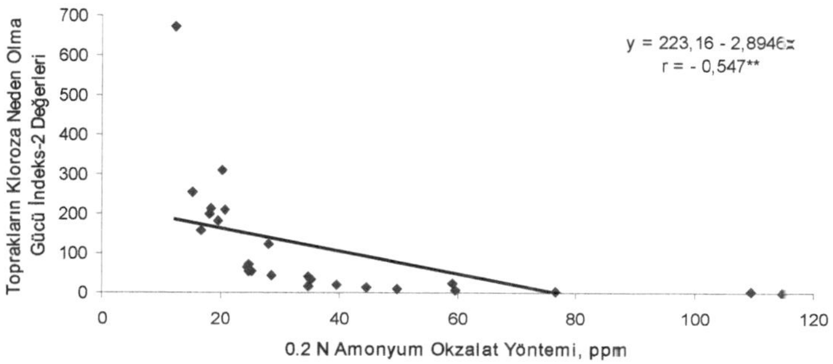

Şekil 4.7.13. 0.2 N Amonyum okzalat yöntemiyle ekstrakte edilen demir kapsamları ile toprakların kloroza neden olma gücü indeks-2 değerleri arasındaki ilişki

Toprakların organik bağlı demir kapsamı ile mangan oksitlere bağlı demir kapsamı arasında pozitif ve istatistiksel olarak önemli ilişki saptanmış, bu ilişkinin korelasyon katsayısı r= 0.455* bulunmuştur. Diğer bir ifadeyle, toprakların mangan oksitlere bağlı demir kapsamı arttıkça, organik bağlı demir kapsamı artış göstermiştir.

Toplam demir ve diğer demir formları organik bağlı demir kapsamı üzerinde etkili bulunmamıştır. Ayrıca toprakların kloroza neden olma gücünü belirleyen indeks-1 ve indeks-2 değerleriyle organik bağlı demir kapsamları arasındaki ilişkilerin istatistiksel olarak önemli olmadığı görülmüştür.

Toprakların mangan oksitlere bağlı demir kapsamları üzerinde diğer demir formlarının ve toplam demirin etkili olmadığı saptanmıştır. Ayrıca toprakların kloroza neden olma gücünü belirleyen indeks-1 ve indeks-2 değerleriyle mangan oksitlere bağlı demir kapsamları arasındaki ilişkilerin istatistiksel olarak önemli olmadığı görülmüştür.

Toprakların amorf demir oksitlere bağlı demir kapsamları üzerinde toplam demirin etkisinin istatistiksel olarak 0.01 seviyesinde önemli olduğu görülmüştür. Fakat toprakların amorf demir oksitlere bağlı demir kapsamları ile toprakların kloroza neden olma gücünü belirleyen indeks-1 ve indeks-2 değerleri arasındaki ilişkilerin korelasyon katsayıları istatistiksel olarak önemli bulunmamıştır.

Toprakların kristal demir oksitlere bağlı demir kapsamları toplam demir, diğer demir fraksiyonları ve indeks-1, indeks-2 değerleriyle önemli derecede ilişkili bulunmamıştır.

Toprakların artık demir kapsamlarıyla toplam demir kapsamları arasındaki ilişkinin korelasyon katsayısı (r= 0.733**) istatistiksel olarak önemli bulunmuştur. Diğer bir ifadeyle, toprakların toplam demir kapsamları arttıkça artık demir kapsamı artış göstermiştir.

Toprakların toplam demir kapsamları ile toprakların kloroza neden olma gücünü belirleyen indeks-1 ve indeks-2 değerleri arasındaki ilişkilerin korelasyon katsayıları istatistiksel olarak önemli bulunmamıştır.

Toprakların kloroza neden olma gücünü belirleyen indeks-1 ile indeks-2 değerleri birbirleriyle uyum göstermiş, aralarındaki ilişkinin korelasyon katsayısı 0.01 seviyesinde önemli olup, r= 0.696** bulunmuştur.

4.8. Kontrol Topraklarda Yetiştirilen Fasulye Bitkisinin Kuru Madde Miktarları ile Toprakların Değişik Yöntemlerle Belirlenen Demir Kapsamları ve Toprakların Bazı Fiziksel ve Kimyasal Özellikleri Arasındaki İlişkiler

Kontrol topraklarda yetiştirilen fasulye bitkisinin kuru madde miktarları ile toprakların değişik yöntemlerle belirlenen ekstrakte edilebilir demir kapsamları, ardışık ekstraksiyon yöntemleriyle belirlenen demir fraksiyon kapsamları ve toprakların kloroza neden olma gücü indeks değerleri arasındaki ilişkileri gösteren korelasyon katsayıları Çizelge 24' de ve bazı fiziksel ve kimyasal özellikler arasındaki ilişkileri belirten korelasyon katsayıları ise Çizelge 25' de verilmiştir. Çizelge 24 ve 25' in incelenmesinden de anlaşılacağı gibi deneme topraklarında demirli gübre uygulanmadan (kontrol) yetiştirilen bitkiden elde edilen kuru madde miktarlarının toprakların amonyum okzalat ile ekstrakte edilebilir demir kapsamlarına, mangan oksitlere bağlı demir kapsamlarına, toplam kireç içeriklerine, pH değerlerine, kil içeriklerine, alınabilir mangan kapsamlarına ve kum içeriklerine bağlı olduğu tespit edilmiştir. Diğer bir ifadeyle deneme topraklarının amonyum okzalat ile ekstrakte edilebilir demir kapsamları, mangan oksitlere bağlı demir kapsamları, kil kapsamları, DTPA ile ekstrakte edilebilir mangan kapsamları arttıkça bu topraklarda yetiştirilen bitkinin kuru madde miktarları istatistiksel olarak önemli derecede artmıştır. Buna karşın deneme topraklarının toplam kireç kapsamları, pH değerleri ve kum içerikleri arttıkça bu topraklarda yetiştirilen bitkinin kuru madde miktarları istatistiksel olarak önemli derecede azalmıştır. Elinç (1988), Meriç havzası vertisol ve kireçsiz kahverengi topraklarının DTPA + NH_4HCO_3, DTPA + $CaCl_2$ + TEA ve HCl + H_2SO_4 yöntemleriyle ekstrakte edilebilir demir kapsamları ile bu topraklarda yetiştirilen soya bitkisinin kuru madde miktarı arasındaki ilişkilerin korelasyon katsayılarını sırasıyla r= -0.666***, -0.436 ve -0.751*** bulmuştur. Diğer bir ifadeyle araştırıcı, toprakların belirtilen yöntemlerle ekstrakte edilebilir demir kapsamının arttıkça soya bitkisinin kuru madde miktarının azaldığını belirtmektedir.

Demir uygulanmayan kontrol topraklarda elde edilen kuru madde miktarları bakımından topraklar arasındaki farklılığın, bu toprakların alınabilir demir kapsamları ile (amonyum okzalat yöntemiyle belirlenen demir), toprakların mangan oksitlere bağlı demir fraksiyonu ile, toplam kireç içerikleri ile, pH değerleri ile kil, kum içerikleri ile, yarayışlı mangan kapsamları ile ilgili olduğu sonucuna varılmıştır (Şekil 4.8.1, 4.8.2).

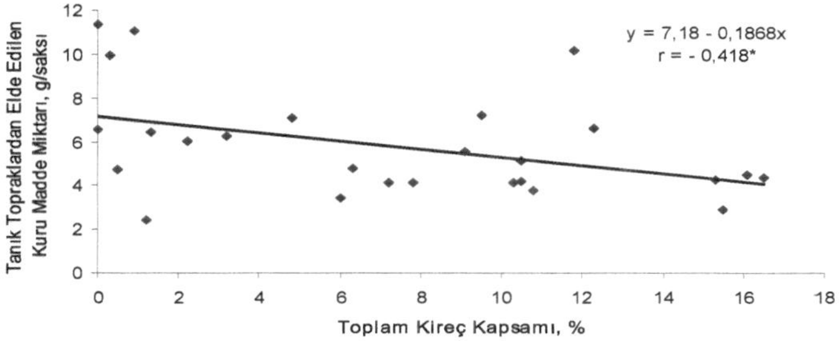

Şekil 4.8.1. Toprakların toplam kireç kapsamı ile tanık topraklardan elde edilen kuru madde miktarı arasındaki ilişki

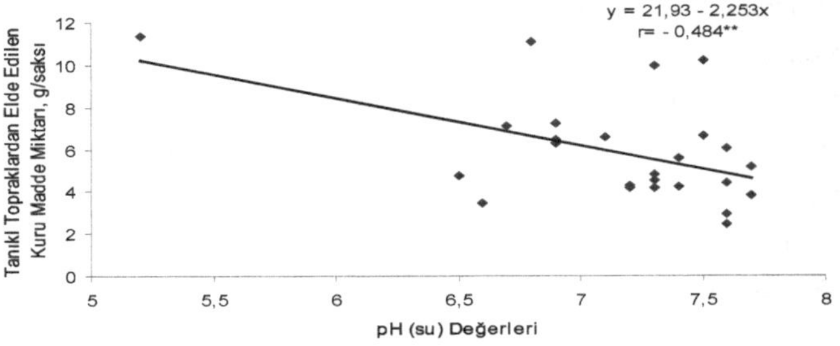

Şekil 4.8.2. Toprakların pH(su) değerleri ile tanık topraklardan elde edilen kuru madde miktarı arasındaki ilişki

Çizelge 24. Toprakların demir durumunu belirleyen kimyasal yöntemlerle bazı biyolojik indeksler arasındaki ilişkileri gösteren korelasyon katsayıları (r)

Toprakların demir durumunu belirleyen kimyasal yöntemler	Kontrol topraklardan elde edilen kuru madde miktarı	Demirli gübreleme ile kuru maddede tanığa göre % değişim	Kontrol toprakların nispi ürün değeri	Demirli gübreleme ile nispi üründe tanığa göre % değişim
0.005 M DTPA + 0.01 M $CaCl_2$ + 0.1 M TEA (pH:7.3),	0.305	-0.491**	0.519**	-0.476**
1.0 M NH_4HCO_3 + 0.005 M DTPA (pH:7.6)	-0.055	-0.424*	0.519**	-0.435*
0.05 M EDTA (pH:7.0)	0.249	-0.272	0.179	-0.179
1.0 N NH_4OAc (pH:3.0)	-0.281	-0.200	0.315	-0.303
1.0 N NH_4OAc (pH:4.8)	-0.257	-0.138	0.134	-0.197
0.05 N HCl+ 0.025 N H_2SO_4	0.032	0.063	-0.032	0.000
0.2 N Amonyum okzalat+0.2 M Okzalik asit (pH:3.0)	-0.045	-0.305	0.268	-0.232
0.2 N Amonyum okzalat	0.605**	-0.523**	0.421*	-0.432*
Değişebilir demir	-0.000	-0.184	0.221	-0.130
Organik bağlı demir	0.055	-0.277	0.152	-0.148
Mangan oksitlere bağlı demir	0.612**	-0.430*	0.385*	-0.410*
Amorf demir oksitlere bağlı demir	-0.330	-0.084	0.032	-0.045
Kristal demir oksitlere bağlı demir	-0.063	0.077	0.000	0.118
Artık demir	0.134	0.000	-0.032	0.063
Toplam demir	-0.063	0.032	-0.032	0.077
Toprakların kloroza neden olma gücü indeks-1	-0.055	0.536**	-0.406*	0.425*
Toprakların kloroza neden olma gücü indeks-2	-0.217	0.557**	-0.362	0.496**

* $p < 0.05$ seviyesinde önemli, ** $p < 0.01$ seviyesinde önemli
İndeks-1: Toprakların EDTA ile ekstrakte edilebilir demir kapsamları kullanılarak hesaplanmıştır.
İndeks-2: Toprakların 0.2 N Amonyum okzalat ile ekstrakte edilebilir demir kapsamları kullanılarak hesaplanmıştır.

Çizelge 25.Toprakların bazı fiziksel ve kimyasal özellikleri ile bazı biyolojik indeksler arasındaki ilişkileri gösteren korelasyon katsayıları (r)

Toprak özellikleri	Kontrol topraklardan elde edilen kuru madde miktarı	Demirli gübreleme ile kuru maddede tanığa göre % değişim	Kontrol toprakların nispi ürün değeri	Demirli gübreleme ile nispi üründe tanığa göre % değişim
pH (su)	-0.484**	0.202	-0.089	0.045
Toplam kireç	-0.418*	0.584**	-0.394*	0.400*
Aktif kireç	-0.235	0.666**	-0.464*	0.540**
Kil	0.423*	0.243	-0.226	0.300
Kum	-0.421*	0.110	-0.212	0.071
Silt	-0.122	-0.442*	0.530**	-0.479**
Organik madde	0.237	-0.257	0.103	-0.190
Alınabilir fosfor	0.257	0.179	-0.164	0.187
Alınabilir manganez	0.535**	-0.445*	0.382*	-0.361
Alınabilir çinko	0.346	-0.141	0.235	-0.077
Alınabilir bakır	0.190	-0.418*	0.480**	-0.369

*:p< 0.05 seviyesinde önemli, **: p <0.01 seviyesinde önemli

Deneme topraklarında demirli gübre uygulamadan (kontrol) yetiştirilen bitkilerden elde edilen kuru madde miktarları ile toprakların amonyum okzalat ile ekstrakte edilebilir demir kapsamları ve toprakların mangan oksitlere bağlı demir fraksiyon kapsamları aralarındaki ilişkilerin korelasyon katsayıları (sırasıyla r= 0.605**, r= 0.612**) dikkate alındığında toprakların alınabilir demir kapsamlarının tayininde amonyum okzalat yönteminin ve mangan oksitlere bağlı demir fraksiyonu tayin yönteminin uygun olacakları söylenebilir (Şekil 4.8.3, 4.8.4).

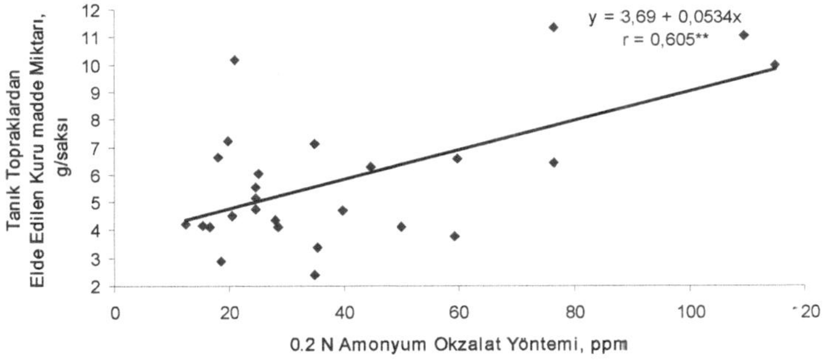

Şekil 4.8.3. 0.2 N Amonyum okzalat yöntemiyle ekstrakte edilen demir kapsamları ile tanık topraklardan elde edilen kuru madde miktarları arasındaki ilişki

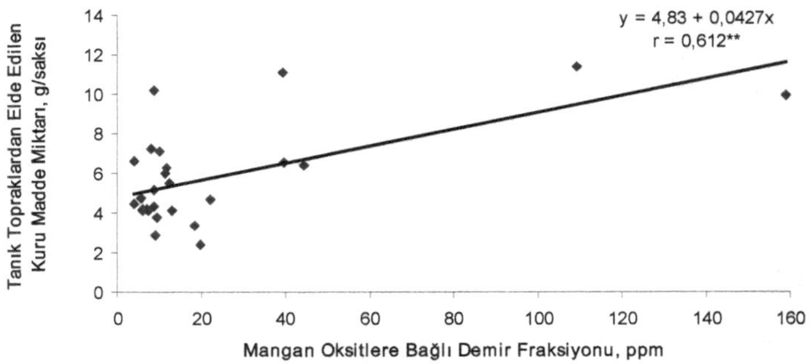

Şekil 4.8.4 Toprakların mangan oksitlere bağlı demir fraksiyon kapsamları ile tanık topraklardan elde edilen kuru madde miktarları arasındaki ilişki

Deneme topraklarında demirli gübre uygulamadan (kontrol) yetiştirilen bitkiden elde edilen kuru madde miktarları, toprakların amonyum okzalat yöntemi hariç diğer yöntemlerle belirlenen demir kapsamlarına, mangan oksitlere bağlı demir fraksiyonu hariç diğer demir fraksiyonlarına, toprakların demir klorozuna neden olma gücü indeks değerlerine, aktif kireç kapsamlarına, alınabilir fosfor, çinko, bakır kapsamlarına, organik madde ve silt içeriklerine bağlı olmadıkları tespit edilmiştir. Diğer bir ifadeyle, kontrol topraklarda yetiştirilen bitkinin kuru madde miktarları ile bu toprakların yukarıda belirtilen kimyasal ve fiziksel özellikleri arasındaki ilişkiler istatistiksel olarak önemli bulunmamıştır.

4.9. Demirli Gübrenin Etkisiyle Kuru Madde Miktarında Tanığa Oranla Sağlanan Ortalama % Değişim Değerleri ile Toprakların Değişik Yöntemlerle Belirlenen Demir Kapsamları ve Toprakların Bazı Fiziksel ve Kimyasal Özellikleri Arasındaki İlişkiler

Demirli gübrenin etkisiyle fasulye bitkisinin kuru madde miktarında tanığa oranla sağlanan ortalama % değişimler ile toprakların değişik yöntemlerle belirlenen ekstrakte edilebilir demir kapsamları, ardışık ekstraksiyon yöntemleriyle belirlenen demir fraksiyon kapsamları ve toprakların kloroza neden olma gücü indeks değerleri arasındaki ilişkileri gösteren korelasyon katsayıları Çizelge 24' de ve bazı fiziksel ve kimyasal özellikler arasındaki ilişkileri gösteren korelasyon katsayıları ise Çizelge 25' de verilmiştir.

Çizelge 24' ün incelenmesinden de anlaşılacağı üzere demirli gübrenin etkisiyle fasulye bitkisinin kuru madde miktarında tanığa oranla sağlanan ortalama % değişimler ile toprakların 0.005 M DTPA + 0.01 M $CaCl_2$ + 0.1 M TEA (pH=7.3), 1.0 M NH_4HCO_3 + 0.005 M DTPA (pH=7.6) ve 0.2 N Amonyum Okzalat yöntemleri ile ekstrakte edilebilir demir kapsamları ve mangan oksitlere bağlı demir fraksiyon kapsamları aralarında istatistiksel olarak önemli negatif korelasyonlar bulunmuştur. Toprakların 0.005 M DTPA + 0.01 M $CaCl_2$ + 0.1 M TEA (pH= 7.3), 1.0 M NH_4HCO_3 + 0.005 M DTPA (pH=7.6) ve 0.2 N Amonyum Okzalat yöntemleri ile belirlenen ekstrakte edilebilir demir kapsamları ve mangan oksitlere bağlı demir fraksiyon kapsamları arttıkça demirli gübreleme sonucu fasulye bitkisinin kuru madde miktarında tanığa oranla sağlanan artışlar azalmıştır (Şekil 4.9.1, 4.9.2, 4.9.3).

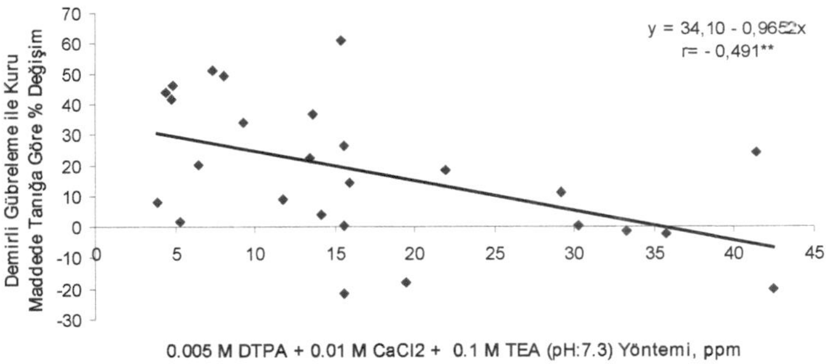

Şekil 4.9.1. Toprakların 0.005 M DTPA + 0.01 M $CaCl_2$ + 0.1 M TEA (pH=7.3) yöntemiyle belirlenen demir kapsamları ile demirli gübreleme ile kuru maddede tanığa göre sağlanan % değişim değerleri arasındaki ilişki

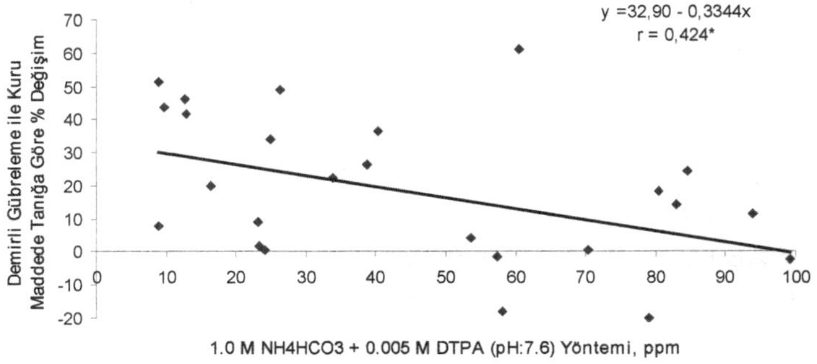

Şekil 4.9.2. 1.0 M NH_4HCO_3 + 0.005 M DTPA (pH=7.6) yöntemiyle belirlenen demir kapsamları ile demirli gübreleme ile kuru maddede tanığa göre sağlanan % değişim değerleri arasındaki ilişki

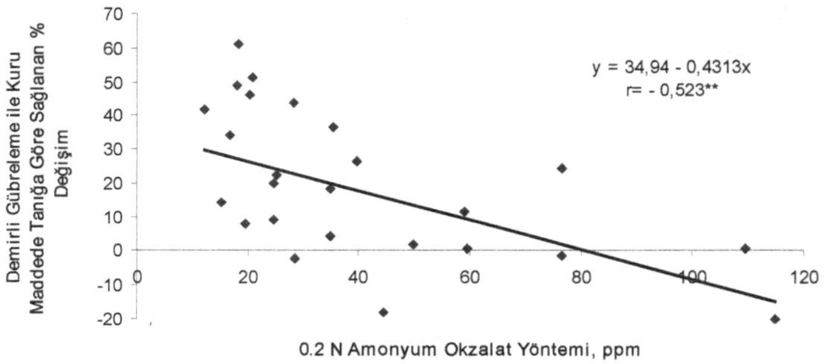

Şekil 4.9.3. Toprakların 0.2 N Amonyum Okzalat yöntemiyle belirlenen demir kapsamları ile demirli gübreleme ile kuru maddede tanığa göre sağlanan % değişim değerleri arasındaki ilişki

Demirli gübrenin etkisiyle fasulye bitkisinin kuru madde miktarında tanığa oranla sağlanan ortalama % değişimler ile toprakların diğer yöntemlerle belirlenen demir kapsamları ve mangan oksitlere bağlı demir fraksiyonu hariç diğer demir fraksiyonları arasında önemli ilişkiler bulunmamıştır (Şekil 4.9.4).

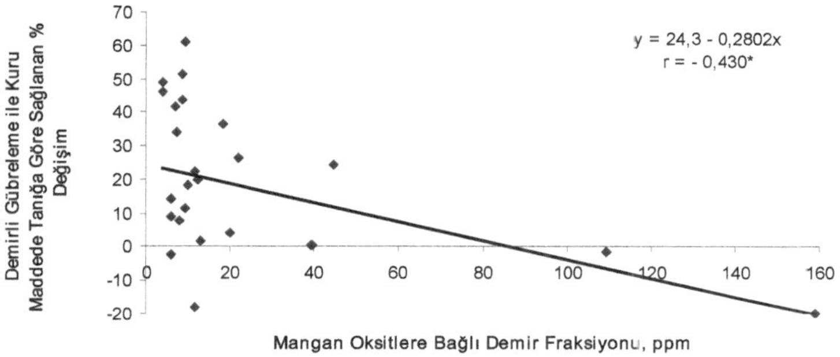

Şekil 4.9.4. Mangan oksitlere bağlı demir fraksiyon kapsamları ile demirli gübreleme ile kuru maddede tanığa göre sağlanan % değişim değerleri arasındaki ilişki

Demirli gübrenin etkisiyle fasulye bitkisinin kuru madde miktarında tanığa oranla sağlanan % değişimler ile toprakların kloroza neden olma gücü indeksleri arasında istatistiksel bakımdan önemli pozitif korelasyonlar saptanmıştır (Çizelge 24). Toprakların kloroza neden olma gücünü belirleyen indeks değerleri arttıkça, demirli gübreleme sonucu kuru maddede tanığa oranla sağlanan % değişimler artmıştır (Şekil 4.9.5, 4.9.6).

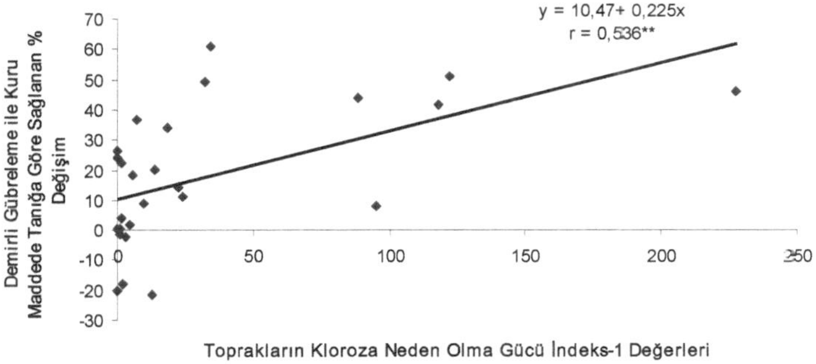

Şekil. 4.9.5. Toprakların kloroza neden olma gücü indeks-1 değerleri ile demirli gübrelemeye kuru maddede tanığa göre sağlanan % değişim değerleri arasındaki ilişki

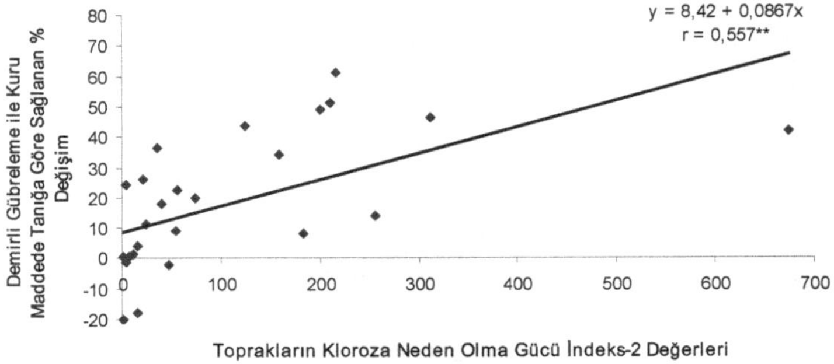

Şekil. 4.9.6. Toprakların kloroza neden olma gücü indeks-2 değerleri iledemirli gübrelemeyle kuru maddede tanığa göre sağlanan % değişim değerleri arasındaki ilişki

Ayrıca demirli gübrenin etkisi ile fasulye bitkisinin kuru madde miktarında tanığa oranla sağlanan ortalama % değişimler ile toprakların toplam kireç ve aktif kireç kapsamları arasında istatistiksel olarak önemli pozitif korelasyonlar saptanmıştır (Çizelge 24). Toprakların toplam ve aktif kireç kapsamları arttıkça demirli gübreleme sonucu kuru maddede tanığa oranla sağlanan % değişimler artmıştır (Şekil 4.9.7, 4.9.8).

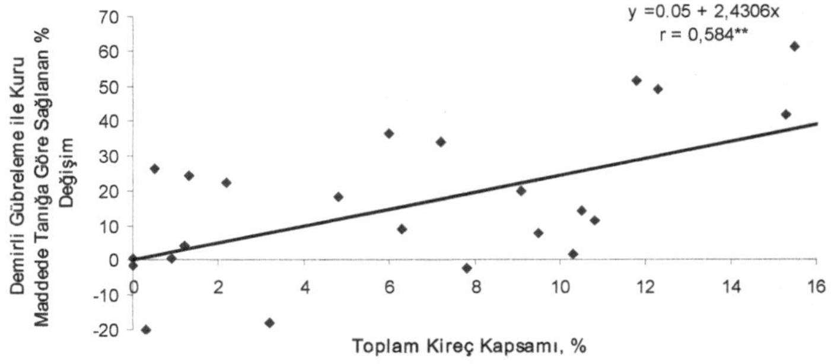

Şekil. 4.9.7. Toprakların toplam kireç kapsamlarıyla demirli gübrelemeyle kuru maddede tanığa göre sağlanan % değişim değerleri arasındaki ilişki

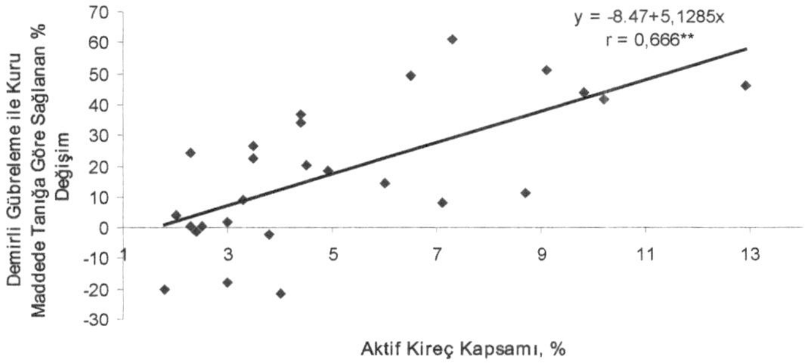

Şekil. 4.9.8. Toprakların aktif kireç kapsamlarıyla demirli gübrelemeyle kuru maddede tanığa göre sağlanan % değişim değerleri arasındaki ilişki

Demirli gübrenin etkisiyle fasulye bitkisinin kuru madde miktarında sağlanan % değişimin toprakların silt içeriklerine, alınabilir mangan ve bakır kapsamlarına bağlı olduğu tespit edilmiştir. Diğer bir ifadeyle toprakların silt içerikleri, alınabilir mangan ve bakır içerikleri arttıkça demirli gübreleme sonucu kuru maddede tanığa göre sağlanan % değişim azalma göstermiştir.

Demirli gübreleme sonucu kuru maddede tanığa oranla sağlanan % değişim, toprakların pH değerlerine, kil, kum, organik madde, yarayışlı fosfor ve çinko kapsamlarına bağlı bulunmamıştır. Diğer bir ifadeyle demirli gübreleme ile kuru maddede tanığa göre sağlanan % değişim, toprakların pH değerleri, kil, kum organik madde, yarayışlı fosfor ve çinko kapsamlarından etkilenmemiştir.

Demirli gübreleme sonucu tanığa oranla kuru madde miktarında sağlanan % değişimler bakımından topraklar arasındaki farklılığın, bu toprakların alınabilir demir kapsamlarıyla, mangan oksitlere bağlı demir fraksiyon kapsamlarıyla, toprakların kloroza neden olma gücü indeks değerleriyle, toplam kireç ve aktif kireç içerikleriyle, yarayışlı mangan, bakır ve silt kapsamlarıyla ilgili olduğu sonucuna varılmıştır.

Ayrıca demirli gübrenin etkisiyle bitkinin kuru madde miktarında tanığa göre sağlanan % değişimler ile toprakların 0.005 M DTPA + 0.01 M $CaCl_2$ + 0.1 M TEA (pH=7.3), 1.0 M NH_4HCO_3 + 0.005 M DTPA (pH=7.6) ve 0.2 N Amonyum Okzalat çözeltileriyle ekstrakte edilebilir demir kapsamları ve toprakların mangan oksitlere bağlı demir fraksiyon kapsamları aralarındaki korelasyon katsayıları dikkate alındığında (sırasıyla r = -0.492**, r = -0426*,r =-0.526** ve r= -0.432*), toprakların bitkiye yarayışlı demir kapsamlarının tayininde belirtilen ekstraksiyon yöntemlerinin ve mangan oksitlere bağlı demir fraksiyonunun uygun olacağı sonucuna varılmıştır.

4.10. Tanık Toprakların Nispi Ürün Değerleri ile Toprakların Değişik Yöntemlerle Belirlenen Demir Kapsamları ve Toprakların Bazı Fiziksel ve Kimyasal Özellikleri Arasındaki İlişkiler

Tanık toprakların nispi ürün değerleri ile toprakların değişik yöntemlerle belirlenen ekstrakte edilebilir demir kapsamları, ardışık ekstraksiyon yöntemleriyle belirlenen demir fraksiyon kapsamları ve toprakların kloroza neden olma gücü indeks değerleri arasındaki ilişkileri gösteren korelasyon katsayıları Çizelge 24' de ve bazı fiziksel ve kimyasal özellikler arasındaki ilişkileri gösteren korelasyon katsayıları ise Çizelge 25' de verilmiştir.

Çizelge 24' ün incelenmesinden de anlaşılacağı gibi tanık toprakların nispi ürün değerleri ile toprakların 0.005 M DTPA + 0.01 M $CaCl_2$ + 0.1 M TEA (pH=7.3), 1.0 M NH_4HCO_3 + 0.005 M DTPA (pH=7.6) ve 0.2 N Amonyum Okzalat yöntemleri ile ekstrakte edilebilir demir kapsamları ve mangan oksitlere bağlı demir fraksiyon kapsamları arasında istatistiksel bakımdan pozitif korelasyonlar bulunmuştur. Toprakların bu yöntemlerle belirlenen alınabilir demir kapsamları ve mangan oksitlere bağlı demir fraksiyon kapsamları arttıkça tanık toprakların nispi ürün değerleri artmıştır (Şekil 4.10.1, 4.10.2, 4.10.3, 4.10.4).

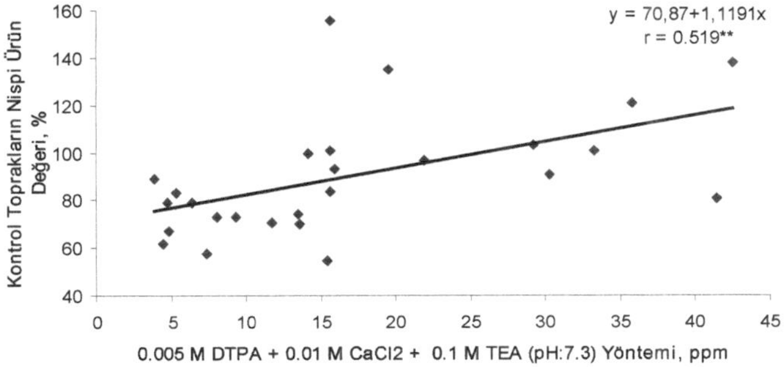

Şekil.4.10.1.Toprakların 0.005 M DTPA + 0.01 M $CaCl_2$ + 0.1 M TEA (pH=7.3) yöntemiyle belirlenen demir kapsamları ile kontrol toprakların nispi ürün değerleri arasındaki ilişki

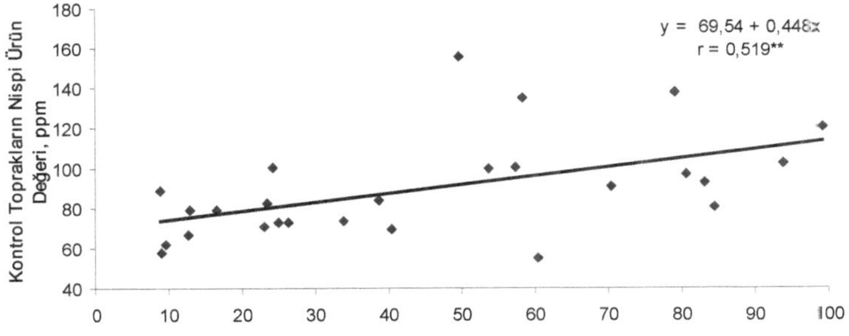

Şekil. 4.10.2. Toprakların 1.0 M NH_4HCO_3 + 0.005 M DTPA (pH=7.6) yöntemiyle belirlenen demir kapsamları ile kontrol toprakların nispi ürün değerleri arasındaki ilişki

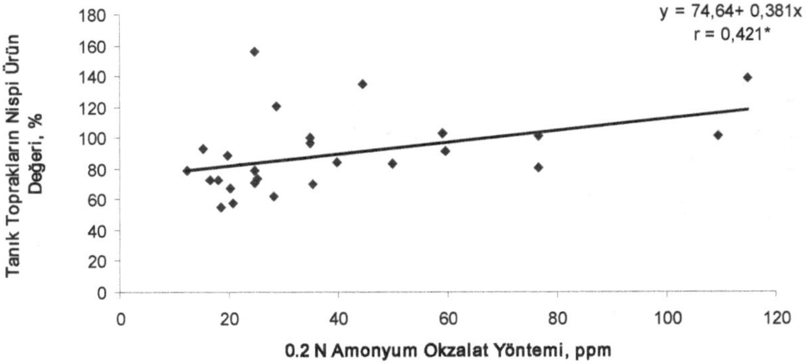

Şekil. 4.10.3. Toprakların 0.2 N amonyum okzalat yöntemiyle belirlenen demir kapsamları ile tanık toprakların nispi ürün değerleri arasındaki ilişki

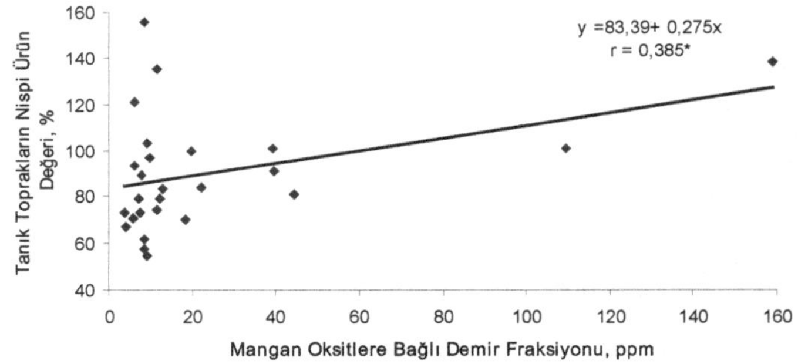

Şekil. 4.10.4. Toprakların mangan oksitlere bağlı demir fraksiyon kapsamları ile tanık toprakların nispü ürün değerleri arasındaki ilişki

Tanık toprakların nispi ürün değerleri ile diğer yöntemlerle belirlenen demir kapsamları ve mangan oksitlere bağlı demir fraksiyonu hariç diğer demir fraksiyonları aralarında önemli ilişkiler bulunmamıştır (Çizelge 24).

Tanık toprakların nispi ürün değerleri ile toprakların kloroza neden olma gücünü belirleyen indeks – 1 değerleri arasında istatistiksel olarak önemli negatif korelasyon bulunmuştur (Çizelge 24). Toprakların kloroza neden olma gücünü belirleyen indeks – 1 değerleri arttıkça tanık toprakların nispi ürün değerleri azalma göstermiştir (Şekil 4.10.5.). Benzer şekilde tanık toprakların nispi ürün değerleri ile toprakların kloroza neden olma gücünü belirleyen indeks – 2 değerleri arasında negatif korelasyon olmakla birlikte istatistiksel olarak önemli bulunmamıştır (Şekil 4.10.6).

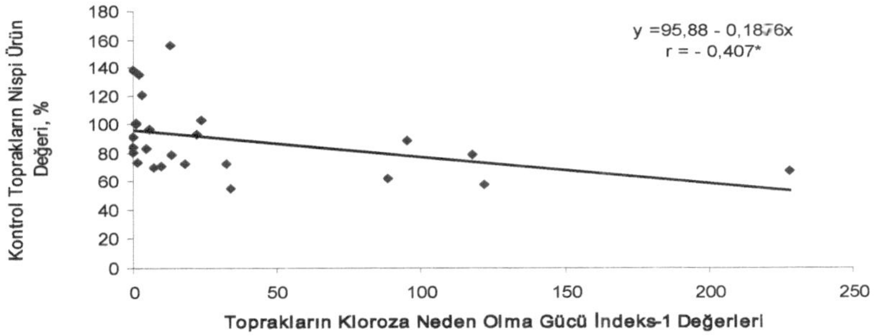

Şekil. 4.10.5. Toprakların kloroza neden olma gücü indeks-1 değerleri ile kontrol toprakların nispi ürün değerleri arasındaki ilişki

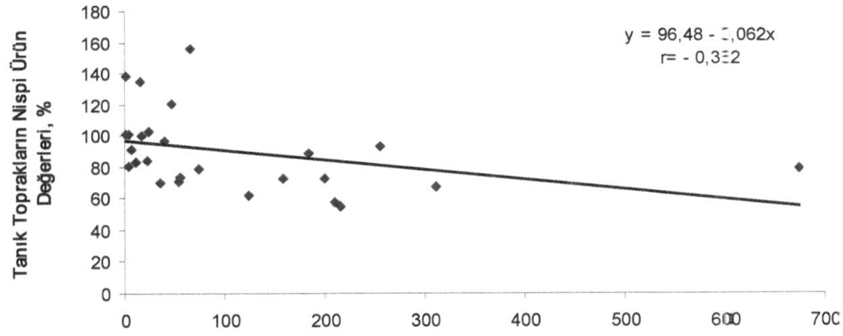

Şekil.4.10.6. Toprakların kloroza neden olma gücü indeks-2 değerleri ile tanık toprakların nispi ürün değerleri arasındaki ilişki

Yine tanık toprakların nispi ürün değerleri ile toprakların toplam kireç ve aktif kireç kapsamları arasında da istatistiksel bakımdan önemli negatif korelasyonlar bulunmuştur (Çizelge 25). Toprakların toplam kireç ve aktif kireç kapsamları arttıkça tanık toprakların nispi ürün değerleri azalmıştır (Şekil 4.10.7, 4.10.8).

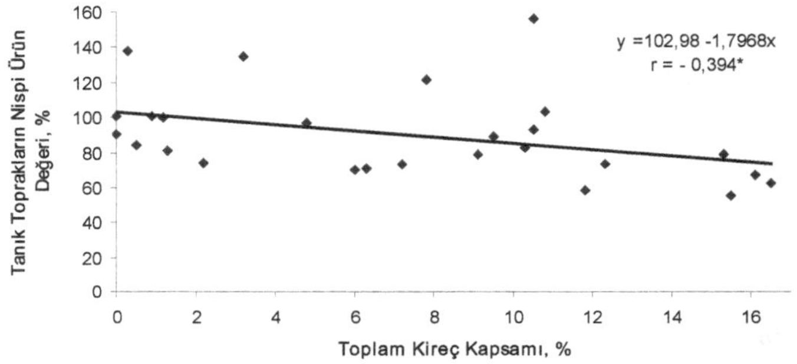

Şekil. 4.10.7 Toprakların toplam kireç kapsamları ile tanık toprakların nispi ürün değerleri arasındaki ilişki

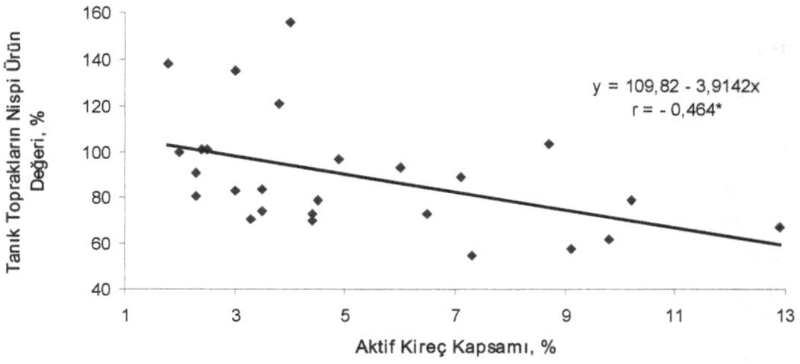

Şekil. 4.10.8. Toprakların aktif kireç kapsamları ile tanık toprakların nispi ürün değerleri arasındaki ilişki

Tanık toprakların nispi ürün değerleri ile toprakların DTPA ile ekstrakte edilebilir mangan ve bakır kapsamları arasında istatistiksel olarak önemli pozitif korelasyonlar bulunmuş, korelasyon katsayıları sırasıyla r= 0.382* ve 0.480** olarak belirlenmiştir. Toprakların alınabilir mangan ve bakır kapsamları arttıkça, kontrol topraklarda yetiştirilen bitkilerin nispi ürün değerleri artmıştır. Ayrıca tanık toprakların nispi ürün değerleri ile toprakların silt kapsamları arasındaki ilişkinin korelasyon katsayısı r= 0.530** bulunmuştur. Toprakların silt kapsamları arttıkça, kontrol topraklarda yetiştirilen bitkilerin nispi ürün değerleri artmıştır.

Tanık topraklarda yetiştirilen bitkilerin nispi ürün değerleri toprakların pH değerleri ile kil, kum ve organik madde kapsamlarıyla, yarayışlı fosfor ve çinko kapsamlarıyla ilişkili bulunmamıştır.

Tanık toprakların nispi ürün veya % yeterlilik değerleri yönünden topraklar arasındaki farklılık, bu toprakların alınabilir demir kapsamlarıyla, toprakların mangan oksitlere bağlı demir fraksiyon kapsamlarıyla, toprakların kloroza neden olma gücü indeksleriyle, toplam kireç ve aktif kireç içerikleriyle, alınabilir mangan ve bakır kapsamlarıyla ve silt içerikleriyle ilgili olduğu sonucuna varılmıştır.

Ayrıca tanık topraklarda yetiştirilen bitkilerin nispi ürün değerleri ile toprakların 0.005 M DTPA + 0.01 M $CaCl_2$ + 0.1 M TEA (pH=7.3), 1.0 M NH_4HCO_3 + 0.005 M DTPA (pH=7.6) ve 0.2 N Amonyum Okzalat çözeltileriyle ekstrakte edilebilir demir kapsamları ve toprakların mangan oksitlere bağlı demir fraksiyon kapsamlar aralarındaki korelasyon katsayıları dikkate alındığında (sırasıyla r= 0.520**, r = 0.519**, r =0.421* ve r= 0.387*), toprakların bitkiye yarayışlı demir kapsamlarının tayininde, belirtilen ekstraksiyon yöntemlerinin ve mangan oksitlere bağlı demir fraksiyonunun uygun olacağı sonucuna varılmıştır.

4.11. Demirli Gübreleme Sonucu Tanığa Göre Nispi Üründe Sağlanan % Değişimler ile Toprakların Değişik Yöntemlerle Belirlenen Demir Kapsamları ve Toprakların Bazı Fiziksel ve Kimyasal Özellikleri Arasındaki İlişkiler

Demirli gübreleme sonucu tanığa göre nispi üründe sağlanan % değişimler ile toprakların değişik yöntemlerle belirlenen ekstrakte edilebilir demir kapsamları, ardışık ekstraksiyon yöntemleriyle belirlenen demir fraksiyon kapsamları ve toprakların kloroza neden olma gücü indeks değerleri aralarındaki ilişkileri gösteren korelasyon katsayıları Çizelge 24' de ve bazı fiziksel ve kimyasal özellikler arasındaki ilişkileri gösteren korelasyon katsayıları ise Çizelge 25' de verilmiştir.

Çizelge 24' ün incelenmesinden de anlaşılacağı gibi demirli gübrenin etkisiyle fasulye bitkisinin nispi ürün değerlerinde tanığa oranla sağlanan ortalama % değişimler ile toprakların 0.005 M DTPA + 0.01 M $CaCl_2$ + 0.1 M TEA (pH=7.3), 1.0 M NH_4HCO_3 + 0.005 M DTPA (pH=7.6) ve 0.2 N Amonyum Okzalat yöntemleri ile ekstrakte edilebilir demir kapsamları ve mangan oksitlere bağlı demir fraksiyon kapsamları arasında istatistiksel bakımdan önemli negatif korelasyonlar bulunmuştur. Toprakların bu yöntemlerle belirlenen alınabilir demir kapsamları ve mangan oksitlere bağlı demir fraksiyon kapsamları arttıkça demirli gübreleme sonucu fasulye bitkisinin nispi ürün değerlerinde tanığa oranla sağlanan artışlar azalmıştır (Şekil 4.11.1, 4.11.2, 4.11.3, 4.11.4).

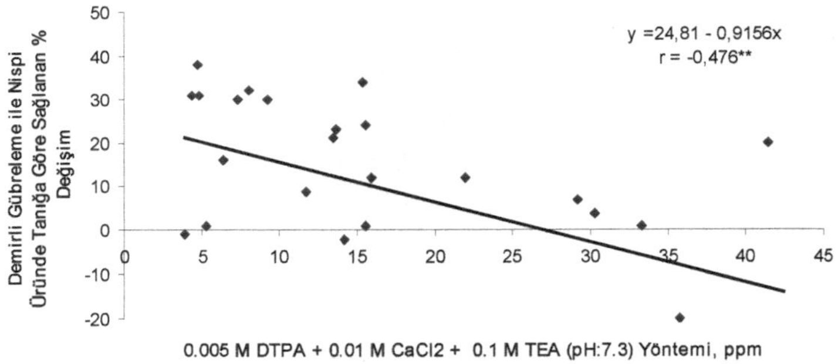

Şekil. 4.11.1. Toprakların 0.005 M DTPA + 0.01 M $CaCl_2$ + 0.1 M TEA (pH=7.3) yöntemiyle belirlenen demir kapsamları ile demirli gübrelemeyle nispi üründe tanığa göre sağlanan % değişim değerleri arasındaki ilişki

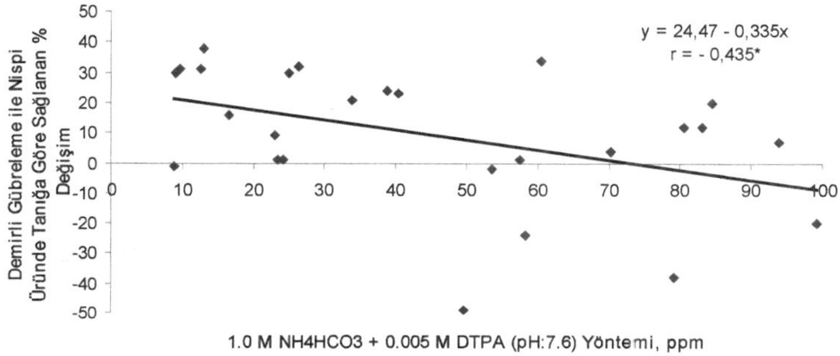

Şekil. 4.11.2. Toprakların 1.0 M NH_4HCO_3 + 0.005 M DTPA (pH=7.6) yöntemiyle belirlenen demir kapsamları ile demirli gübrelemeyle nispi üründe tanığa göre sağlanan % değişim değerleri arasındaki ilişki

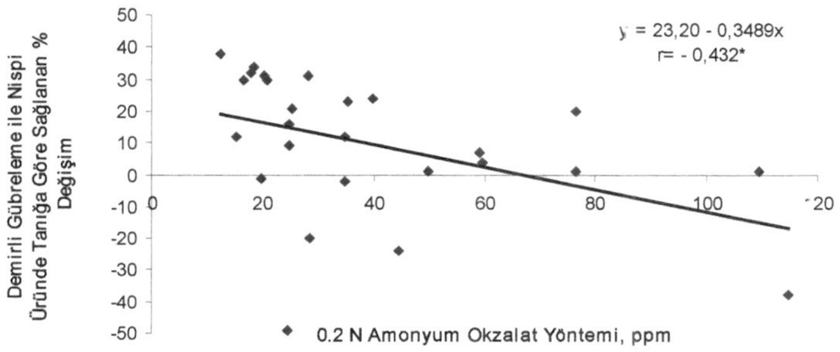

Şekil. 4.11.3. Toprakların 0.2 N amonyum okzalat yöntemiyle belirlenen demir kapsamları ile demirli gübrelemeyle nispi üründe tanığa göre sağlanan % değişim değerleri arasındaki ilişki

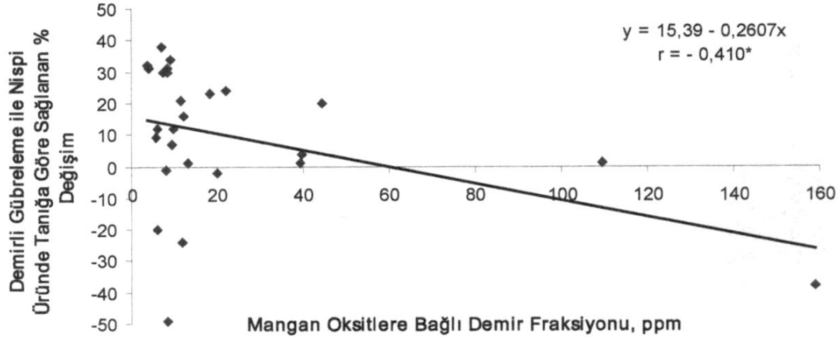

Şekil. 4.11.4. Mangan oksit fraksiyon kapsamları iledemirli gübreleme ile nispi üründe tanığa göre sağlanan % değişim değerleri arasındaki ilişki

Demirli gübrenin etkisiyle fasulye bitkisinin nispi ürün değerlerinde tanığa oranla sağlanan ortalama % değişimler ile toprakların diğer yöntemlerle belirlenen demir kapsamları ve diğer demir fraksiyonları aralarında önemli ilişkiler bulunmamıştır (Çizelge 24).

Demirli gübrenin etkisiyle fasulye bitkisinin nispi ürün değerlerinde tanığa oranla sağlanan % değişimler ile toprakların kloroza neden olma gücü indeksleri arasında da istatistiksel bakımdan önemli pozitif korelasyonlar saptanmıştır (Çizelge 24). Toprakların kloroza neden olma gücünü belirleyen indeks değerleri arttıkça, demirli gübreleme sonucu nispi üründe sağlanan % değişimler (artışlar) artmıştır (Şekil 4.11.5, 4.11.6.).

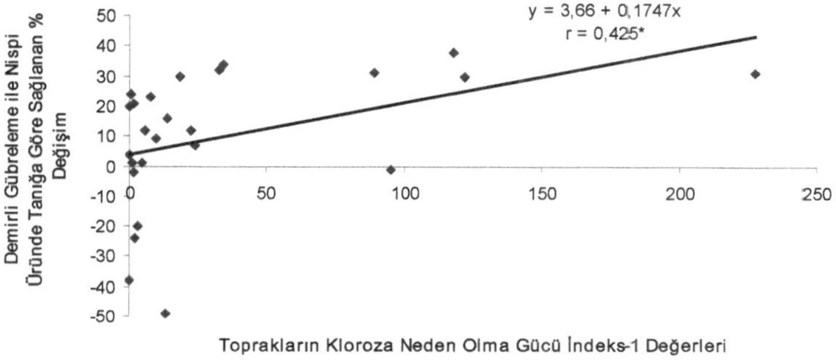

Şekil. 4.11.5. Toprakların kloroza neden olma gücü indeks-1 değerleri ile demirli gübreleme ile nispi üründe tanığa göre sağlanan % değişim değerleri arasındaki ilişki

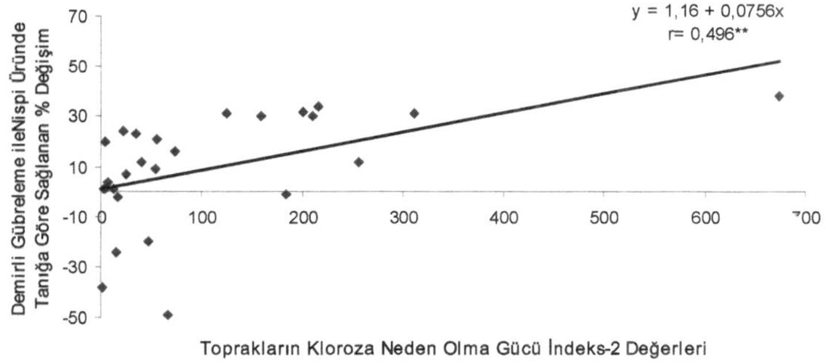

Şekil. 4.11.6. Toprakların kloroza neden olma gücü indeks-2 değerleri ile demirli gübreleme ile nispi üründe tanığa göre sağlanan % değişim değerleri arasındaki ilişki

Ayrıca demirli gübrenin etkisi ile fasulye bitkisinin nispi ürün değerlerinde tanığa oranla sağlanan ortalama % değişimler ile toprakların toplam kireç ve aktif kireç kapsamları arasında istatiksel bakımdan önemli pozitif korelasyonlar saptanmıştır (Çizelge 25). Toprakların toplam ve aktif kireç kapsamları arttıkça demirli gübreleme sonucu nispi ürün değerlerinde tanığa oranla sağlanan artışlar (% değişimler) artmıştır (Şekil 4.11.7, 4.11.8).

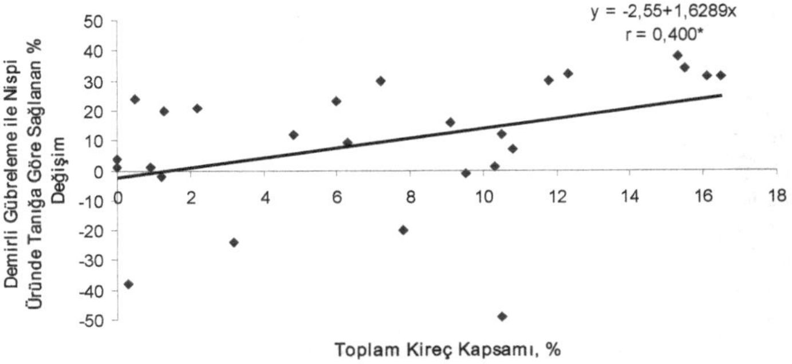

Şekil. 4.11.7. Toprakların toplam kireç kapsamları ile demirli gübreleme ile nispi üründe tanığa göre sağlanan % değişim değerleri arasındaki ilişki

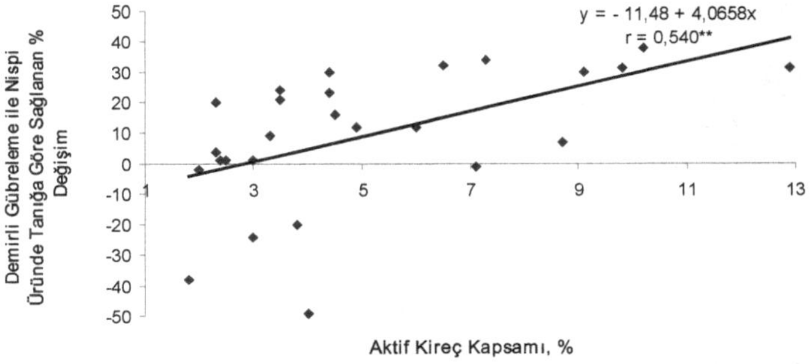

Şekil. 4.11.8. Toprakların aktif kireç kapsamları ile demirli gübreleme ile nispi üründe tanığa göre sağlanan % değişim değerleri arasındaki ilişki

Ayrıca demirli gübrenin etkisiyle fasulye bitkisinin nispi ürün değerlerinde tanığa oranla sağlanan ortalama % değişimler ile toprakların silt kapsamları arasında istatistiksel bakımdan önemli negatif korelasyon (r = -0.479**) bulunmuştur. Toprakların silt kapsamı arttıkça, demirli gübreleme sonucu nispi üründe sağlanan % değişimler (artışlar) azalmıştır.

Demirli gübrenin etkisiyle fasulye bitkisinin nispi ürün değerlerinde tanığa oranla sağlanan ortalama % değişimler yönünden topraklar arasındaki farklılığın, bu toprakların alınabilir demir kapsamlarıyla, mangan oksitlere bağlı demir fraksiyon kapsamlarıyla, toprakların kloroza neden olma gücü indeksleriyle, toplam kireç ve aktif kireç içerikleriyle ve silt içerikleriyle ilgili olduğu sonucuna varılmıştır.

Demirli gübrenin etkisiyle fasulye bitkisinin nispi ürün değerlerinde tanığa oranla sağlanan ortalama % değişimler, toprakların pH değerleri, kil, kum ve organik madde kapsamları, yarayışlı fosfor, mangan, çinko ve bakır kapsamlarıyla ilişkili bulunmamıştır

Ayrıca demirli gübrenin etkisiyle fasulye bitkisinin nispi ürün değerlerinde tanığa oranla sağlanan ortalama % değişimler ile toprakların 0.005 M DTPA + 0.01 M $CaCl_2$ + 0.1 M TEA (pH=7.3), 1.0 M NH_4HCO_3 + 0.005 M DTPA (pH=7.6) ve 0.2 N Amonyum Okzalat çözeltileriyle ekstrakte edilebilir demir kapsamları ve toprakların mangan oksitlere bağlı demir fraksiyon kapsamları aralarındaki korelasyon katsayıları dikkate alındığında (sırasıyla r= -0476**, r = -0.435*, r = -0.432* ve r= -0.410*), toprakların bitkiye yarayışlı demir kapsamlarının tayininde belirtilen ekstraksiyon yöntemlerinin ve mangan oksitlere bağlı demir fraksiyonunun uygun olacağı sonucuna varılmıştır.

Sonuç olarak yapılan değerlendirmelere göre; demirli gübreleme sonucu tanığa göre kuru maddede ve nispi üründe sağlanan % değişimler ve tanık toprakların nispi ürün değerleri ile ilişkilerini ortaya koyan korelasyon katsayıları dikkate alındığında toprakların alınabilir demir kapsamlarının belirlenmesinde 0.005 M DTPA + 0.01 M $CaCl_2$ + 0.1 M TEA (pH=7.3), 1.0 M NH_4HCO_3 + 0.005 M DTPA (pH=7.6) ve 0.2 N Amonyum Okzalat yöntemlerinin ve toprakların mangan oksitlere bağlı demir fraksiyonunun uygun olacağına karar verilmiştir.

4.12. Tanık Topraklarda Yetiştirilen Fasulye Bitkisinin Toplam Demir Kapsamları ile Toprakların Değişik Yöntemlerle Belirlenen Demir Kapsamları ve Toprakların Bazı Fiziksel ve Kimyasal Özellikleri Arasındaki İlişkiler

Kontrol topraklarda yetiştirilen fasulye bitkisinin toplam demir kapsamları ile toprakların değişik yöntemlerle belirlenen ekstrakte edilebilir toplam demir kapsamları, ardışık ekstraksiyon yöntemleriyle belirlenen demir fraksiyon kapsamları ve toprakların kloroza neden olma gücü indeks değerleri arasındaki ilişkileri gösteren korelasyon katsayıları Çizelge 26' da ve bazı fiziksel ve kimyasal özellikler arasındaki ilişkileri belirten korelasyon katsayıları ise Çizelge 27' de verilmiştir.

Çizelge 26 ve 27' nin incelenmesinden de anlaşılacağı gibi deneme topraklarında demirli gübre uygulamadan (kontrol) yetiştirilen bitkilerin toplam demir kapsamları ile toprakların 0.005 M DTPA + 0.01 M $CaCl_2$ + 0.1 M TEA (pH=7.3), 1.0 M NH_4HCO_3 + 0.005 M DTPA (pH=7.6), 0.05 M EDTA (pH=7.0), 0.2 N Amonyum okzalat + 0.2 M Okzalik asit (pH=3.0) ve 0.2 N amonyum okzalat ile ekstrakte edilebilir demir kapsamları, artık demir kapsamları ve toplam demir kapsamları arasındaki ilişkilerin korelasyon katsayıları sırasıyla r= 0.599**, r= 0.577**, r= 0.720**, r= 0.535**, r= 0.477**, r= 0.499** ve r= 0.386* bulunmuştur (Şekil 4.12.1). Deneme topraklarında demirli gübre uygulamadan (kontrol) yetiştirilen bitkilerin toplam demir kapsamları toprakların 0.005 M DTPA + 0.01 M $CaCl_2$ + 0.1 M TEA (pH=7.3), 1.0 M NH_4HCO_3 + 0.005 M DTPA (pH=7.6), 0.05 M EDTA (pH=7.0), 0.2 N Amonyum okzalat + 0.2 M Okzalik asit (pH=3.0) ve 0.2 N amonyum okzalat ile ekstrakte edilebilir demir kapsamlarına, artık demir kapsamlarına ve toplam demir kapsamlarına bağlı olduğu tespit edilmiştir (Şekil 4.12). Diğer bir ifadeyle deneme topraklarının yukarıda belirtilen kimyasal çözeltilerle ekstrakte edilebilir demir kapsamları, artık ve toplam demir kapsamları arttıkça tanık topraklarda yetiştirilen bitkilerin toplam demir kapsamları istatistiksel olarak önemli derecede artmıştır.

Çizelge 26. Toprakların demir durumunu belirleyen kimyasal yöntemler ile tanık topraklarda yetiştirilen bitkilerin toplam demir kapsamları, toplam demir alımları, aktif demir kapsamları ve aktif demir alımları arasındaki ilişkileri gösteren korelasyon katsayıları (r)

Toprakların demir durumunu belirleyen kimyasal yöntemler	Tanık topraklarda yetiştirilen bitkilerin toplam demir kapsamları	Tanık topraklarda yetiştirilen bitkilerin toplam demir alımları	Tanık topraklarda yetiştirilen bitkilerin aktif demir kapsamları	Tanık topraklarda yetiştirilen bitkilerin aktif demir alımları
0.005 M DTPA + 0.01 M $CaCl_2$ + 0.1 M TEA (pH:7.3)	0.599**	0.640**	0.383*	0.420*
1.0 M NH_4HCO_3 + 0.005 M DTPA (pH:7.6)	0.577**	0.449**	0.214	0.161
0.05 M EDTA (pH:7.0)	0.720**	0.745**	0.396*	0.361
1.0 N NH_4OAc (pH:3.0)	0.032	- 0.122	-0.228	0.300
1.0 N NH_4OAc (pH:4.8)	0.288	0.152	-0.126	-0.205
0.05 N HCl+ 0.025 N H_2SO_4	0.134	-0.032	0.032	0.145
0.2 N Amonyum okzalat+ 0.2 M Okzalik asit (pH:3.0)	0.535**	0.390*	0.257	0.176
0.2 N Amonyum okzalat	0.477**	0.657**	0.348	0.576**
Değişebilir demir	0.319	0.212	0.285	0.182
Organik bağlı demir	0.044	0.077	0.202	-0.126
Mangan oksitlere bağlı demir	0.358	0.643**	0.318	0.540**
Amorf demir oksitlere bağlı demir	0.305	0.045	0.032	-0.089
Kristal demir oksitlere bağlı demir	-0.316	0.283	0.164	0.045
Artık demir	0.499**	0.445*	0.045	0.[illegible]10
Toplam demir	0.386*	0.261	0.071	0.045
Toprakların kloroza neden olma gücü indeks-1	-0.148	-0.126	-0.110	-0.[illegible]38
Toprakların kloroza neden olma gücü indeks-2	-0.290	-0.293	0.145	-0.095

* 0.05 seviyesinde önemli
** 0.01 seviyesinde önemli
İndeks-1: Toprakların EDTA ile ekstrakte edilebilir demir kapsamları kullanılarak hesaplanmıştır.
İndeks-2: Toprakların 0.2 N Amonyum okzalat ile ekstrakte edilebilir demir kapsamları kullanılarak hesaplanmıştır

Çizelge 27.Toprakların bazı fiziksel ve kimyasal özellikleri ile tanık topraklarda yetiştirilen bitkilerin toplam demir kapsamları, toplam demir alımları, aktif demir kapsamları ve aktif demir alımları arasındaki ilişkileri gösteren korelasyon katsayıları (r)

Toprak özellikleri	Tanık topraklarda yetiştirilen bitkilerin toplam demir kapsamları	Tanık topraklarda yetiştirilen bitkilerin toplam demir alımları	Tanık topraklarda yetiştirilen bitkilerin aktif demir kapsamları	Tanık topraklarda yetiştirilen bitkilerin aktif demir alımları
pH (su)	-0.170	-0.355	-0.485**	-0.681**
Toplam kireç	-0.321	-0.437*	-0.274	-0.432*
Aktif kireç	-0.202	-0.274	0.167	-0.277
Kil	0.332	0.442*	0.270	0.318
Kum	-0.212	-0.322	-0.305	-0.370
Silt	-0.228	-0.249	-0.045	-0.045
Organik madde	0.210	0.261	0.170	0.148
Alınabilir fosfor	0.134	0.214	0.134	0.277
Alınabilir manganez	0.161	0.370	0.467*	0.715**
Alınabilir çinko	0.230	0.373	0.397	0.389*
Alınabilir bakır	0.321	0.338	0.400*	0.221

*p< 0.05 seviyesinde önemli
** p < 0.01 seviyesinde önemli

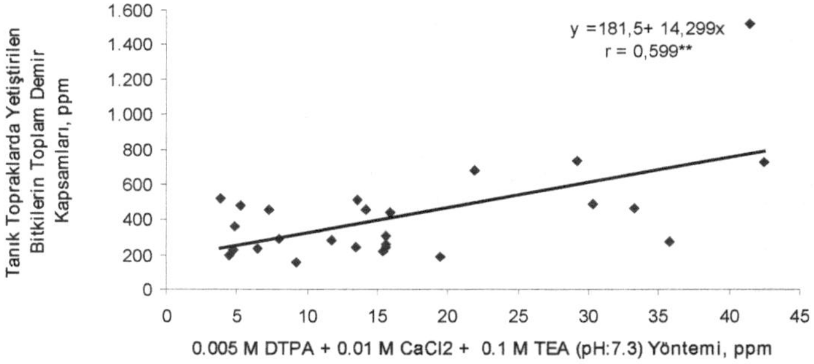

Şekil. 4.12. Toprakların 0.005 M DTPA + 0.01 M $CaCl_2$ + 0.1 M TEA (pH=7.3) yöntemiyle belirlenen demir kapsamları ile tanık topraklarda yetiştirilen bitkilerin toplam demir kapsamları arasındaki ilişki

Elinç (1988), Meriç havzası vertisol ve kireçsiz kahverengi topraklarının DTPA + NH_4HCO_3, DTPA + $CaCl_2$ + TEA ve HCl + H_2SO_4 yöntemleriyle ekstrakte edilebilir demir kapsamları ile bu topraklarda yetiştirilen soya bitkisinin toplam demir kapsamları aralarındaki ilişkilerin korelasyon katsayılarını sırasıyla r= 0.714***, 0.767***, 0.811*** bulmuştur. Araştırıcı diğer bir ifadeyle belirtilen deneme topraklarının söz konusu yöntemlerle belirlenen demir kapsamları arttıkça, bu topraklarda yetiştirilen bitkilerin toplam demir kapsamlarının arttığını belirtmiştir. Benzer şekilde Korkmaz ve Gülser (1995), de Samsun' da tütün yetiştiriciliği yapılan tarla topraklarının DTPA ile ekstrakte edilebilir demir kapsamları arttıkça bitkinin demir kapsamı ve demir alımının arttığını belirtmişlerdir.

Bitkilerin toplam demir kapsamlarıyla ilişkilerini gösteren korelasyon katsayıları dikkate alındığında toprakların alınabilir demir durumlarının veya bitkilerin demir beslenme durumlarının belirlenmesinde tercih sırasıyla 0.05 M EDTA (pH=7.0) (r= 0.720**), 0.005 M DTPA + 0.01 M $CaCl_2$ + 0.1 M TEA (pH=7.3) (r= 0.598**) ve 1.0 M NH_4HCO_3 + 0.005 M DTPA (pH=7.6) (r= 0.577**) yöntemlerinin uygun olacağı sonucuna varılmıştır. Elinç (1988), elde ettiği sonuçlara göre Meriç havzası topraklarında yarayışlı demir düzeyini belirlemek veya bitkilerin demir beslenme durumlarını ortaya koymak için en uygun yöntem olarak DTPA + NH_4HCO_3 yöntemini tavsiye etmiştir.

Demir uygulanmayan kontrol topraklarda yetiştirilen bitkilerin toplam demir kapsamları bakımından topraklar arasındaki farklılığın, bu toprakların yukarıda belirtilen yöntemlerle belirlenen alınabilir demir kapsamları ve toprakların artık ve toplam demir kapsamlarıyla ilgili olduğu sonucuna varılmıştır.

Deneme topraklarında demirli gübre uygulamadan (kontrol) yetiştirilen bitkilerin toplam demir kapsamları toprakların 1.0 N NH_4OAc (pH=3.0), 1.0 N NH_4OAc (pH=4.8), 0.05 N HCl + 0.025 N H_2SO_4 çözeltileri ile ekstrakte edilebilir demir kapsamlarına, değişebilir, organik bağlı, mangan oksitlere bağlı, amorf demir oksitlere bağlı, kristal demir oksitlere bağlı demir kapsamlarına ve toprakların pH, toplam ve aktif kireç kapsamlarına, kil, kum, silt kapsamlarına, organik madde, alınabilir fosfor, alınabilir mangan, alınabilir çinko, alınabilir bakır kapsamlarına ve toprakların demir klorozuna neden olma gücü indeks değerlerine bağlı olmadıkları tespit edilmiştir. Diğer bir ifadeyle kontrol topraklarda yetiştirilen bitkilerin toplam demir kapsamları ile bu toprakların yukarıda belirtilen metotlarla belirlenen demir kapsamları ve belirlenen kimyasal ve fiziksel özelliklerin tümüyle aralarındaki ilişkiler istatistiksel olarak önemli bulunmamıştır. Korkmaz ve Gülser (1995), toprakların pH değerleri, değişebilir Ca, toplam kireç ve aktif kireç kapsamları arttıkça DTPA ile ekstrakte edilebilir demir kapsamlarının ve bu topraklarda yetiştirilen ayçiçeği bitkisinin demir kapsamı ve demir alımlarının azaldığını bildirmişlerdir.

4.13. Tanık Topraklarda Yetiştirilen Fasulye Bitkisinin Toplam Demir Alımları ile Toprakların Değişik Yöntemlerle Belirlenen Demir Kapsamları ve Bazı Fiziksel ve Kimyasal Özellikleri Arasındaki İlişkiler

Kontrol topraklarda yetiştirilen fasulye bitkisinin toplam demir alımları ile toprakların değişik yöntemlerle belirlenen ekstrakte edilebilir demir kapsamları, ardışık ekstraksiyon yöntemleriyle belirlenen demir fraksiyon kapsamları ve toprakların kloroza neden olma gücü indeks değerleri arasındaki ilişkileri gösteren korelasyon katsayıları Çizelge 26' da ve bazı fiziksel ve kimyasal özellikler arasındaki ilişkileri belirten korelasyon katsayıları ise Çizelge 27.' de verilmiştir. Çizelge 26 ve 27' nin incelenmesinden de anlaşılacağı gibi deneme topraklarında demirli gübre uygulamadan (kontrol) yetiştirilen bitkilerin toplam demir alımları ile toprakların 0.005 M DTPA + 0.01 M $CaCl_2$ + 0.1 M TEA (pH=7.3), 1.0 M NH_4HCO_3 + 0.005 M DTPA (pH=7.6), 0.05 M EDTA (pH=7.0), 0.2 N Amonyum okzalat + 0.2 M Okzalik asit (pH=3.0) ve 0.2 N amonyum okzalat ile ekstrakte edilebilir demir kapsamları, mangan oksitlere bağlı demir ve artık demir kapsamları arasındaki ilişkilerin korelasyon katsayıları sırasıyla r= 0.640**, r= 0.449**, r= 0.745**, r= 0.390*, r= 0.657**, r= 0.643** ve r= 0.445* bulunmuştur. Deneme topraklarında demirli gübre uygulamadan (kontrol) yetiştirilen bitkilerin toplam demir alımları toprakların 0.005 M DTPA + 0.01 M $CaCl_2$ + 0.1 M TEA (pH=7.3), 1.0 M NH_4HCO_3 + 0.005 M DTPA (pH=7.6), 0.05 M EDTA (pH=7.0), 0.2 N Amonyum okzalat + 0.2 M Okzalik asit (pH=3.0) ve 0.2 N amonyum okzalat ile ekstrakte edilebilir demir kapsamlarına, mangan oksitlere bağlı demir kapsamlarına ve artık demir kapsamlarına bağlı olduğu tespit edilmiştir. Diğer bir ifadeyle deneme topraklarının yukarıda belirtilen kimyasal çözeltilerle ekstrakte edilebilir demir kapsamları, mangan oksitlere bağlı demir ve artık demir kapsamları arttıkça tanık topraklarda yetiştirilen bitkilerin toplam demir alımları istatistiksel olarak önemli derecede artmıştır (Şekil 4.13.1).

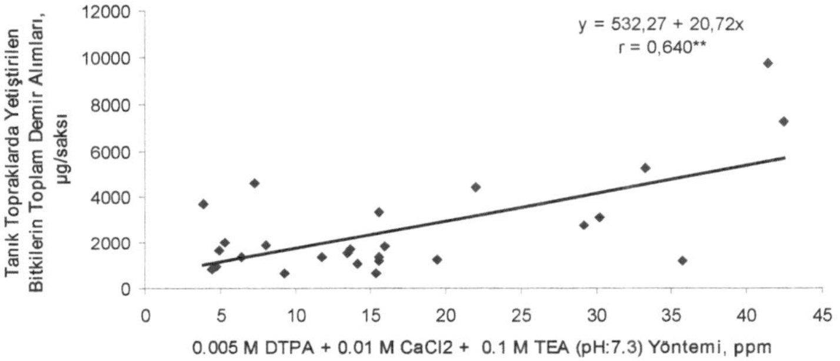

Şekil. 4.13.Toprakların 0.005 M DTPA + 0.01 M $CaCl_2$ + 0.1 M TEA (pH=7.3) yöntemiyle belirlenen demir kapsamları ile demir uygulamasıyla bitkinin aktif demir alımında tanığa göre sağlanan ortalama % değişim değerleri arasındaki ilişki

Bitkilerin toplam demir alımlarıyla ilişkilerini gösteren korelasyon katsayıları dikkate alındığında toprakların alınabilir demir durumlarının veya bitkilerin demir beslenme durumlarının belirlenmesinde 0.05 M EDTA (pH:7.0) (r= 0.745**), 0.2 N amonyum okzalat (r= 0.657**) ve 0.005 M DTPA + 0.01 M $CaCl_2$ + 0.1 M TEA (pH=7.3) (r= 0.640**) yöntemlerinin uygun olacağı sonucuna varılmıştır

Benzer şekilde deneme topraklarında demirli gübre uygulamadan (kontrol) yetiştirilen bitkilerin toplam demir alımlarının, toprakların toplam kireç kapsamlarına ve kil içeriklerine de bağlı olduğu saptanmış, elde edilen sonuçlara göre toprakların toplam kireç kapsamları arttıkça yetiştirilen bitkinin toplam demir alımları azalmış, buna karşın toprakların kil kapsamları arttıkça yetiştirilen bitkinin toplam demir alımları artış göstermiştir.

Demir uygulanmayan kontrol topraklarda yetiştirilen bitkilerin toplam demir alımları bakımından topraklar arasındaki farklılığın, bu toprakların yukarıda belirtilen yöntemlerle belirlenen alınabilir demir kapsamları ile toprakların mangan oksitlere bağlı demir ve artık demir kapsamlarıyla ve toprakların toplam kireç ve kil içerikleriyle ilgili olduğu sonucuna varılmıştır.

Deneme topraklarında demirli gübre uygulamadan (kontrol) yetiştirilen bitkilerin toplam demir alımları toprakların 1.0 N NH_4OAc (pH=3.0), 1.0 N NH_4OAc (pH=4.8), 0.05 N HCl + 0.025 N H_2SO_4 çözeltileri ile ekstrakte edilebilir demir kapsamlarına, değişebilir, organik bağlı, amorf demir oksitlere bağlı, kristal demir oksitlere bağlı demir kapsamlarına ve toprakların pH, aktif kireç kapsamlarına, kum, silt kapsamlarına, organik madde, alınabilir fosfor, alınabilir mangan, alınabilir çinko, alınabilir bakır kapsamlarına ve toprakların demir klorozuna neden olma gücü indeks değerlerine bağlı olmadıkları tespit edilmiştir.

4.14. Tanık Topraklarda Yetiştirilen Fasulye Bitkisinin Aktif Demir Kapsamları ile Toprakların Değişik Yöntemlerle Belirlenen Demir Kapsamları ve Bazı Fiziksel ve Kimyasal Özellikleri Arasındaki İlişkiler

Kontrol topraklarda yetiştirilen fasulye bitkisinin aktif demir kapsamları ile toprakların değişik yöntemlerle belirlenen ekstrakte edilebilir demir kapsamları, ardışık ekstraksiyon yöntemleriyle belirlenen demir fraksiyon kapsamları ve toprakların kloroza neden olma gücü indeks değerleri arasındaki ilişkileri gösteren korelasyon katsayıları Çizelge 26' da ve bazı fiziksel ve kimyasal özellikler arasındaki ilişkileri belirten korelasyon katsayıları ise Çizelge 27.' de verilmiştir. Çizelge 26 ve 27' nin incelenmesinden de anlaşılacağı gibi deneme topraklarında demirli gübre uygulamadan (kontrol) yetiştirilen bitkilerin aktif demir kapsamları ile toprakların 0.005 M DTPA + 0.01 M $CaCl_2$ + 0.1 M TEA (pH=7.3) ve 0.05 M EDTA (pH=7.0) yöntemleri ile ekstrakte edilebilir demir kapsamları arasındaki ilişkilerin korelasyon katsayıları sırasıyla r= 0.383* ve r= 0.396* bulunmuştur. Deneme topraklarında demirli gübre uygulamadan (kontrol) yetiştirilen bitkilerin aktif demir kapsamları toprakların 0.005 M DTPA + 0.01 M $CaCl_2$ + 0.1 M TEA (pH=7.3) ve 0.05 M EDTA (pH=7.0) ile ekstrakte edilebilir demir kapsamlarına bağlı olduğu tespit edilmiştir. Diğer bir ifadeyle deneme topraklarının yukarıda belirtilen kimyasal çözeltilerle ekstrakte edilebilir demir kapsamları arttıkça, tanık topraklarda yetiştirilen bitkilerin aktif demir kapsamları istatistiksel olarak önemli derecede artmıştır. Bitkilerin aktif demir kapsamlarıyla ilişkilerini gösteren korelasyon katsayıları dikkate alındığında toprakların alınabilir demir durumlarının veya bitkilerin aktif demir beslenme durumlarının belirlenmesinde 0.05 M EDTA (pH=7.0) (r= 0.396*) ve 0.005 M DTPA + 0.01 M $CaCl_2$ + 0.1 M TEA (pH=7.3) (r= 0.383*) yöntemlerinin uygun olacağı sonucuna varılmıştır (Şekil 4.14.1).

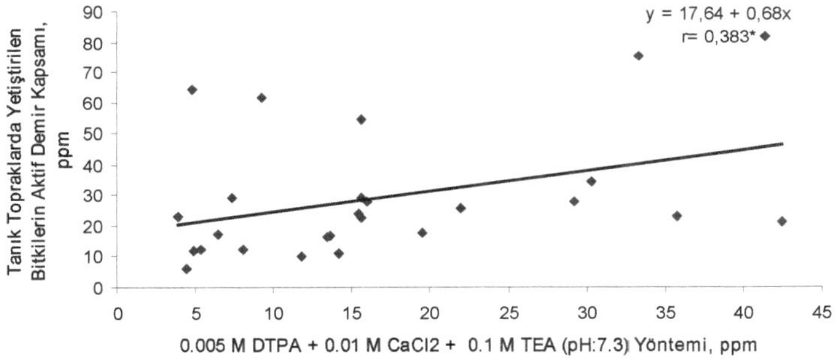

Şekil. 4.14.1. Toprakların 0.005 M DTPA + 0.01 M $CaCl_2$ + 0.1 M TEA (pH=7.3) yöntemiyle belirlenen demir kapsamları ile tanık topraklarda yetiştirilen bitkilerin aktif demir demir kapsamları arasındaki ilişki

Benzer şekilde deneme topraklarında demirli gübre uygulamadan (kontrol) yetiştirilen bitkilerin aktif demir kapsamlarının, toprakların pH, alınabilir mangan ve bakır kapsamlarına bağlı olduğu saptanmış, elde edilen sonuçlara göre toprakların pH değerleri arttıkça yetiştirilen bitkinin aktif demir kapsamları azalmış, buna karşın toprakların alınabilir mangan ve bakır kapsamları arttıkça yetiştirilen, bitkinin aktif demir kapsamları artış göstermiştir.

Demir uygulanmayan kontrol topraklarda yetiştirilen bitkilerin aktif demir kapsamları bakımından topraklar arasındaki farklılığın, bu toprakların yukarıda belirtilen yöntemlerle belirlenen alınabilir demir kapsamları ile toprakların pH, alınabilir mangan ve bakır kapsamlarıyla ilgili olduğu sonucuna varılmıştır.

Deneme topraklarında demirli gübre uygulamadan (kontrol) yetiştirilen bitkilerin aktif demir kapsamları toprakların 1.0 M NH_4HCO_3 + 0.005 M DTPA (pH=7.6), 1.0

N NH_4OAc (pH=3.0), 1.0 N NH_4OAc (pH=4.8), 0.05 N HCl + 0.025 N H_2SO_4, 0.2 N Amonyum okzalat + 0.2 M Okzalik asit (pH=3.0), 0.2 N Amonyum okzalat çözeltileri ile ekstrakte edilebilir demir kapsamlarına, değişebilir, organik bağlı, amorf demir oksitlere bağlı, kristal demir oksitlere bağlı demir, artık demir ve toplam demir kapsamlarına ve toprakların toplam ve aktif kireç kapsamlarına, kil, kum, silt kapsamlarına, organik madde, alınabilir fosfor, alınabilir çinko kapsamlarına ve toprakların demir klorozuna neden olma gücü indeks değerlerine bağlı olmadıkları tespit edilmiştir.

4.15. Tanık Topraklarda Yetiştirilen Fasulye Bitkisinin Aktif Demir Alımları Toprakların Değişik Yöntemlerle Belirlenen Demir Kapsamları ve Bazı Fiziksel ve Kimyasal Özellikleri ile Arasındaki İlişkiler

Kontrol topraklarda yetiştirilen fasulye bitkisinin aktif demir alımları ile toprakların değişik yöntemlerle belirlenen ekstrakte edilebilir demir kapsamları, ardışık ekstraksiyon yöntemleriyle belirlenen demir fraksiyon kapsamları ve toprakların kloroza neden olma gücü indeks değerleri arasındaki ilişkileri gösteren korelasyon katsayıları Çizelge 26' da ve toprakların bazı fiziksel ve kimyasal özellikleri arasındaki ilişkileri belirten korelasyon katsayıları ise Çizelge 27.' de verilmiştir. Çizelge 26 ve 27' nin incelenmesinden de anlaşılacağı gibi deneme topraklarında demirli gübre uygulamadan (kontrol) yetiştirilen bitkilerin aktif demir alımları ile toprakların 0.005 M DTPA + 0.01 M $CaCl_2$ + 0.1 M TEA (pH=7.3) ve 0.2 N Amonyum okzalat yöntemleri ile ekstrakte edilebilir demir kapsamları arasındaki ilişkilerin korelasyon katsayıları sırasıyla r= 0.418* ve r= 0.576** bulunmuştur. Deneme topraklarında demirli gübre uygulamadan (kontrol) yetiştirilen bitkilerin aktif demir alımları toprakların 0.005 M DTPA + 0.01 M $CaCl_2$ + 0.1 M TEA (pH=7.3) ve 0.2 N Amonyum okzalat yöntemleri ile ekstrakte edilebilir demir kapsamlarına bağlı olduğu tespit edilmiştir. Diğer bir ifadeyle deneme topraklarının yukarıda belirtilen kimyasal çözeltilerle ekstrakte edilebilir demir kapsamları arttıkça tanık topraklarda yetiştirilen bitkilerin aktif demir alımları istatistiksel olarak önemli derecede artmıştır. Bitkilerin aktif demir alımlarıyla ilişkilerini gösteren korelasyon katsayıları dikkate alındığında, toprakların alınabilir demir durumlarının veya bitkilerin aktif demir beslenme durumlarının belirlenmesinde 0.2 M Amonyum okzalat (r= 0.576**) ve 0.005 M DTPA + 0.01 M $CaCl_2$ + 0.1 M TEA (pH=7.3) (r= 0.420*) yöntemlerinin uygun olacağı sonucuna varılmıştır (Şekil 4.15.1).

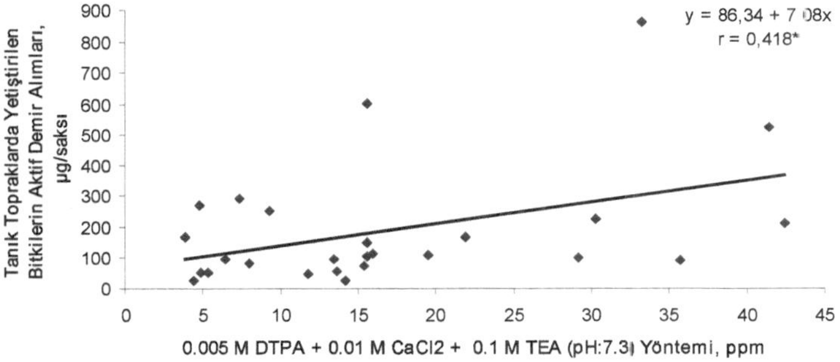

Şekil. 4.15. Toprakların 0.005 M DTPA + 0.01 M $CaCl_2$ + 0.1 M TEA (pH=7.3) yöntemiyle belirlenen demir kapsamları ile tanık topraklarda yetiştirilen bitkilerin aktif demir alımları arasındaki ilişki

Benzer şekilde deneme topraklarında demirli gübre uygulamadan (kontrol) yetiştirilen bitkilerin aktif demir alımlarının, toprakların mangan oksitlere bağlı demir kapsamlarına bağlı olduğu saptanmış, elde edilen sonuçlara göre toprakların mangan oksitlere bağlı demir kapsamları arttıkça yetiştirilen bitkinin aktif demir alımları artmıştır. Aynı şekilde deneme topraklarında demirli gübre uygulamadan yetiştirilen bitkilerin aktif demir alımlarının toprakların pH, toplam kireç, alınabilir mangan ve çinko kapsamlarına da bağlı olduğu saptanmış, toprakların pH ve toplam kireç kapsamları arttıkça tanık topraklarda yetiştirilen bitkilerin aktif demir alımları önemli derecede azalmış, buna karşın toprakların alınabilir mangan ve çinko kapsamları arttıkça, tanık topraklarda yetiştirilen bitkilerin aktif demir alımları önemli derecede artış göstermiştir.

Demir uygulanmayan kontrol topraklarda yetiştirilen bitkilerin aktif demir alımları bakımından topraklar arasındaki farklılığın, bu toprakların yukarıda belirtilen yöntemlerle belirlenen alınabilir demir kapsamları ile toprakların pH, toplam kireç, alınabilir mangan ve çinko kapsamlarıyla ilgili olduğu sonucuna varılmıştır.

Deneme topraklarında demirli gübre uygulamadan (kontrol) yetiştirilen bitkilerin aktif demir alımları, toprakların 1.0 M NH_4HCO_3 + 0.005 M DTPA (pH=7.6), 1.0 N NH_4OAc (pH=3.0), 1.0 N NH_4OAc (pH=4.8), 0.05 N HCl + 0.025 N H_2SO_4, 0.05 M EDTA (pH=7.0) ve 0.2 N Amonyum okzalat + 0.2 M Okzalik asit (pH=3.0) çözeltileri ile ekstrakte edilebilir demir kapsamlarına, değişebilir, organik bağlı, amorf demir oksitlere bağlı, kristal demir oksitlere bağlı demir, artık demir ve toplam demir kapsamlarına ve toprakların aktif kireç kapsamlarına, kil, kum, silt kapsamlarına, organik madde, alınabilir fosfor, alınabilir bakır kapsamlarına ve toprakların demir klorozuna neden olma gücü indeks değerlerine bağlı olmadıkları tespit edilmiştir.

4.16. Demir Uygulaması Sonucu Bitkilerde Toplam Demir Kapsamında Tanığa Göre Ortalama % Değişim Değerleri ile Toprakların Değişik Yöntemlerle Belirlenen Demir Kapsamları ve Bazı Fiziksel ve Kimyasal Özellikleri Arasındaki İlişkiler

Demir uygulaması sonucu bitkilerde toplam demir kapsamında tanığa göre ortalama % değişim değerleri ile toprakların değişik yöntemlerle belirlenen ekstrakte edilebilir demir kapsamları, ardışık ekstraksiyon yöntemleriyle belirlenen demir fraksiyon kapsamları ve toprakların kloroza neden olma gücü indeks değerleri arasındaki ilişkileri gösteren korelasyon katsayıları Çizelge 28' de ve toprakların bazı fiziksel ve kimyasal özellikleri arasındaki ilişkileri belirten korelasyon katsayıları ise Çizelge 29' da verilmiştir.

Çizelge 28.Toprakların değişik yöntemlerle belirlenen demir kapsamları ile demir uygulaması sonucu bitkilerde toplam demir kapsamında, toplam demir alımında, aktif demir kapsamında, aktif demir alımında tanığa göre sağlanan ortalama % değişim değerleri arasındaki ilişkileri gösteren korelasyon katsayıları (r)

Toprakların demir durumunu belirleyen kimyasal yöntemler	Demir uygulamasıyla bitkinin toplam demir kapsamında tanığa göre ortalama % değişim	Demir uygulamasıyla bitkinin toplam demir alımında tanığa göre ortalama % değişim	Demir uygulamasıyla bitkinin aktif demir kapsamında tanığa göre ortalama % değişim	Demir uygulamasıyla bitkinin aktif demir alımında tanığa göre ortalama % değişim
0.005 M DTPA + 0.01 M $CaCl_2$ + 0.1 M TEA (pH:7.3)	- 0.259	- 0.383*	- 0.224	- 0.392*
1.0 M NH_4HCO_3 + 0.005 M DTPA (pH:7.6)	- 0.202	- 0.290	- 0.187	- 0.324
0.05 M EDTA (pH:7.0)	- 0.182	- 0.228	- 0.000	- 0.155
1.0 N NH_4OAc (pH:3.0)	- 0.000	- 0.077	- 0.122	- 0.200
1.0 N NH_4OAc (pH:4.8)	- 0.000	- 0.063	- 0.055	- 0.134
0.05 N HCl+ 0.025 N H_2SO_4	0.045	0.055	0.055	0.084
0.2 N Amonyum okzalat+ 0.2 M Okzalik asit (pH:3.0)	- 0.179	- 0.261	- 0.311	- 0.389*
0.2 N Amonyum okzalat	- 0.205	- 0.344	- 0.045	- 0.226
Değişebilir demir	0.000	- 0.045	0.192	- 0.243
Organik bağlı demir	0.217	0.084	0.311	0.122
Mangan oksitlere bağlı demir	- 0.176	- 0.257	0.089	- 0.134
Amorf demir oksitlere bağlı demir	- 0.045	- 0.055	0.249	- 0.152
Kristal demir oksitlere bağlı demir	0.485**	0.485**	- 0.167	- 0.077
Artık demir	0.100	- 0.161	0.228	0.187
Toplam demir	0.071	0.032	0.045	0.077
Toprakların kloroza neden olma gücü indeks-1	0.000	0.176	- 0.110	0.259
Toprakların kloroza neden olma gücü indeks-2	0.341	0.530**	0.145	- 0.044

* 0.05 seviyesinde önemli
** 0.01 seviyesinde önemli

Çizelge 29.Toprakların bazı fiziksel ve kimyasal özellikleri ile demir uygulaması sonucu bitkilerde toplam demir kapsamında, toplam demir alımında, aktif demir kapsamında, aktif demir alımında tanığa göre sağlanan ortalama % değişim değerleri arasındaki ilişkileri gösteren korelasyon katsayıları (r)

Toprak özellikleri	Demir uygulamasıyla bitkinin toplam demir kapsamında tanığa göre ortalama % değişim	Demir uygulamasıyla bitkinin toplam demir alımında tanığa göre ortalama % değişim	Demir uygulamasıyla bitkinin aktif demir kapsamında tanığa göre ortalama % değişim	Demir uygulamasıyla bitkinin aktif demir alımında tanığa göre ortalama % değişim
pH (su)	- 0.032	0.045	0.190	0.200
Toplam kireç	0.126	0.326	0.000	0.221
Aktif kireç	0.134	0.338	0.055	0.266
Kil	-0.158	-0.063	-0.126	-0.055
Kum	0.032	0.122	0.335	0.355
Silt	0.187	-0.032	-0.170	-0.290
Organik madde	0.032	-0.089	-0.182	-0.228
Alınabilir fosfor	-0.272	-0.226	0.173	0.184
Alınabilir manganez	-0.167	-0.285	-0.202	-0.322
Alınabilir çinko	0.205	0.145	-0.259	-0.302
Alınabilir bakır	0.000	-0.161	-0.288	-0.410*

*: $p < 0.05$ seviyesinde önemli

Çizelge 28 ve 29' un incelenmesinden de anlaşılacağı gibi demir uygulaması sonucu bitkilerde toplam demir kapsamında tanığa göre ortalama % değişim değerlerinin, toprakların uygulanan yöntemlerle ekstrakte edilebilir demir kapsamlarına, değişebilir, organik bağlı, amorf demir oksitlere bağlı, mangan oksitlere bağlı demir kapsamlarına, artık demir ve toplam demir kapsamlarına ve toprakların demir klorozuna neden olma gücü indeks değerlerine bağlı olmadıkları tespit edilmiştir. Aynı şekilde demir uygulaması sonucu bitkilerde toplam demir kapsamında tanığa göre ortalama % değişim değerleri, toprakların ele alınan pH(su) değerlerine, toplam kireç, aktif kireç, kil, kum, silt, organik madde, alınabilir fosfor, alınabilir mangan, çinko ve bakır kapsamlarına bağlı bulunmamıştır.

Buna karşın demir uygulaması sonucu bitkilerde toplam demir kapsamında tanığa göre ortalama % değişim değerlerinin, toprakların kristal demir kapsamlarına bağlı olduğu saptanmış, kristal demir kapsamı arttıkça demir uygulaması sonucu bitkilerde toplam demir kapsamında tanığa göre ortalama % değişim değerleri önemli derecede artış göstermiştir.

4.17. Demir Uygulaması Sonucu Bitkilerde Toplam Demir Alımında Tanığa Göre Ortalama % Değişim Değerleri ile Toprakların Değişik Yöntemlerle Belirlenen Demir Kapsamları ve Bazı Fiziksel ve Kimyasal Özellikleri Arasındaki İlişkiler

Demir uygulaması sonucu bitkilerde toplam demir alımında tanığa göre ortalama % değişim değerleri ile toprakların değişik yöntemlerle belirlenen ekstrakte edilebilir demir kapsamları, ardışık ekstraksiyon yöntemleriyle belirlenen demir fraksiyon kapsamları ve toprakların kloroza neden olma gücü indeks değerleri arasındaki ilişkileri gösteren korelasyon katsayıları Çizelge 28' de ve toprakların bazı fiziksel ve kimyasal özellikleri arasındaki ilişkileri belirten korelasyon katsayıları ise Çizelge 29.' da verilmiştir.

Çizelge 28 ve 29' un incelenmesinden de anlaşılacağı gibi demir uygulaması sonucu bitkilerde toplam demir alımında tanığa göre ortalama % değişim değerleri ile toprakların 0.005 M DTPA + 0.01 M $CaCl_2$ + 0.1 M TEA (pH=7.3) yöntemiyle ekstrakte edilebilir demir kapsamları arasındaki ilişkinin korelasyon katsayısı r= -0.383* bulunmuştur. Diğer bir ifadeyle deneme topraklarının yukarıda belirtilen kimyasal çözeltiyle ekstrakte edilebilir demir kapsamları arttıkça, demir uygulaması sonucu bitkilerde toplam demir alımında tanığa göre ortalama % değişim değerleri istatistiksel olarak önemli derecede azalmıştır (Şekil 4.17.1.)

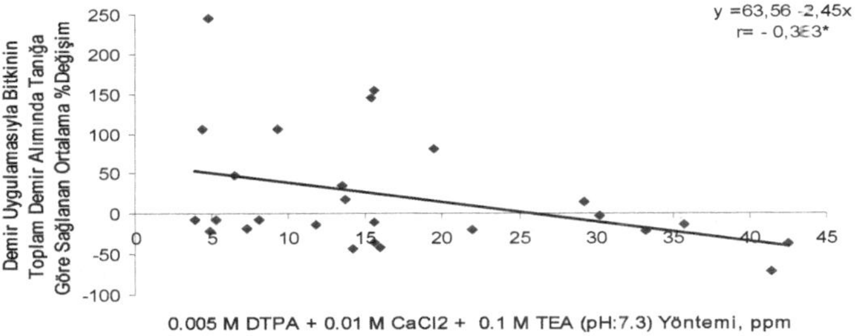

Şekil 4.17.1. Toprakların 0.005 M DTPA + 0.01 M $CaCl_2$ + 0.1 M TEA (pH=7.3) yöntemiyle belirlenen demir kapsamları ile demir uygulamasıyla bitkinin toplam demir alımında tanığa göre sağlanan ortalama % değişim değerleri arasındaki ilişki

Elde edilen bu sonuç toprakların alınabilir demir durumlarının veya bitkilerin demir beslenme durumlarının belirlenmesinde 0.005 M DTPA + 0.01 M $CaCl_2$ + 0.1 M TEA (pH=7.3) yönteminin uygun olacağı sonucunu desteklemektedir. Sing ve ark. (1977), Hindistanda kireçli topraklarda yaptıkları bir çalışmada bitkinin topraktan kaldırdığı demir miktarı ile DTPA yönteminin en yüksek korelasyonu verdiğini belirlemişlerdir.

Ayrıca demir uygulaması sonucu bitkilerde toplam demir alımında tanığa göre ortalama % değişim değerlerinin, toprakların kristal demir kapsamlarına da bağlı olduğu saptanmış, kristal demir kapsamı arttıkça demir uygulaması sonucu bitkilerde toplam demir alımında tanığa göre ortalama % değişim değerleri önemli derecede artış göstermiştir

Demir uygulaması sonucu bitkilerde toplam demir alımında tanığa göre ortalama % değişim değerlerinin toprakların 0.005 M DTPA + 0.01 M $CaCl_2$ + 0.1 M TEA (pH=7.3) yöntemi dışında, uygulanan diğer yöntemlerle ekstrakte edilebilir demir kapsamlarına, değişebilir, organik bağlı, amorf demir oksitlere bağlı demir, artık demir ve toplam demir kapsamlarına ve toprakların demir klorozuna neden olma gücü indeks-1 değerlerine bağlı olmadıkları tespit edilmiştir. Buna karşın demir uygulaması sonucu bitkilerde toplam demir alımında tanığa göre ortalama % değişim değerleri, toprakların demir klorozuna neden olma gücü indeks-2 değerlerine bağlı bulunmuş, toprakların demir klorozuna neden olma gücü indeks-2 değerleri arttıkça demir uygulaması sonucu bitkilerde toplam demir alımında tanığa göre ortalama % değişim değerleri artış göstermiştir (Şekil 4.17.2).

Diğer yandan demir uygulaması sonucu bitkilerde toplam demir alımında tanığa göre ortalama % değişim değerleri toprakların ele alınan pH(su) değerlerine, toplam kireç, aktif kireç, kil, kum, silt, organik madde, alınabilir fosfor, alınabilir mangan, çinko ve bakır kapsamlarına bağlı bulunmamıştır.

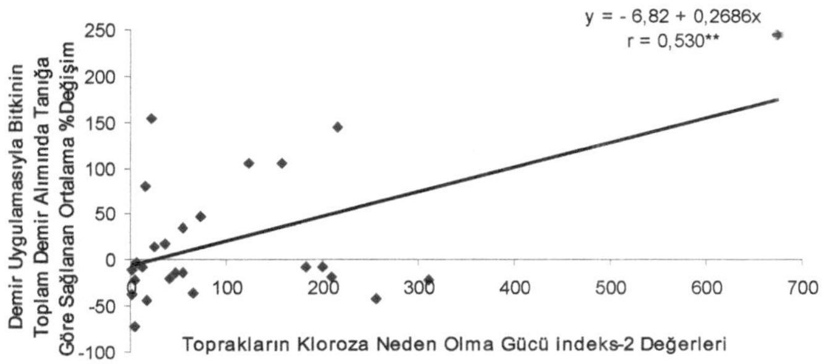

Şekil 4.17.2. Demir uygulamasıyla bitkinin toplam demir alımında tanığa göre sağlanan ortalama % değişim değerleri ile toprakların kloroza neden olma gücü indeks-2 değerleri arasındaki ilişki

4.18. Demir Uygulaması Sonucu Bitkilerde Aktif Demir Kapsamında Tanığa Göre Ortalama % Değişim Değerleri ile Toprakların Değişik Yöntemlerle Belirlenen Demir Kapsamları ve Bazı Fiziksel ve Kimyasal Özellikleri Arasındaki İlişkiler

Demir uygulaması sonucu bitkilerde aktif demir kapsamında tanığa göre ortalama % değişim değerleri ile toprakların değişik yöntemlerle belirlenen ekstrakte edilebilir demir kapsamları, ardışık ekstraksiyon yöntemleriyle belirlenen demir fraksiyon kapsamları ve toprakların kloroza neden olma gücü ndeks değerleri arasındaki ilişkileri gösteren korelasyon katsayıları Çizelge 28' de ve toprakların bazı fiziksel ve kimyasal özellikleri arasındaki ilişkileri belirten korelasyon katsayıları ise Çizelge 29'. da verilmiştir.

Çizelge 28 ve 29 'un incelenmesinden de anlaşılacağı gibi demir uygulaması sonucu bitkilerde aktif demir kapsamında tanığa göre ortalama % değişim değerlerinin, toprakların uygulanan tüm yöntemlerle ekstrakte edilebilir demir kapsamlarına, değişebilir, organik bağlı, amorf demir oksitlere bağlı, mangan oksitlere bağlı, kristal demir oksitlere bağlı demir kapsamlarına, artık demir ve toplam demir kapsamlarına ve toprakların demir klorozuna neden olma gücü indeks değerlerine bağlı olmadıkları tespit edilmiştir. Aynı şekilde demir uygulaması sonucu bitkilerde aktif demir kapsamında tanığa göre ortalama % değişim değerleri toprakların ele alınan pH(su) değerlerine, toplam kireç, aktif kireç, kil, kum, silt, organik madde, alınabilir fosfor, alınabilir mangan, çinko ve bakır kapsamlarına bağlı bulunmamıştır.

4.19. Demir Uygulaması Sonucu Bitkilerde Aktif Demir Alımında Tanığa Göre Ortalama % Değişim Değerleri ile Toprakların Değişik Yöntemlerle Belirlenen Demir Kapsamları ve Bazı Fiziksel ve Kimyasal Özellikleri Arasındaki İlişkiler

Demir uygulaması sonucu bitkilerde aktif demir alımında tanığa göre ortalama % değişim değerleri ile toprakların değişik yöntemlerle belirlenen ekstrakte edilebilir demir kapsamları, ardışık ekstraksiyon yöntemleriyle belirlenen demir fraksiyon kapsamları ve toprakların kloroza neden olma gücü indeks değerleri arasındaki ilişkileri gösteren korelasyon katsayıları Çizelge 28' de ve toprakların bazı fiziksel ve kimyasal özellikleri arasındaki ilişkileri belirten korelasyon katsayıları ise Çizelge 29.' da verilmiştir.

Çizelge 28 ve 29' un incelenmesinden de anlaşılacağı gibi demir uygulaması sonucu bitkilerde toplam demir alımında tanığa göre ortalama % değişim değerleri ile toprakların 0.005 M DTPA + 0.01 M $CaCl_2$ + 0.1 M TEA (pH=7.3) ve 0.2 N Amonyum okzalat + 0.2 M Okzalik asit (pH=3.0) yöntemleriyle ekstrakte edilebilir demir kapsamları arasındaki ilişkilerin korelasyon katsayıları sırasıyla r= - 0.392* ve r= - 0.389* bulunmuştur. Diğer bir ifadeyle deneme topraklarının yukarıda belirtilen kimyasal çözeltilerle ekstrakte edilebilir demir kapsamları arttıkça demir uygulaması sonucu bitkilerde aktif demir alımında tanığa göre ortalama % değişim değerleri istatistiksel olarak önemli derecede azalmıştır. Elde edilen bu sonuç toprakların alınabilir demir durumlarının veya bitkilerin aktif demir alımlarının belirlenmesinde 0.005 M DTPA + 0.01 M $CaCl_2$ + 0.1 M TEA (pH=7.3) ve 0.2 N Amonyum okzalat + 0.2 M Okzalik asit (pH=3.0) yöntemlerinin uygun olacağı sonucunu desteklemektedir (Şekil 4.19.1).

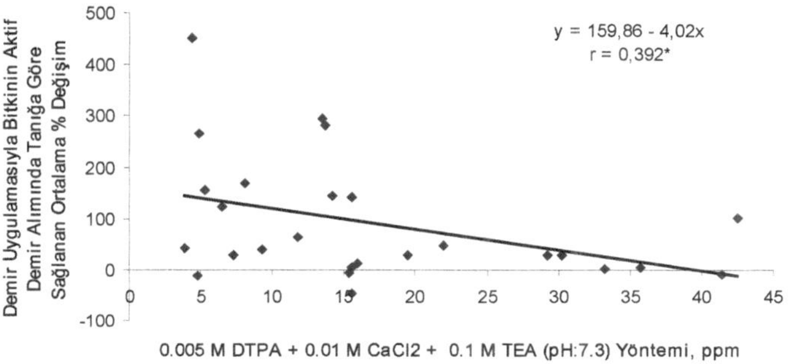

Şekil 4.19.Toprakların 0.005 M DTPA + 0.01 M $CaCl_2$ + 0.1 M TEA (pH=7.3) yöntemiyle belirlenen demir kapsamları ile demir uygulamasıyla bitkinin aktif demir alımında tanığa göre sağlanan ortalama % değişim değerleri arasındaki ilişki

Demir uygulaması sonucu bitkilerde aktif demir alımında tanığa göre ortalama % değişim değerlerinin toprakların 0.005 M DTPA + 0.01 M $CaCl_2$ + 0.1 M TEA (pH=7.3) ve 0.2 N Amonyum okzalat + 0.2 M Okzalik asit (pH=3.0) yöntemleri dışında, uygulanan diğer yöntemlerle ekstrakte edilebilir demir kapsamlarına, değişebilir, organik bağlı, amorf demir oksitlere bağlı, mangan oksitlere bağlı, kristal demir oksitlere bağlı demir kapsamlarına, artık demir ve toplam demir kapsamlarına ve toprakların demir klorozuna neden olma gücü indeks değerlerine bağlı olmadıkları tespit edilmiştir.

Aynı şekilde demir uygulaması sonucu bitkilerde aktif demir alımında tanığa göre ortalama % değişim değerleri toprakların ele alınan pH(su) değerlerine, toplam kireç, aktif kireç, kil, kum, silt, organik madde, alınabilir fosfor, alınabilir mangan ve çinko kapsamlarına bağlı bulunmamıştır. Buna karşın demir uygulaması sonucu bitkilerde aktif demir alımında tanığa göre ortalama % değişim değerleri toprakların alınabilir bakır kapsamlarına bağlı bulunmuş, alınabilir bakır kapsamı arttıkça demir uygulaması sonucu bitkilerde aktif demir alımında tanığa göre ortalama % değişim değerleri artış göstermiştir.

4.20. Deneme Topraklarında 0.005 M DTPA + 0.01 M $CaCl_2$ + 0.1 M TEA (pH=7.3) ve 1.0 M NH_4HCO_3 + 0.005 M DTPA (pH=7.6) Yöntemlerinin Kalibrasyonu

0.005 M DTPA + 0.01 M $CaCl_2$ + 0.1 M TEA (pH=7.3) yönteminin kalibrasyonunda toprakların 0.005 M DTPA + 0.01 M $CaCl_2$ + 0.1 M TEA (pH=7.3) yöntemiyle ekstrakte edilebilir demir kapsamları (x_1) ve uygulanan demir dozları (x_2) ile elde edilen nispi ürün miktarları (y) arasındaki ilişkiyi ortaya koyan parabolik çoklu regresyon denkleminden yararlanılmıştır. Minitab paket programından yararlanılarak elde edilen denklem $Y= 67.7 + 1.84 X_1 + 7.49 X_2 - 0.02 X_1^2 - 0.53 X_2^2 - 0.15 X_1.X_2$ bulunmuştur. Bu denklemle belirtilen ilişkinin korelasyon katsayısı, 0.01 seviyesinde önemli olup, r= 0.480** saptanmıştır.

Bulunan denklem kullanılarak demirli gübre uygulamadan toprakların 0.005 M DTPA + 0.01 M $CaCl_2$ + 0.1 M TEA (pH=7.3) yöntemiyle ekstrakte edilebilir demir kapsamlarına bağlı olarak nispi ürün değerleri (% yeterlilik) hesaplanmış ve elde edilen sonuçlar Çizelge 30' da verilmiştir.

Çizelge 30. Çarşamba, Bafra ve Suluova Topraklarının 0.005 M DTPA + 0.01 M $CaCl_2$ + 0.1 M TEA (pH:7.3) ile Ekstrakte Edilebilir Demir Kapsamlarına Bağlı Olarak Değerlendirilmesi

0.005 M DTPA + 0.01 M $CaCl_2$ + 0.1 M TEA (pH:7.3) ile Ekstrakte Edilebilir Demir Kapsamı, ppm	Nispi Ürün, %[1]	Değerlendirme
1.0	69.52	Yeterli değil
2.0	71.30	Yeterli değil
4.0	74.74	Yeterli değil
5.0	76.41	Yeterli değil
6.0	78.03	Yeterli değil
7.0	79.61	Yeterli değil
7.5	80.39	Kritik seviye
8.0	81.15	Yeterli

[1]: $Y= 67.7+1.84 X_1+7.49 X_2- 0.02 X_1^2- 0.53 X_2^2 - 0.15 X_1.X_2$ (r= 0.480**) denkleminden hesaplanmıştır. Y=Nispi ürün, %; X_1= 0.005 M DTPA + 0.01 M $CaCl_2$ + 0.1 M TEA (pH=7.3) ile Ekstrakte edilebilir demir kapsamı, ppm ; X_2= Uygulanan demir dozu, ppm

Çizelge 30' un incelenmesinden de anlaşılacağı üzere demirli gübre uygulamadan en yüksek ürünün % 80' nini alabilmek için toprakta bulunması gerekli, 0.005 M DTPA + 0.01 M $CaCl_2$ + 0.1 M TEA (pH=7.3) yöntemiyle ekstrakte edilebilir demir kapsamının 7.5 ppm olması gerektiği ortaya konulmuştur. Bu

Lindsay ve Norvell yöntemi için Boer ve Reisenauer (1973) kritik demir düzeyinin 6 ppm olması gerektiğini saptamıştır. Loué (1986), tarafından bildirildiği üzere CdF Chimie – Azote et Fertilisants' a göre DTPA ile ekstrakte edilebilir demir kapsamları 10 ppm' den düşük olan topraklar demir noksanlığı yönünden yüksek risk taşımaktadır. Chen ve Barak (1982), toprakta demirin ekstraksiyonunda en iyi ekstraksiyon yönteminin 0.005 M DTPA + 0.01 M $CaCl_2$ + 0.1 M TEA (pH=7.3) yöntemi olduğunu belirtmişlerdir.

1.0 M NH_4HCO_3 + 0.005 M DTPA (pH=7.6) yönteminin kalibrasyonunda toprakların 1.0 M NH_4HCO_3 + 0.005 M DTPA (pH=7.6) yöntemiyle ekstrakte edilebilir demir kapsamları (x_1) ve uygulanan demir dozları (x_2) ile elde edilen nispi ürün miktarları (y) arasındaki ilişkiyi ortaya koyan parabolik çoklu regresyon denkleminden yararlanılmıştır. Minitab paket programından yararlanılarak elde edilen denklem $Y= 69.50 + +0.57 X_1 + 7.60 X_2 + 0.002 X_1^2 - 0.53 X_2^2 - 0.06 X_1.X_2$ bulunmuştur. Bu denklemle belirtilen ilişkinin korelasyon katsayısı, 0.01 seviyesinde önemli olup, r= 0.483** saptanmıştır.

Bulunan denklem kullanılarak demirli gübre uygulamaksızın toprakların 1.0 M NH_4HCO_3 + 0.005 M DTPA (pH=7.6) yöntemiyle ekstrakte edilebilir demir kapsamlarına bağlı olarak nispi ürün değerleri (% yeterlilik) hesaplanmış ve elde edilen sonuçlar Çizelge 31' de verilmiştir.

Çizelge 31' in incelenmesinden de anlaşılacağı üzere demirli gübre uygulamaksızın en yüksek ürünün % 80' nini alabilmek için toprakta bulunması gerekli 1.0 M NH_4HCO_3 + 0.005 M DTPA (pH=7.6) yöntemiyle ekstrakte edilebilir demir kapsamının 20 ppm olması gerektiği ortaya konulmuştur. Havlin ve Soltanpour (1981), toprakların demir durumunun belirlenmesinde 1.0 M NH_4HCO_3 + 0.005 M DTPA (pH=7.6) yöntemini uygun bulmuşlardır.

Çizelge 31. Çarşamba, Bafra ve Suluova topraklarının1.0 M NH_4HCO_3 + 0.005 M DTPA (pH:7.6) ile ekstrakte edilebilir demir kapsamlarına bağlı olarak değerlendirilmesi

1.0 M NH_4HCO_3 + 0.005 M DTPA (pH=7.6) ile ekstrakte edilebilir demir kapsamı, ppm	Nispi ürün, %[1]	Değerlendirme
4.0	71.76	Yeterli değil
6.0	72.87	Yeterli değil
8.0	73.97	Yeterli değil
10.0	75.05	Yeterli değil
12.0	76.11	Yeterli değil
14.0	77.17	Yeterli değil
16.0	78.22	Yeterli değil
19.0	79.75	Yeterli değil
20.0	80.26	Kritik seviye
22.0	81.27	Yeterli

[1]: $Y=69.50+0.57 X_1+7.60 X_2+ 0.002 X_1^2- 0.53 X_2^2 - 0.06 X_1.X_2$ (r= 0.483**) denkleminden hesaplanmıştır.
Y=Nispi ürün, %; X_1= 1.0 M NH_4HCO_3 + 0.005 M DTPA (pH=7.6) ile Ekstrakte edilebilir demir kapsamı, ppm ; X_2= Uygulanan demir dozu, ppm

Loué (1986), DTPA' lı demir ekstraksiyon yöntemlerinin CdF Chimie – Azote et Fertilisants tarafından aşağıdaki gibi değerlendirildiğini bildirmektedir:

- <10 ppm : Noksanlık riski yüksek,
- 10 - 20 ppm : Noksanlık riski düşük,
- 20 – 150 ppm: Yeterli,
- > 150 ppm: Yapısal ve hidromorfik bir problemin indisi şeklinde değerlendirilmiştir.

4.21. Toprakların Demir Formları ile Bazı Toprak Özellikleri Arasındaki İlişkiler

Toprakların demir formları ile bazı toprak özellikleri arasındaki ilişkileri gösteren korelasyon katsayıları çizelge 32' de verilmiştir. Çizelge 32' nin incelenmesinden de anlaşılacağı üzere değişebilir demir, organik bağlı demir, amorf demir oksitlere bağlı demir ve artık demir formları ile bazı toprak özellikleri arasındaki ilişkiler istatistiksel olarak önemli bulunmamıştır.

Çizelge 32.Toprakların demir formları ile bazı toprak özellikleri arasındaki ilişkilerin korelasyon katsayıları (r)

Toprak özellikleri	Demir formları						
	Değişebilir demir	Organik bağlı demir	Mangan oksitlere bağlı demir	Amorf demir oksitlere bağlı demir	Kristal demir oksitlere bağlı demir	Artık demir	Toplam demir
Kum	0.179	- 0.095	- 0.205	- 0.084	- 0.382*	- 0.316	- 0.467*
Silt	0.032	0.100	- 0.000	0.111	- 0.000	- 0.122	- 0.055
Kil	- 0.170	0.000	0.145	- 0.200	0.310	0.322	0.386*
pH	- 0.118	- 0.251	- 0.448*	0.000	0.045	- 0.344	- 0.190
Toplam Kireç	0.089	- 0.361	- 0.556**	- 0.095	0.155	- 0.259	- 0.315
Aktif Kireç	- 0.032	- 0.277	- 0.447*	- 0.200	0.349	- 0.063	- 0.071
Organik Madde	- 0.084	0.077	0.084	- 0.032	0.195	0.122	0.173
Alınabilir Fosfor	0.055	- 0.084	0.100	- 0.366	- 0.000	0.279	0.130
Alınabilir Mangan	0.077	0.032	0.674**	- 0.095	- 0.126	0.000	- 0.105
Alınabilir Bakır	0.000	0.237	0.226	0.255	0.161	0.122	0.295
Alınabilir Çinko	- 0.045	0.126	0.311	0.071	0.152	0.346	0.237
KDK	- 0.167	0.000	0.145	- 0.190	0.311	0.308	0.374

* :P< 0.05 seviyesinde önemli
** :P < 0.01 seviyesinde önemli

Mangan oksitlere bağlı demir formu ile toprakların pH değerleri, toplam kireç ve aktif kireç kapsamlarıı arasında istatistiksel olarak önemli negatif ilişkiler belirlenmiş, bu ilişkilerin korelasyon katsayıları sırasıyla r= - 0.448*, r= - 0.556**, r= - 0.448* bulunmuştur. Diğer bir ifadeyle, toprakların pH değerleri, toplam ve aktif kireç kapsamları arttıkça mangan oksitlere bağlı demir formu kapsamları istatistiksel olarak önemli derecede azalmıştır (Şekil 4.21.1, Şekil 4.21.2).

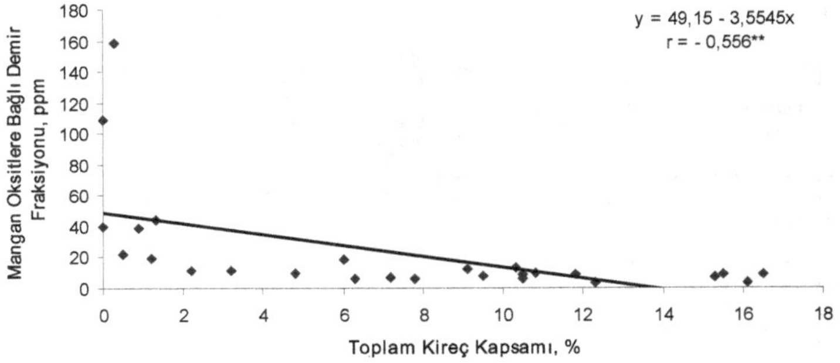

Şekil 4.21.1. Toprakların toplam kireç kapsamı ile mangan oksitlere bağlı demir fraksiyon kapsamı arasındaki ilişki

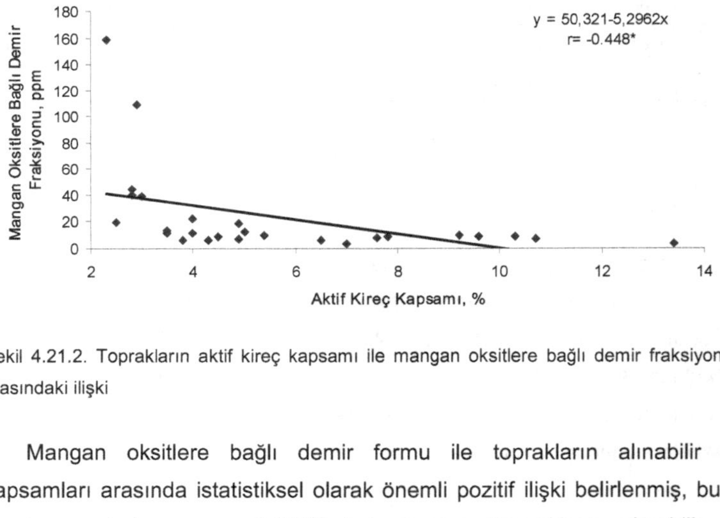

Şekil 4.21.2. Toprakların aktif kireç kapsamı ile mangan oksitlere bağlı demir fraksiyon kapsamı arasındaki ilişki

Mangan oksitlere bağlı demir formu ile toprakların alınabilir mangan kapsamları arasında istatistiksel olarak önemli pozitif ilişki belirlenmiş, bu ilişkinin korelasyon katsayısı r= 0.674** bulunmuştur. Toprakların alınabilir mangan kapsamları arttıkça mangan oksitlere bağlı demir form kapsamı istatistiksel olarak önemli derecede artış göstermiştir.

Toprakların kum, silt, kil, organik madde, alınabilir fosfor, bakır ve çinko kapsamları ile mangan oksitlere bağlı demir formları arasındaki ilişkilerin korelasyon katsayıları istatistiksel olarak önemli bulunmamıştır.

Toprakların kum kapsamları ile kristal demir oksitlere bağlı demir formları ve toplam demir kapsamları arasında istatistiksel olarak negatif ilişkiler belirlenmiş, bu ilişkilerin korelasyon katsayıları sırasıyla r= – 0.382*, r= - 0.467* bulunmuştur. Diğer bir ifadeyle, toprakların kum kapsamları arttıkça kristal demir oksitlere bağlı demir formu kapsamı ve toplam demir kapsamı önemli derecede azalma göstermiştir (Şekil 4.21.3).

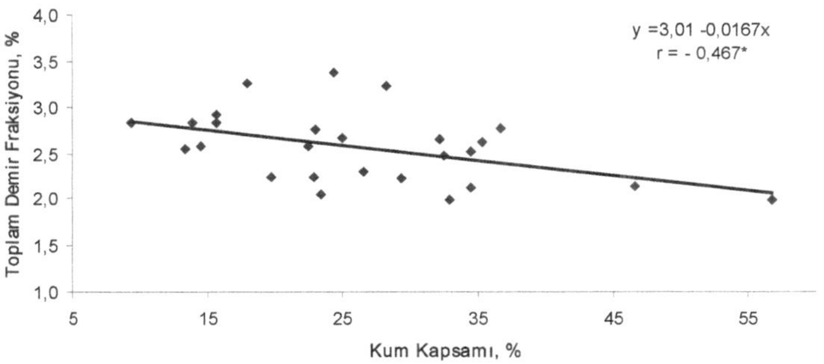

Şekil 4.21.3. Toprakların kum kapsamları ile toplam demir fraksiyon kapsamları arasındaki ilişki

Toprakların kil kapsamı ile toplam demir kapsamları arasında istatistiksel olarak önemli pozitif ilişki belirlenmiş, bu ilişkinin korelasyon katsayısı r= 0.386* bulunmuştur. Diğer bir ifadeyle toprakların kil kapsamları arttıkça, toplam demir kapsamları da artmıştır.

Toprakların silt, kil kapsamları, pH değerleri, toplam ve aktif kireç kapsamları, organik madde kapsamları, alınabilir fosfor, mangan, bakır ve çinko kapsamları ve KDK değerleri ile kristal demir oksitlere bağlı demir formu arasındaki ilişkilerin korelasyon katsayıları istatistiksel olarak önemli bulunmamıştır. Aynı şekilde toprakların silt kapsamları, pH değerleri, toplam ve aktif kireç kapsamları, organik madde, alınabilir fosfor, mangan, bakır ve çinko kapsamları ve KDK değerleri ile toplam demir kapsamları arasındaki ilişkilerin korelasyon katsayıları istatistiksel olarak önemli bulunmamıştır.

4.22. Toprakların Değişik Ekstraksiyon Yöntemleriyle Belirlenen Demir Kapsamları ile Bazı Toprak Özellikleri Arasındaki İlişkiler

Değişik ekstraksiyon yöntemleriyle belirlenen demir kapsamları ile bazı toprak özellikleri arasındaki ilişkiler Çizelge 33' de verilmiştir.

Toprakların kum, toplam kireç ve aktif kireç kapsamları ile 0.005 M DTPA + 0.01 M $CaCl_2$ + 0.1 M TEA (pH=7.3) çözeltisiyle ekstrakte edilebilir demir kapsamları arasında negatif ve istastistiksel olarak 0.01 seviyesinde önemli ilişkiler belirlenmiş, bu ilişkilerin korelasyon katsayıları sırasıyla r= -0.493**, r= -0.598** ve r= -0.517** bulunmuştur (Şekil 4.22.1). Toprakların pH değerleri ile 0.005 M DTPA + 0.01 M $CaCl_2$ + 0.1 M TEA (pH=7.3) çözeltisiyle ekstrakte edilebilir demir kapsamları arasında da negatif ilişki bulunmuş, fakat bu ilişkinin korelasyon katsayısı istatistiksel olarak önemli bulunmamıştır. Diğer bir ifadeyle, toprakların pH değerleri, kum, toplam ve aktif kireç kapsamları arttıkça 0.005 M DTPA + 0.01 M $CaCl_2$ + 0.1 M TEA (pH=7.3) çözeltisiyle ekstrakte edilebilir demir kapsamı azalmıştır (Şekil 4.22.2,4.22.3). Korkmaz ve Gülser (1995), toprakların pH değerleri, değişebilir Ca, toplam kireç ve aktif kireç kapsamları arttıkça DTPA ile ekstrakte edilebilir demir kapsamlarının azaldığını bildirmişlerdir.

Buna karşın toprakların organik madde, 0.005 M DTPA + 0.01 M $CaCl_2$ + 0.1 M TEA (pH=7.3) ile ekstrakte edilebilir mangan ve bakır kapsamları ile 0.005 M DTPA + 0.01 M $CaCl_2$ + 0.1 M TEA (pH=7.3) çözeltisiyle ekstrakte edilebilir demir kapsamları arasında pozitif ve istatistiksel olarak önemli ilişkiler belirlenmiş, bu ilişkilerin korelasyon katsayıları sırasıyla r= 0.406*, r= 0.578** ve r= 0.672** bulunmuştur (Şekil 4.22.4). Toprakların silt, kil, yarayışlı fosfor, çinko kapsamları ve KDK değerleri ile 0.005 M DTPA + 0.01 M $CaCl_2$ + 0.1 M TEA (pH=7.3) çözeltisiyle ekstrakte edilebilir demir kapsamları arasındaki ilişkilerin korelasyon katsayıları istatistiksel olarak önemli bulunmamıştır.

Çizelge 33.Değişik ekstraksiyon yöntemleri ile belirlenen demir kapsamları ve toprakların kloroza neden olma gücü indeks değerleri ile bazı toprak özellikleri arasındaki ilişkilerin korelasyon katsayıları (r)

Toprak özellikleri	Ekstraksiyon yöntemleri								Toprakların kloroza neden olma gücü indeksleri	
	0.005 M DTPA + 0.01 M $CaCl_2$ + 0.1 M TEA (pH:7.3)	1.0 M NH_4HCO_3 + 0.005 M DTPA (pH:7.6)	0.05 M EDTA (pH:7.0)	1.0 N NH_4OAc (pH:3.0)	1.0 N NH_4OAc (pH:4.8)	0.05 N HCl + 0.025 N H_2SO_4	0.2 N Amonyum okzalat + 0.2 M Okzalik asit (pH:3.0)	0.2 N Amonyum okzalat	İndeks-1	İndeks-2
Kum	- 0.493**	- 0.444*	- 0.279	- 0.245	0.170	0.000	- 0.302	- 0.333	0.045	0.170
Silt	0.276	0.412*	- 0.272	0.556**	0.400*	0.212	0.427*	0.055	- 0.472*	- 0.277
Kil	0.184	0.045	0.420*	- 0.219	- 0.473*	- 0.173	- 0.084	0.219	0.308	0.071
pH	- 0.311	- 0.089	- 0.197	0.210	0.100	- 0.367	- 0.219	- 0.389	0.205	0.235
Toplam Kireç	- 0.598**	- 0.385*	- 0.624**	0.032	0.000	0.000	- 0.442*	- 0.644**	0.683**	0.681**
Aktif Kireç	- 0.517**	- 0.390	- 0.580**	- 0.077	- 0.276	0.000	- 0.487**	- 0.525**	0.887**	0.729**
Organik Madde	0.406*	0.485**	0.288	0.184	- 0.170	- 0.000	0.281	0.145	- 0.200	- 0.241
Alınabilir Fosfor	- 0.063	- 0.228	0.032	- 0.345	- 0.315	0.297	- 0.245	0.141	0.612**	0.148
Alınabilir Mangan	0.578**	0.365	0.173	0.105	- 0.000	0.454*	0.281	0.510**	- 0.390*	- 0.379*
Alınabilir Bakır	0.672**	0.684**	0.390*	0.484**	0.134	0.084	0.608**	0.366	- 0.437*	- 0.352
Alınabilir Çinko	0.230	0.032	0.235	- 0.158	- 0.000	0.187	0.141	0.326	0.089	0.197
KDK	0.220	0.110	0.422*	- 0.170	- 0.458*	- 0.158	- 0.032	0.219	0.249	0.032

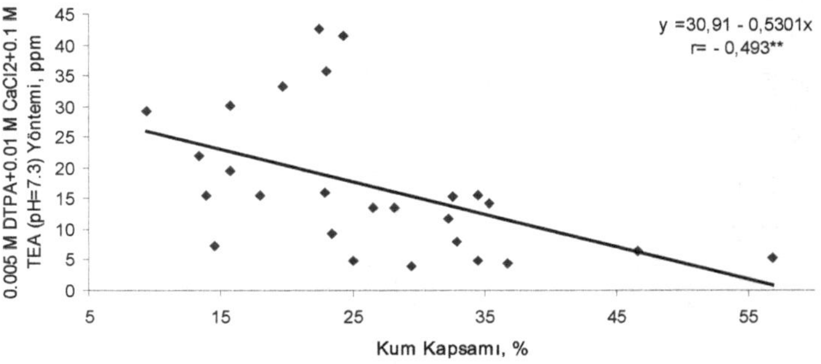

Şekil 4.22.1. Toprakların kum kapsamları ile 0.005 M DTPA + 0.01 M $CaCl_2$ + 0.1 M TEA (pH=7.3) yöntemi ile belirlenen demir kapsamları arasındaki ilişki

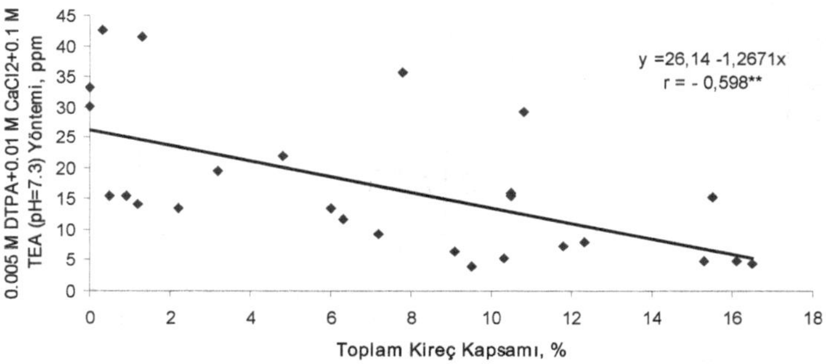

Şekil 4.22.2. Toprakların kireç kapsamı ile 0.005 M DTPA + 0.01 M $CaCl_2$ + 0.1 M TEA (pH=7.3) yöntemi ile belirlenen demir kapsamları arasındaki ilişki

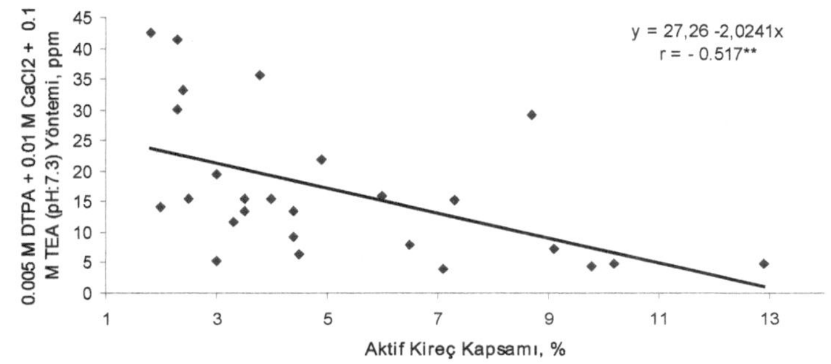

Şekil 4.22.3. Toprakların aktif demir kapsamları ile 0.005 M DTPA + 0.01 M $CaCl_2$ – 0.1 M TEA (pH=7.3) yöntemi ile belirlenen demir kapsamları arasındaki ilişki

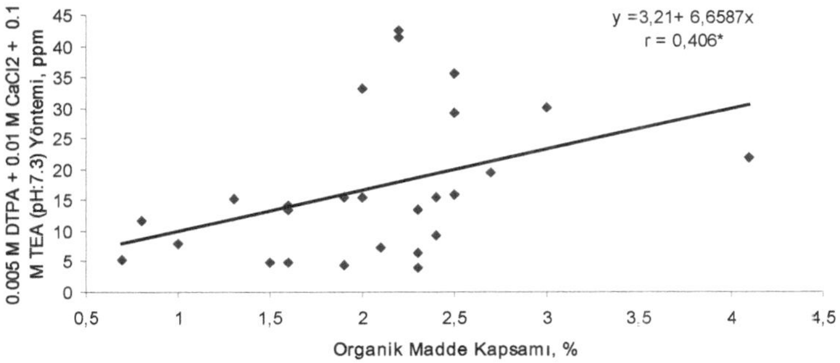

Şekil 4.22.4. Toprakların Organik Madde Kapsamları ile 0.005 M DTPA + 0.01 M $CaCl_2$ + 0.1 M TEA (pH=7.3) yöntemi ile belirlenen demir kapsamları arasındaki ilişki

Toprakların kum ve toplam kireç kapsamları ile 1.0 M NH_4HCO_3 + 0.005 M DTPA (pH=7.6) çözeltisiyle ekstrakte edilebilir demir kapsamları arasında negatif ve istastistiksel olarak önemli ilişkiler belirlenmiş, bu ilişkilerin korelasyon katsayıları sırasıyla r= -0.444* ve r= -0.385* bulunmuştur (Şekil 4.22.5, 4.22.6).

Toprakların aktif kireç kapsamları ile 1.0 M NH_4HCO_3 + 0.005 M DTPA (pH=7.6) çözeltisiyle ekstrakte edilebilir demir kapsamları arasında da negatif ilişki bulunmuş, fakat bu ilişkinin korelasyon katsayısı istatistiksel olarak önemli bulunmamıştır. Diğer bir ifadeyle, toprakların kum, toplam ve aktif kireç kapsamları arttıkça 1.0 M NH_4HCO_3 + 0.005 M DTPA (pH=7.6) çözeltisiyle ekstrakte edilebilir demir kapsamı azalmıştır (Şekil 4.22.7). Buna karşın toprakların silt, organik madde, 0.005 M DTPA + 0.01 M $CaCl_2$ + 0.1 M TEA (pH=7.3) ile ekstrakte edilebilir bakır kapsamları ile 1.0 M NH_4HCO_3 + 0.005 M DTPA (pH=7.6) çözeltisiyle ekstrakte edilebilir demir kapsamları arasında pozitif ve istatistiksel olarak önemli ilişkiler belirlenmiş, bu ilişkilerin korelasyon katsayıları sırasıyla r= 0.412*, r= 0.485** ve r= 0.684** bulunmuştur (Şekil 4.22.8). Toprakların pH değerleri, kil kapsamları, yarayışlı fosfor, mangan ve çinko kapsamları ve KDK değerleri 1.0 M NH_4HCO_3 + 0.005 M DTPA (pH=7.6) çözeltisiyle ekstrakte edilebilir demir kapsamları arasındaki ilişkilerin korelasyon katsayıları istatistiksel olarak önemli bulunmamıştır.

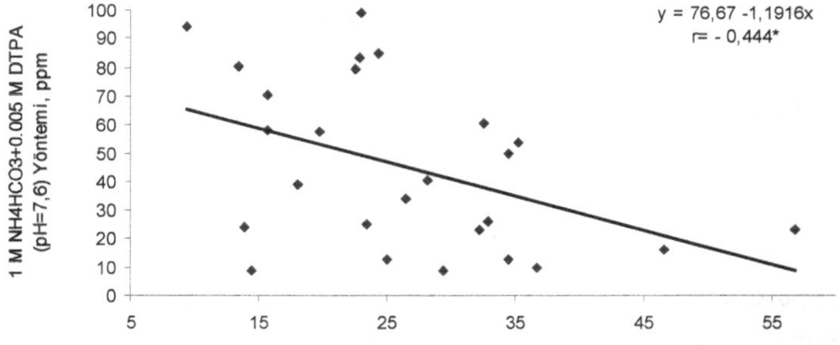

Şekil. 4.22.5. Toprakların kum kapsamları ile 1 M NH_4HCO_3 + 0.005 M DTPA (pH=7.6) yöntemi ile belirlenen demir kapsamları arasındaki ilişki

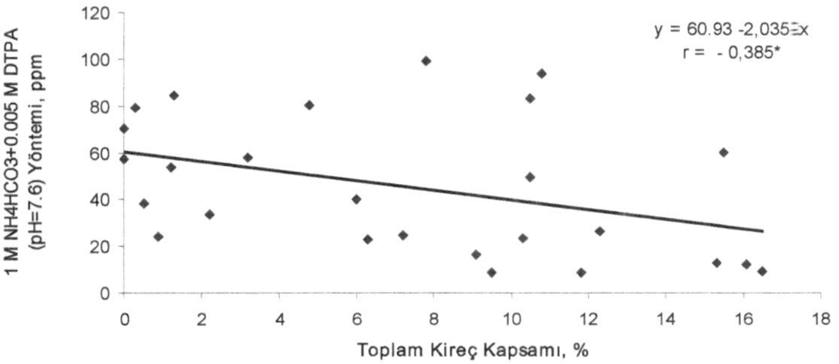

Şekil 4.22.6. Toprakların toplam kireç kapsamları ile 1 M NH_4HCO_3 + 0.005 M DTPA (pH=7.6) yöntemi ile belirlenen demir kapsamları arasındaki ilişki

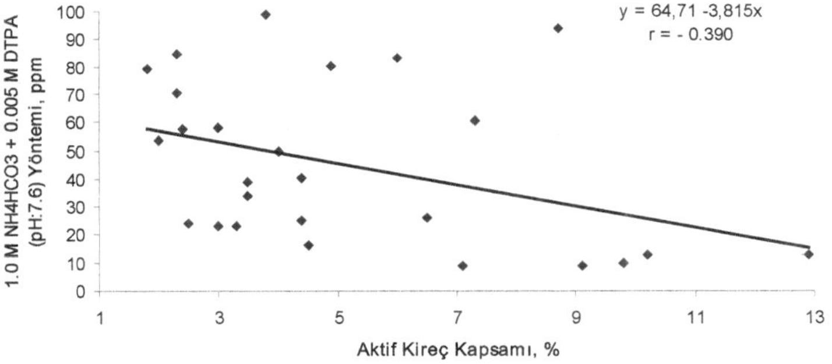

Şekil 4.22.7. Toprakların aktif kireç kapsamları ile 1 M NH_4HCO_3 + 0.005 M DTPA (pH=7.6) yöntemi ile belirlenen demir kapsamları arasındaki ilişki

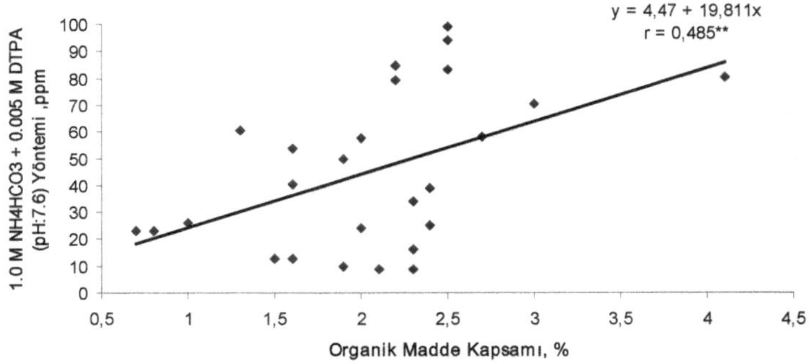

Şekil 4.22.8. Toprakların organik madde kapsamları ile 1 M NH_4HCO_3 + 0.005 M DTPA (pH=7.6) yöntemi ile belirlenen demir kapsamları arasındaki ilişki

Toprakların toplam ve aktif kireç kapsamları ile 0.05 M EDTA (pH=7.0) çözeltisiyle ekstrakte edilebilir demir kapsamları arasında negatif ve istastistiksel olarak önemli ilişkiler belirlenmiş, bu ilişkilerin korelasyon katsayıları sırasıyla r= -0.624** ve r= -0.580** bulunmuştur. Diğer bir ifadeyle, toprakların toplam ve aktif kireç kapsamları arttıkça 0.05 M EDTA (pH=7.0) çözeltisiyle ekstrakte edilebilir demir kapsamı azalmıştır. Buna karşın toprakların kil, alınabilir bakır ve KDK değerleri ile 0.05 M EDTA (pH=7.0) çözeltisiyle ekstrakte edilebilir demir kapsamları arasında pozitif ve istatistiksel olarak önemli ilişkiler belirlenmiş, bu ilişkilerin korelasyon katsayıları sırasıyla r= 0.420*, r= 0.390* ve r= 0.422* bulunmuştur. Toprakların kum, silt kapsamları, pH değerleri, organik madde kapsamları, yarayışlı fosfor, mangan ve çinko kapsamları 0.05 M EDTA (pH=7.0) çözeltisiyle ekstrakte edilebilir demir kapsamları arasındaki ilişkilerin korelasyon katsayıları istatistiksel olarak önemli bulunmamıştır.

Toprakların silt ve yarayışlı bakır kapsamları ile 1.0 N NH_4OAc (pH=3.0) çözeltisiyle ekstrakte edilebilir demir kapsamları arasında pozitif ve istatistiksel olarak önemli ilişkiler belirlenmiş, bu ilişkilerin korelasyon katsayıları sırasıyla r= 0.556** ve r= 0.484** bulunmuştur. Toprakların kum, kil kapsamları, pH değerleri, toplam ve aktif kireç kapsamları, organik madde kapsamları, yarayışlı fosfor, mangan ve çinko kapsamları ve KDK değerleri ile 1.0 N NH_4OAc (pH=3.0) çözeltisiyle ekstrakte edilebilir demir kapsamları arasındaki ilişkilerin korelasyon katsayıları istatistiksel olarak önemli bulunmamıştır.

Toprakların silt kapsamları ile 1.0 N NH_4OAc (pH=4.8) çözeltisiyle ekstrakte edilebilir demir kapsamları arasında pozitif ve istatistiksel olarak önemli ilişki belirlenmiş, bu ilişkinin korelasyon katsayısı r= 0.400* bulunmuştur. Toprakların kil kapsamları ve KDK değerleri ile 1.0 N NH_4OAc (pH=4.8) çözeltisiyle ekstrakte edilebilir demir kapsamları arasında diğer yöntemlerden farklı olarak negatif ve istatistiksel olarak önemli ilişkiler belirlenmiş, bu ilişkilerin korelasyon katsayıları sırasıyla r= -0.473* ve r= -0.485* bulunmuştur. Diğer bir ifadeyle, toprakların kil ve KDK değerleri arttıkça, 1.0 N NH_4OAc (pH=4.8) çözeltisiyle ekstrakte edilebilir demir kapsamları artmıştır. Toprakların kum kapsamları, pH değerleri toplam ve aktif kireç kapsamları, organik madde kapsamları, yarayışlı fosfor, mangan, bakır ve çinko kapsamları ile 1.0 N NH_4OAc (pH=4.8) çözeltisiyle ekstrakte edilebilir demir kapsamları arasındaki ilişkilerin korelasyon katsayıları istatistiksel olarak önemli bulunmamıştır.

Toprakların kum, silt, kil kapsamları, pH değerleri, toplam ve aktif kireç kapsamları, organik madde, yarayışlı fosfor, bakır, çinko kapsamları ve KDK değerleri ile 0.05 N HCl + 0.025 N H_2SO_4 çözeltisiyle ekstrakte edilebilir demir kapsamları arasındaki ilişkilerin korelasyon katsayıları istatistiksel olarak önemli bulunmamıştır. Fakat toprakların yarayışlı mangan kapsamları ile 0.05 N HCl + 0.025 N H_2SO_4 çözeltisiyle ekstrakte edilebilir demir kapsamları arasında pozitif ve istatistiksel olarak önemli ilişki belirlenmiş, bu ilişkinin korelasyon katsayısı r= 0.454* bulunmuştur.

Toprakların toplam ve aktif kireç kapsamları ile 0.2 N Amonyum okzalat + 0.2 M Okzalik asit (pH=3.0) çözeltisiyle ekstrakte edilebilir demir kapsamları arasında negatif ve istatistiksel olarak önemli ilişkiler belirlenmiş, bu ilişkilerin korelasyon katsayıları sırasıyla r= -0.442* ve r= -0.487** bulunmuştur. Diğer bir ifadeyle, toprakların toplam ve aktif kireç kapsamları arttıkça 0.2 N Amonyum okzalat + 0.2

M Okzalik asit (p=:3.0) çözeltisiyle ekstrakte edilebilir demir kapsamları azalma göstermiştir. Toprakların kum kapsamları ile 0.2 N Amonyum okzalat + 0.2 M Okzalik asit (pH=3.0) çözeltisiyle ekstrakte edilebilir demir kapsamları arasında da negatif ilişki belirlenmiş, fakat bu ilişkinin korelasyon katsayısı önemli bulunmamıştır. Toprakların silt kapsamları ve yarayışlı bakır kapsamları ile 0.2 N Amonyum okzalat + 0.2 M Okzalik asit (pH=3.0) çözeltisiyle ekstrakte edilebilir demir kapsamları arasında pozitif ve istatistiksel olarak önemli ilişkiler saptanmış, bu ilişkilerin korelasyon katsayıları sırasıyla r= 0.427* ve r= 0.608** bulunmuştur. Toprakların kil, organik madde, yarayışlı fosfor, mangan, çinko kapsamları, pH ve KDK değerleri ile 0.2 N Amonyum okzalat + 0.2 M Okzalik asit (pH=3.0) çözeltisiyle ekstrakte edilebilir demir kapsamları arasındaki ilişkilerin korelasyon katsayıları önemli bulunmamıştır.

Toprakların toplam ve aktif kireç kapsamları ile 0.2 N Amonyum okzalat çözeltisiyle ekstrakte edilebilir demir kapsamları arasında negatif ve istatistiksel olarak önemli ilişkiler belirlenmiş, bu ilişkilerin korelasyon katsayıları sırasıyla r= –0.644** ve r= -0.525** bulunmuştur. Diğer bir ifadeyle, benzer olarak toprakların toplam ve aktif kireç kapsamları arttıkca 0.2 N Amonyum okzalat çözeltisiyle ekstrakte edilebilir demir kapsamları azalma göstermiştir. Aynı şekilde toprakların kum kapsamları ve pH değerleri ile 0.2 N Amonyum okzalat çözeltisiyle ekstrakte edilebilir demir kapsamları arasında negatif ilişkiler belirlenmiş, fakat bu ilişkilerin korelasyon katsayıları istatistiksel olarak önemli bulunmamıştır. Toprakların yarayışlı mangan kapsamları ile 0.2 N Amonyum okzalat çözeltisiyle ekstrakte edilebilir demir kapsamları arasında ise pozitif ve istatistiksel olarak önemli ilişki belirlenmiş, bu ilişkinin korelasyon katsayısı r= 0.510** bulunmuştur. Toprakların silt, kil, organik madde, yarayışlı fosfor, bakır, çinko kapsamları ve KDK değerleri ile 0.2 N Amonyum okzalat çözeltisiyle ekstrakte edilebilir demir kapsamları arasında ilişkilerin korelasyon katsayıları istatistiksel olarak önemli bulunmamıştır.

4.23.Toprakların Kloroza Neden Olma Gücü İndeks Değerleri ile Bazı Toprak Özelikleri arasındaki İlişkiler

Toprakların kloroza neden olma gücü indeks değerleri ile bazı toprak özelikleri arasındaki ilişkiler Çizelge 33' de verilmiştir.

Çizelge 33' ün incelenmesinden de anlaşılacağı üzere, toprakların toplam ve aktif kireç ve yarayışlı fosfor kapsamları ile toprakların kloroza neden olma gücü indeks-1 değerleri arasında pozitif ve istatistiksel olarak önemli ilişkiler belirlenmiş, bu ilişkilerin korelasyon katsayıları sırasıyla r= 0.683**, r= 0.887** ve r= 0.612** bulunmuştur (Şekil 4.23.1, 4.23.2). Diğer bir ifadeyle, toprakların toplam ve aktif kireç kapsamları ve yarayışlı fosfor kapsamları arttıkça, toprakların kloroza neden olma gücü indeks -1 değerleri artış göstermiştir. Benzer şekilde toprakların kil kapsamları ile indeks -1 değerleri arasında da pozitif ilişki belirlenmiş, fakat bu ilişkinin korelasyon katsayısı istatistiksel olarak önemli bulunmamıştır. Buna karşın, toprakların silt ve yarayışlı mangan ve bakır kapsamları ile toprakların kloroza neden olma gücü indeks-1 değerleri arasında negatif ve istatistiksel olarak önemli ilişkiler belirlenmiş ve bu ilişkilerin korelasyon katsayıları sırasıyla r= -0.472*, r= -.0.390* ve r= -0.437** bulunmuştur. Toprakların kum kapsamları, pH değerleri, organik madde, yarayışlı çinko ve KDK değerleri ile toprakların kloroza neden olma gücü indeks-1 değerleri arasındaki ilişkilerin korelasyon katsayıları istatistiksel olarak önemli bulunmamıştır.

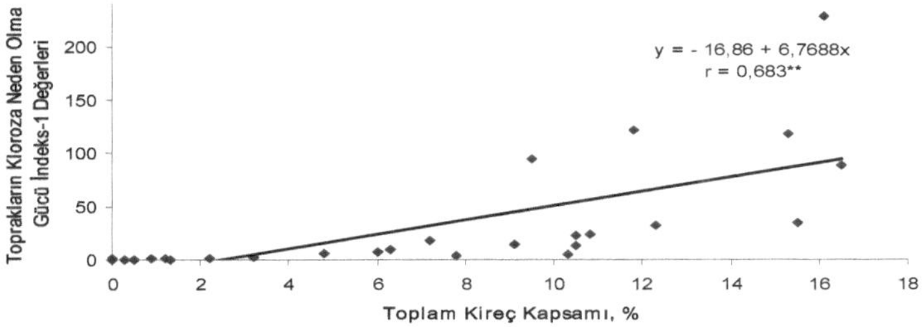

Şekil 4.23.1. Toprakların toplam kireç kapsamları ile kloroza neden olma gücü indeks-1 değerleri arasındaki ilişki

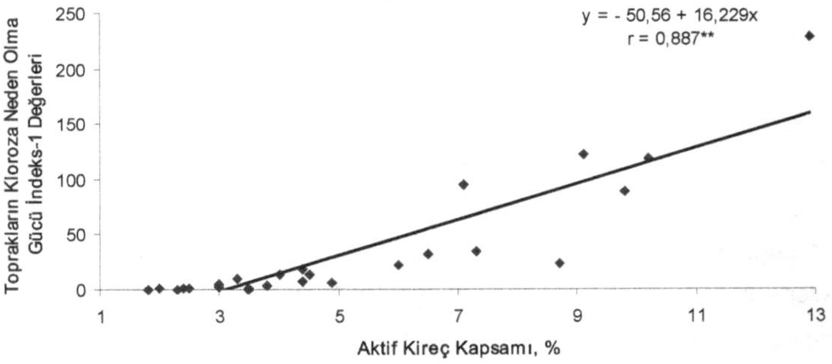

Şekil 4.23.2. Toprakların aktif kireç kapsamları ile kloroza neden olma gücü indeks-1 değerleri arasındaki ilişki

Toprakların toplam ve aktif kireç kapsamları ile toprakların kloroza neden olma gücü indeks-2 değerleri arasında pozitif ve istatistiksel olarak önemli ilişkiler saptanmış, bu ilişkilerin korelasyon katsayıları sırasıyla r= 0.681** ve r= 0.729** bulunmuştur (Şekil 4.23.3, 4.23.4). Buna göre toprakların toplam ve aktif kireç kapsamları arttıkça, toprakların demir klorozuna neden olma gücünü belirleyen indeks-2 değerleri artış göstermiştir. Toprakların yarayışlı mangan kapsamları ile kloroza neden olma gücünü belirleyen indeks-2 değerleri arasında, indeks-1 değerleri ile ilişkisine benzer şekilde, negatif ve istatistiksel olarak önemli ilişki belirlenmiş ve bu ilişkinin korelasyon katsayısı r= -0.379* bulunmuştur.

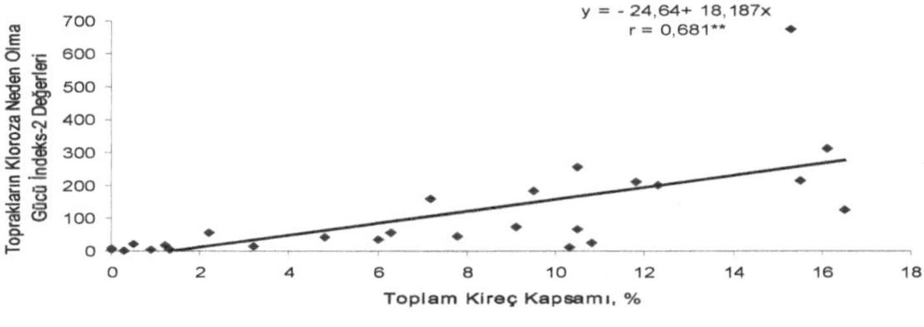

Şekil 4.23.3. Toprakların toplam kireç kapsamları ile kloroza neden olma gücü indeks-2 değerleri arasındaki ilişki

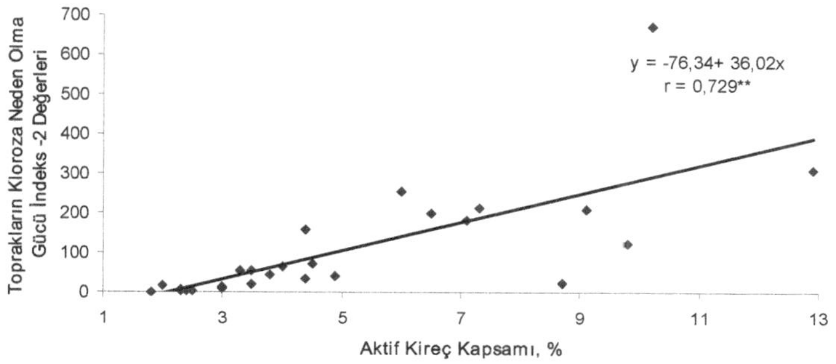

Şekil 4.23.4. Toprakların aktif kireç kapsamları ile kloroza neden olma gücü indeks-2 değerleri arasındaki ilişki

Toprakların pH değerleri, kum, silt ve kil, organik madde, yarayışlı fosfor, bakır ve çinko kapsamları ve KDK değerleri ile indeks-2 değerleri arasındaki ilişkilerin korelasyon katsayıları istatistiksel olarak önemli bulunmamıştır.

4.24. Toprakların Demir Fraksiyon Kapsamlarının Tanık Topraklarda Yetiştirilen Bitkilerden Elde Edilen Bazı Biyolojik İndeksler Üzerindeki Etkilerine İlişkin Çoklu Regresyon Denklemleri

Toprakların demir fraksiyon kapsamlarının, tanık topraklarda yetiştirilen bitkinin kuru madde miktarına, bitkide toplam demir kapsamına, bitkiyle kaldırılan toplam demir miktarına, bitkide aktif demir kapsamına ve bitkiyle kaldırılan aktif demir miktarına etkilerine ilişkin çoklu regresyon denklemleri ve belirtme katsayıları Çizelge 34' de verilmiştir.

Çizelge 34' ün incelenmesinde de anlaşılacağı üzere deneme topraklarında belirlenen demir fraksiyonları ile tanık topraklarda yetiştirilen bitkinin kuru madde miktarları arasındaki çoklu regresyon denklemine ilişkin belirtme katsayısı R^2= 483* olup, istatistiksel olarak % 5 düzeyinde önemli bulunmuştur. Bu, deneme topraklarında belirlenen 6 ayrı fraksiyonun ürün miktarını belirleyici önemli değişkenler olduklarını göstermektedir.

Çizelge 34. Biyolojik indekslerin demir fraksiyonları ile çoklu ilişkilerin denklemleri ve bu ilişkilerin belirtme katsayıları (R^2)

Biyolojik indeksler Y	Toprakta demir fraksiyonları	Belirtme kaysayısı (R^2)
Kuru madde (Feo)	$Y= 7.37 - 0.27\ x_1 - 3.05\ x_2 + 0.048\ x_3 - 0.00036\ x_4 + 0.00014\ x_5 + 0.00006\ x_6$	0.483*
Nisbi ürün % (Feo)	$Y= 63.3+13.2\ x_1 -2.1x_2+0.33\ x_3+ 0.0024\ x_4+0.001\ x_5-0.0012\ x_6$	0.227
Bitkide toplam demir kapsamı (Feo)	$Y= 57+213\ x_1-285\ x_2+3.05\ x_3+0.071\ x_4-0.047\ x_5+0.037\ x_6$	0.621**
Bitkiyle kaldırılan toplam demir miktarı (Feo)	$Y= 1615+1010\ x_1-3334\ x_2+45.0\ x_3+0.27\ x_4-0.22\ x_5+0.24\ x_6$	0.671**
Bitkide aktif demir kapsamı (Feo)	$Y= -19.1+18.3\ x_1-47.6\ x_2+0.34\ x_3+0.0014\ x_4+0.0054\ x_5+0.0005\ x_6$	0.456*
Bitkiyle kaldırılan aktif demir miktarı (Feo)	$Y= -7+102\ x_1-463\ x_2+4.38\ x_3+0.0042\ x_4+0.0349\ x_5+0.0050\ x_6$	0.545**

* 0.05 seviyesinde önemli

** 0.01 seviyesinde önemli

x_1: Değişebilir demir, x_2: Organik bağlı demir, x_3: Mangan oksitlere bağlı demir, x_4: Amorf demir oksitlere bağlı demir x_5: Kristal demir oksitlere bağlı demir; x_6: Artık demir

Elde edilen denklemdeki katsayılar dikkate alınarak, değişebilir demir, organik bağlı demir ve amorf demir oksitlere bağlı demir fraksiyonlarının 1 ppm artması ürün miktarını sırasıyla 0.27 gr, 3.05 gr ve 0.0004 gr azaltmasına karşılık mangan oksitlere bağlı demir, kristal demir oksitlere bağlı demir ve artık demir fraksiyonlarının 1 ppm artması üründe sırasıyla 0.048 gr, 0.0001 gr ve 0.00006 gr artışa neden olduğu anlamına gelmektedir. Diğer denklemlerdeki değişkenlere ilişkin katsayılar dikkate alınarak aynı şekilde toprakların demir fraksiyonlarının diğer biyolojik indeksler üzerindeki etkileri açıklanabilir.

Çizelge 34' den de görüleceği gibi elde edilen çoklu regresyon denklemlerinin belirtme katsayılarına göre 6 ayrı fraksiyonun, tanık toprakların nispi ürün değerlerini belirleyici önemli değişkenler olmadıkları, buna karşın 6 ayrı demir fraksiyonunun tanık topraklarda yetiştirilen bitkinin toplam demir kapsamını, aktif demir kapsamını, toplam demir alımını ve aktif demir alımını belirleyici önemli değişkenler oldukları saptanmıştır.

4.25. Toprakların Demir Fraksiyon Kapsamlarının Farklı Kimyasal Çözeltilerle Ekstrakte Edilen Demir Kapsamlarına Etkilerine İlişkin Çoklu Regresyon Denklemleri

Toprakların demir fraksiyon kapsamlarının farklı kimyasal çözeltilerle ekstrakte edilen demir kapsamları üzerindeki etkilerine ilişkin çoklu regresyon denklemleri ve belirtme katsayıları Çizelge 35' de verilmiştir.

Çizelge 35' in incelenmesinde de anlaşılacağı üzere deneme topraklarında belirlenen demir fraksiyon kapsamları ile toprakların 0.005 M DTPA + 0.01 M $CaCl_2$ + 0.1 M TEA (pH=7.3) çözeltisiyle ekstrakte edilebilir demir kapsamları arasındaki çoklu regresyon denklemine ilişkin belirtme katsayısı R^2= 0.694** olup, istatistiksel olarak % 1 düzeyinde önemli bulunmuştur. Bu, deneme topraklarında belirlenen 6 ayrı fraksiyonun toprakların 0.005 M DTPA + 0.01 M $CaCl_2$ + 0.1 M TEA (pH=7.3) çözeltisiyle ekstrakte edilebilir demir kapsamlarını belirleyici önemli değişkenler olduklarını göstermektedir. Elde edilen denklemdeki katsayılar dikkate alınarak, değişebilir demir, amorf demir oksitlere bağlı demir, mangan oksitlere bağlı demir ve artık demir fraksiyonlarının 1 ppm artması toprakların 0.005 M DTPA + 0.01 M $CaCl_2$ + 0.1 M TEA (pH=7.3) çözeltisiyle ekstrakte edilebilir demir kapsamını sırasıyla 3.87 ppm, 0.26 ppm, 0.0033 ppm ve 0.00077 ppm artırmasına karşılık, organik bağlı demir ve kristal demir oksitlere bağlı demir fraksiyonlarının 1 ppm artması, toprakların 0.005 M DTPA + 0.01 M $CaCl_2$ + 0.1 M TEA (pH=7.3) çözeltisiyle ekstrakte edilebilir demir kapsamının sırasıyla 12.4 ppm ve 0.00002 ppm azalmasına neden olduğu anlamına gelmektedir. Diğer denklemlerdeki değişkenlere ilişkin katsayılar dikkate alınarak aynı şekilde toprakların demir fraksiyonlarının diğer yöntemlerle belirlenen ekstrakte edilebilir demir kapsamları üzerindeki etkileri açıklanabilir.

Çizelge 35' den de görüleceği gibi elde edilen çoklu regresyon denklemlerinin belirtme katsayılarına göre 6 ayrı fraksiyonun 1.0 M NH_4HCO_3 + 0.005 M DTPA (pH=7.6) ve 1.0 N NH_4OAc (pH=3.0) ile ekstrakte edilebilir demir kapsamlarını belirleyici önemli değişkenler olmadıkları, buna karşın 6 ayrı demir fraksiyonunun 0.05 M EDTA (pH=7.0), 0.2 N Amonyum okzalat + 0.2 M Okzalik asit (pH=3.0), 0.2 N Amonyum okzalat ile ekstrakte edilebilir demir kapsamlarını belirleyici önemli değişkenler oldukları saptanmıştır.

Çizelge 35. Deneme topraklarında farklı kimyasal yöntemlerle ekstrakte edilebilir demir kapsamlarıyla toprakların demir fraksiyonları arasındaki çoklu ilişkilerin denklemleri ve bu ilişkilerin belirtme katsayıları (R^2)

Kimyasal yöntem Y	Toprakta demir fraksiyonları	Belirtme Katsayısı (R^2)
0.005 M DTPA + 0.01 M $CaCl_2$ + 0.1 M TEA (pH:7.3) yöntemi	$Y= -3.8+3.87 x_1-12.4 x_2+0.26 x_3+0.0033 x_4-0.00002 x_5+0.00077 x_6$	0.694**
1 M NH_4HCO_3 + 0.005 M DTPA (pH: 7.6) yöntemi	$Y= -27.3+22.7 x_1+7.9 x_2+0.26 x_3+0.0042 x_4-0.0014 x_5+0.0018 x_6$	0.367
0.05 M EDTA (pH:7.0) yöntemi	$Y= -220+57.6 x_1-142 x_2+2.76 x_3+0.0294 x_4-0.0156 x_5+0.0317 x_6$	0.755**
1.0 N NH_4oAc (pH:3.0) yöntemi	$Y= 19-22.8 x_1+163 x_2+0.404 x_3+0.0474 x_4-0.0017 x_5-0.0130 x_6$	0.359
0.2 M Amonyum Okzalat+0.2 M Okzalik Asit yöntemi	$Y= 959+577 x_1+294 x_2+12.3 x_3+0.684 x_4-0.224 x_5+0.447 x_6$	0.605**
0.2 N Amonyum Okzalat yöntemi	$Y= -35.7+7.1 x_1+7.1x_2+0.60 x_3+0.0037 x_4+0.0012 x_5+0.0016 x_6$	0.728**

* :0.05 seviyesinde önemli
** :0.01 seviyesinde önemli
x_1: Değişebilir Demir, x_2: Organik Bağlı Demir, x_3: Mn –Oks. Bağlı Demir, x_4: Amorf Demir Oks Bağlı Demir , x_5: Kristal Demir Oks. Bağlı Demir; x_6: Artık Demir

4.26. Tanık Topraklarda Yetiştirilen Bitkilerin Toplam Demir Kapsamı, Toplam Demir Alımı, Aktif Demir Kapsamı ve Aktif Demir Alımı ile Toprakların Demir Fraksiyon Toplamları Arasındaki İlişkiler

Toprakların demir fraksiyonlarının ikili, üçlü, dörtlü, beşli ve altılı toplamlarının, tanık topraklarda yetiştirilen bitkilerin toplam demir kapsamları, toplam demir alımları, aktif demir kapsamları ve aktif demir alımları ile ilişkilerini gösteren korelasyon katsayıları Çizelge 36' da verilmiştir. Çizelge 36' dan da görüleceği üzere, tanık topraklarda yetiştirilen bitkilerin toplam demir kapsamları ile demir fraksiyonlarının altılı toplamları (toplam demir) arasındaki ilişkinin korelasyon katsayısı r= 0.400* bulunmuş ve istatistiksel olarak önemli olduğu saptanmıştır. Diğer bir ifadeyle toprakların toplam demir kapsamları arttıkça, tanık topraklarda yetiştirilen bitkilerin toplam demir kapsamları önemli derecede artmıştır. Aynı şekilde tanık topraklarda yetiştirilen bitkiyle kaldırılan toplam demir miktarları ile toprakların değişebilir, organik bağlı ve mangan oksitlere bağlı demir fraksiyon toplamları arasındaki ilişkinin korelasyon katsayısı r= 0.643** bulunmuş ve istatistiksel olarak önemli olduğu saptanmıştır. Diğer bir ifadeyle toprakların değişebilir, organik bağlı ve mangan oksitlere bağlı demir fraksiyon toplamları arttıkça tanık topraklarda yetiştirilen bitkiyle kaldırılan demir miktarı artış göstermiştir. Ayrıca tanık topraklarda yetiştirilen bitkiyle kaldırılan aktif demir miktarı ile toprakların değişebilir, organik bağlı ve mangan oksitlere bağlı demir fraksiyon toplamları arasındaki ilişkinin korelasyon katsayısı r= 0.540** bulunmuştur. Diğer bir ifadeyle toprakların değişebilir, organik bağlı ve mangan oksitlere bağlı demir fraksiyon toplamları arttıkça tanık topraklarda yetiştirilen bitkiyle kaldırılan aktif demir miktarı artış göstermiştir.

Tanık topraklarda yetiştirilen bitkilerin toplam demir kapsamları, toplam demir alımları, aktif demir kapsamları ve aktif demir alımları toprakların değişebilir + organik bağlı demir fraksiyon toplamlarına, değişebilir + organik bağlı + mangan oksitlere bağlı + amorf demir oksitlere bağlı demir fraksiyon toplamlarına ve değişebilir + organik bağlı + mangan oksitlere bağlı + amorf demir oksitlere bağlı + kristal demir oksitlere bağlı demir fraksiyon toplamlarına bağlı bulunmamıştır.

Çizelge 36. Bitkide toplam ve aktif demir kapsam ve alımlarına ilişkin bazı biyolojik indeksler ile toprakların demir fraksiyon toplamları arasındaki ilişkilerin korelasyon katsayıları (r)

Biyolojik İndeksler	Demir fraksiyon toplamları				
	x_1+x_2	$x_1+x_2+x_3$	$x_1+x_2+x_3+x_4$	$x_1+x_2+x_3+x_4+x_5$	$x_1+x_2+x_3+x_4+x_5+x_6$ (toplam Fe)
Bitkide Toplam Demir Kapsamı (Feo)	0.318	0.361	0.315	0.032	0.400*
Bitkiyle Kaldırılan Toplam Demir Miktarı (Feo)	0.235	0.643**	0.063	0.126	0.272
Bitkide Aktif Demir Kapsamı (Feo)	0.164	0.319	0.045	0.130	0.105
Bitkiyle Kaldırılan Aktif Demir Miktarı (Feo)	0.110	0.540**	-0.077	0.000	0.071

*: $p < 0.05$ seviyesinde önemli , **: $p < 0.01$ seviyesinde önemli
x_1: Değişebilir demir, x_2: Organik bağlı demir, x_3: Mn –oks. bağlı demir, x_4: Amorf demir oks. bağlı demir x_5: Kristal demir oks. bağlı demir; x_6: Artık demir

4.27. Toprakların Değişik Yöntemlerle Ekstrakte Edilen Demir Kapsamları ile Demir Fraksiyon Toplamları Arasındaki İlişkiler

Toprakların değişik yöntemlerle ekstrakte edilen demir kapsamları ile demir fraksiyonlarının ikili, üçlü, dörtlü, beşli ve altılı toplamları arasındaki ilişkiler Çizelge 37' de verilmiştir. Çizelge 37' den de görüleceği üzere, toprakların 0.005 M DTPA + 0.01 M $CaCl_2$ + 0.1 M TEA (pH=7.3), 1.0 M NH_4HCO_3 + 0.005 M DTPA (pH=7.6), 0.05 M EDTA (pH=7.0) ve 0.2 N Amonyum okzalat yöntemleri ile ekstrakte edilebilir demir kapsamları ile toprakların demir fraksiyonlarının üçlü toplamları (değişebilir + organik bağlı + mangan oksitlere bağlı demir fraksiyon toplamları) arasındaki ilişkilerin korelasyon katsayıları sırasıyla r= 0.655**, r= 0.392*, r= 0591** ve r= 0.794** bulunmuştur. Korelasyon katsayıları dikkate alınarak toprakların değişebilir + organik bağlı + mangan oksitlere bağlı demir fraksiyon toplamları arttıkça, yukarıda belirtilen yöntemlerle ekstrakte edilebilir demir kapsamları artış göstermiştir. Toprakların değişebilir + organik bağlı demir fraksiyon toplamları sadece 1.0 M NH_4HCO_3 + 0.005 M DTPA (pH=7.6) ile ekstrakte edilebilir demir kapsamlarıyla yüksek ilişkili bulunmuş, diğer yöntemlerle belirlenen demir kapsamlarıyla yüksek ilişkili bulunmamıştır.

Çizelge 37. Farklı kimyasal yöntemlerle ekstrakte edilebilir demir kapsamları ile toprakların demir fraksiyon toplamları arasındaki ilişkilerin korelasyon katsayıları (r)

Kimyasal yöntemler	Demir fraksiyon toplamları				
	x_1+x_2	$x_1+x_2+x_3$	$x_1+x_2+x_3+x_4$	$x_1+x_2+x_3+x_4+x_5$	$x_1+x_2+x_3+x_4+x_5+x_6$ (toplam Fe)
0.005 M DTPA + 0.01 M $CaCl_2$ + 0.1 M TEA (pH:7.3) yöntemi	0.219	0.655**	0.313	0.167	0.394*
1 M NH_4HCO_3 + 0.005 M DTPA (pH: 7.6	0.434*	0.392*	0.184	0.032	0.298
0.05 M EDTA (pH:7)	0.200	0.591**	0.219	0.000	0.497**
0.2 M Amonyum Okzalat+0.2 M Okzalik Asit	0.247	0.230	0.632**	0.351	0.432*
0.2 N Amonyum Okzalat	0.311	0.794**	0.110	0.055	0.351

*:$p < 0.05$ seviyesinde önemli ,
** :$p < 0.01$ seviyesinde önemli
x_1: Değişebilir demir, x_2: Organik bağlı demir, x_3: Mn –oks. bağlı demir, x_4: Amorf demir oks. bağlı demir x_5: Kristal Demir Oks. Bağlı Demir; x_6: Artık Demir

Toprakların değişebilir + organik bağlı + mangan oksitlere bağlı + amorf demir oksitlere bağlı demir fraksiyon toplamları sadece 0.2 N Amonyum okzalat + 0.2 M Okzalik asit (pH=3.0) ile ekstrakte edilebilir demir kapsamlarıyla yüksek ilişkili bulunmuş, diğer yöntemlerle belirlenen demir kapsamlarıyla yüksek ilişkili bulunmamıştır.

Toprakların değişebilir + organik bağlı + mangan oksitlere bağlı + amorf demir oksitlere bağlı + kristal demir oksitlere bağlı demir fraksiyon toplamları ele alınan yöntemlerin hiçbirisiyle yüksek ilişkili bulunmamıştır. Buna rağmen toprakların demir fraksiyonlarının altılı toplamları (değişebilir + organik bağlı − mangan oksitlere bağlı + amorf demir oksitlere bağlı + kristal demir oksitlere bağlı + artık demir) ile toprakların 0.005 M DTPA + 0.01 M $CaCl_2$ + 0.1 M TEA (pH=7.3), 0.05 M EDTA (pH=7.0) ve 0.2 N Amonyum okzalat + 0.2 M Okzalik asit (pH=3.0) çözeltileriyle ekstrakte edilebilir demir kapsamları arasındaki ilişkilerin korelasyon katsayıları sırasıyla r= 0.400*, r= 0.497** ve r= 0.432* bulunmuştur. Diğer bir ifadeyle toprakların toplam demir kapsamları (değişebilir + organik bağlı + mangan oksitlere bağlı + amorf demir oksitlere bağlı + kristal demir oksitlere bağlı + artık demir toplamları) arttıkça toprakların 0.005 M DTPA + 0.01 M $CaCl_2$ + 0.1 M TEA (pH=7.3), 0.05 M EDTA (pH=7.0) ve 0.2 N Amonyum okzalat + 0.2 M Okzalik asit (pH=3.0) çözeltileriyle ekstrakte edilebilir demir kapsamları artış göstermiştir. Buna karşın toprakların 1.0 M NH_4HCO_3 + 0.005 M DTPA (pH=7.6) ve 0.2 N Amonyum okzalat ile ekstrakte edilebilir demir kapsamları toprakların toplam demir kapsamlarıyla (değişebilir + organik bağlı + mangan oksitlere bağlı + amorf demir oksitlere bağlı + kristal demir oksitlere bağlı demir + artık demir fraksiyon toplamı) ilişkili bulunmamıştır.

4.28. Toprakların Değişik Yöntemlerle Ekstrakte Edilen Demir Kapsamları ile Toprakların Bazı Özellikleri Arasındaki Çoklu İlişkiler

Toprakların değişik yöntemlerle ekstrakte edilen demir kapsamları ile toprakların bazı özellikleri arasındaki çoklu ilişkilerin denklemleri ve belirtme katsayıları Çizelge 38' de verilmiştir.

Çizelge 38' deki çoklu ilişkilere ait denklemlerin belirtme katsayılarının yüksek ve istatistiksel olarak önemli olmaları deneme topraklarında pH değerleri, kum, silt, kil, toplam kireç, aktif kireç, alınabilir fosfor, organik madde kapsamları ve indeks-1 değerlerinin toprakların 0.005 M DTPA + 0.01 M $CaCl_2$ + 0.1 M TEA (pH=7.3) çözeltisiyle ekstrakte edilebilir demir kapsamlarını belirleyici önemli değişkenler olduklarını göstermektedir. Elde edilen denklemlerin belirtme katsayıları dikkate alındığında toprakların kum kapsamlarının ve pH değerlerinin 0.005 M DTPA + 0.01 M $CaCl_2$ + 0.1 M TEA (pH=7.3) çözeltisiyle ekstrakte edilebilir demir kapsamlarını belirleyici önemli değişkenler oldukları saptanmış, denklemlerin katsayıları dikkate alındığında kum kapsamının ve pH değerlerinin 1 birim artması halinde toprakların 0.005 M DTPA + 0.01 M $CaCl_2$ + 0.1 M TEA (pH=7.3) çözeltisiyle ekstrakte edilebilir demir kapsamlarının sırasıyla 0.47 ppm ve 4.22 ppm azalacağı tespit edilmiştir.

Çizelge 38.Deneme topraklarında farklı kimyasal yöntemlerle ekstrakte edilebilir demir kapsamlarıyla toprakların bazı fiziksel ve kimyasal özellikleri arasındaki çoklu ilişkilerin denklemleri ve belirtme katsayıları (R^2)

Kimyasal yöntemler	Denklemler	Belirtme katsayıları (R^2)
0.005 M DTPA + 0.01 M $CaCl_2$ + 0.1 M TEA (pH=7.3)	Y=58.8 - 0.47 kum - 4.11 pH	0.274*
	Y=16.8 + 0.25 silt – 1.21 toplam kireç	0.404**
	Y=24.2 + 0.047 kil -1.24 toplam kireç	0.362**
	Y=18.9 + 0.27 kil – 2.30 aktif kireç	0.361**
	Y=27.6 – 0.22 pH – 1.26 toplam kireç	0.359**
	Y=50.7 – 3.42 pH – 1.82 aktif kireç	0.288*
	Y=26.4 – 1.27 toplam kireç - 0.01alınabilir fosfor	0.359**
	Y=33.0 – 0.33 kum – 1.02 toplam kireç	0.438**
	Y=40.8 – 0.52 kum – 1.99 aktif kireç	0.501**
	Y=29.0 – 0.33 kum + 0.60 pH – 1.04 toplam kireç	0.438**
	Y=33.6 – 0.10 indeks-$_1$ + 0.08 silt	0.261**
	Y=9.51 – 0.13 indeks-$_1$ + 0.32 kil	0.384**
	Y=54.4 – 0.10 indeks-$_1$ – 4.79 pH	0.303**
	Y=25.5 – 0.04 indeks-$_1$ – toplam kireç	0.377**
	Y=24.8 – 0.05 indeks-$_1$ – 1.23 aktif kireç	0.279**
	Y=9.29 – 0.10 indeks-$_1$ + 5.21 organik madde	0.354**
	Y=17.9 – 1.60 indeks-$_1$ + 0.17 alınabilir fosfor	0.354**
1.0 M NH_4HCO_3 + 0.005 M DTPA (pH=7.6)	Y=83.8 – 0.27 indeks-$_1$ – 1.13 kum	0.456**
	Y=29.7 – 0.23 indeks-$_1$ + 0.63 silt	0.320*
	Y=37.8 – 0.32 indeks-$_1$ + 0.48 kil	0.327*
	Y=47.2 – 0.29 indeks-$_1$ + 1.02 pH	0.281*
	Y=19.9 – 0.23 indeks-$_1$ + 1.61 organik madde	0.399**
0.05 M EDTA (pH=7.0)	Y=- 110.0 – 2.10 indeks-$_1$ + 9.12 kil	0.432**
	Y=346.0 + 0.58 indeks-$_1$ – 28.5 toplam kireç	0.407**
	Y=353.0 – 0.78 kum – 24.0 toplam kireç	0.397**
	Y=-113.0 – 1.13 kum + 69.5 pH – 27.1 toplam kireç	0.417**
	Y=292.0 – 0.04 kum – 23.6 toplam kireç + 19.0 organik madde	0.399**
0.2 N Amonyum okzalat+0.2 M Okzalik asit (pH=3.0)	Y=4803.0 – 15.7 indeks-$_1$ – 37.2 kum	0.432**
	Y=5575.0 – 39.7 kum – 238.0 aktif kireç	0.323*
0.2 N Amonyum okzalat	Y=64.0 + 0.03 indeks-$_1$ – 3.48 toplam kireç	0.417**
	Y=36.8 – 0.40 indeks-$_1$ + 0.66 alınabilir fosfor	0.407**
	Y=56.6 + 0.17 kil -3.16 toplam kireç	0.421**
	Y=42.3 + 0.71 kil – 5.63 aktif kireç	0.394**
	Y=101.0 – 0.64 kum – 3.24 toplam kireç – 9.96 organik madde	0.458**

*: $p < 0.05$ seviyesinde önemli
**: $p < 0.01$ seviyesinde önemli

Aynı şekilde toprakların kum ve aktif kireç kapsamlarının da 0.005 M DTPA + 0.01 M $CaCl_2$ + 0.1 M TEA (pH=7.3) çözeltisiyle ekstrakte edilebilir demir kapsamlarını belirleyici önemli değişkenler oldukları saptanmış, denklemlerin katsayıları dikkate alındığında kum ve aktif kireç kapsamları 1 birim arttığında toprakların 0.005 M DTPA + 0.01 M $CaCl_2$ + 0.1 M TEA (pH=7.3) çözeltisiyle ekstrakte edilebilir demir kapsamlarının sırasıyla 0.52 ppm ve 1.99 ppm azalacağı tespit edilmiştir.

Diğer denklemlerin belirtme katsayıları ve denklemlerdeki değişkenlere ilişkin katsayılar dikkate alınarak, aynı şekilde toprakların bazı özelliklerinin diğer yöntemlerle belirlenen ekstrakte edilebilir demir kapsamları üzerindeki etkileri açıklanabilir.

5. SONUÇ VE ÖNERİLER

Kullanılan demir ekstraksiyon yöntemleri ve topraklarda belirlenen demir kapsam aralıkları aşağıda verilmiştir: 1. Lindsay ve Norvell (3.9 – 42.5 ppm Fe), 2. 1.0 M NH_4HCO_3 + 0.005 M DTPA (8.9 – 84.5 ppm Fe), 3. 0.05 M EDTA (23.8 – 794.4 ppm Fe), 4. 1.0 N NH_4OAc (29.2 – 554.2 ppm Fe), 5.1.0 N NH_4OAc (1.8 – 71.8 ppm Fe), 6. 0.05 N HCl+ 0.025 N H_2SO_4 (0.53- 1.36 pm Fe), 7. 0.2 N Amonyum okzalat + 0.2 M Okzalik asit (900 – 6700 ppm Fe) , 8. 0.2 N Amonyum okzalat (12.3 – 114.8 ppm Fe).

Ayrıca toprakların demir fraksiyonları belirlenmiş, bu fraksiyonlar kapsam yönünden R-Fe > CFeOX-Fe > AFeOX-Fe > MnOX-Fe > EX-Fe > OM-Fe şeklinde sıralanmıştır.

Toprakların toplam demir kapsamları 20000 ppm ile 34000 ppm arasında değişmiştir. Toprakların ilk 3 demir formu (değişebilir demir, organik bağlı demir ve mangan oksitlere bağlı demir) toplam demirin önemli sayılmayacak kadar çok küçük bir fraksiyonunu temsil etmektedir. Toprakların amorf demir oksitlere, kristal demir oksitlere bağlı demir formları ile artık demir formu toplam demirin önemli bir kısmını teşkil etmiştir.

Demirli gübreleme sonucu üründe % 20 ve üzerinde artış sağlanan toprakların demir yönünden noksan oldukları düşünülmektedir. Çarşamba' dan alınan toprakların % 40' ı, Bafra' dan alınan toprakların % 22.2' si, Suluova' dan alınan toprakların % 85.7' si demir yönünden yetersiz bulunmuş ve demirli gübrelemeye gereksinimleri oldukları tespit edilmiştir.

Yeterlilik ya da nispi ürün değerleri % 80' in altında olan topraklar demir noksanlığı yönünden riskli bulunmuştur (Singh ve Karwasra, 1987). Buna göre Çarşamba – Çınarcık, Çarşamba – Hürriyet, Çarşamba – Bafraçalı, Bafra-Şeyhören, Bafra – Kalaycılı, Suluova – Saluca, Suluova – Uzunoba, Suluova – Yüzbey, Soluova – Kurnaz, Suluova – Eraslan, Suluova – Hacıbayram topraklarında demir noksanlık riskinin daha yüksek olduğu söylenebilir.

Toprak gruplarına ilişkin kireç kapsamı, pH değeri ve kloroza neden olma gücü indeks-1 değeri arttığında demir uygulamasıyla kuru maddede tanığa oranla sağlanan ortalama değişimin pozitif yönde artış gösterdiği tespit edilmiştir

Ayrıca DTPA ile ekstrakte edlebilir demir kapsamı 6 ppm' den daha düşük olan toprakların % 60' ında, 6 – 9 ppm arası demir kapsayan toprakların ise % 100' ünde, 9 ppm' in üzerinde demir içeren toprakların % 33.4' ünde demirli gübreleme sonucu kuru maddede kontrole göre % 20 ve üzerinde artış sağlanmıştır.

Biyolojik indeksler arasında toprakların demir durumunu veya demirli gübreye ihtiyacının olup olmadığını gösteren indeksler ile (*demirli gübre uygulamasıyla kuru madde miktarında ve nispi üründe tanığa oranla sağlanan ortalama % değişim değerleri ve kontrol toprakların nispi ürün değerleri*) yüksek ilişki veren 0.005 M DTPA + 0.01 M $CaCl_2$ + 0.1 M TEA (pH=7.3) (sırasıyla r= -0.491**, -0.476**, 0.519**), 1.0 M NH_4HCO_3 + 0.005 M DTPA (pH=7.6) (sırasıyla r= -0.424*, -0.435*, 0.519**) ve 0.2 N Amonyum Okzalat (sırasıyla r= -0.523**, -0.432*, 0.421*) yöntemleri, toprakların demir durumunun belirlenmesinde uygun bulunmuştur. Ayrıca yukarıda belirtilen biyolojik indekslerle ilişkilerinin yüksek bulunması sebebiyle, toprakların kloroza neden olma gücü indeks-1 ve 2 değerlerinin ve mangan oksitlere bağlı demir fraksiyonunun toprakların demir durumunun belirlenmesinde uygun yöntemler oldukları tespit edilmiştir.

Toprakta bulunması gerekli bitkiye yarayışlı demirin kritik seviyesinin 0.005 M DTPA + 0.01 M $CaCl_2$ + 0.1 M TEA (pH=7.3) yöntemi için 7.5 ppm olması gerektiği de ortaya konulmuştur.

Demirli gübreleme sonucu üründe % 20 ve üzerinde artış sağlanan ve demir yönünden noksan oldukları düşünülen topraklarda demir uygulanmaksızın (tanık) yetiştirilen bitkilerin demir kapsamları 161.5 ppm - 1519.3 ppm arasında bulunmuştur. Bu topraklarda demirli gübreleme ile kuru maddede önemli artışlar sağlandığı halde, yetiştirilen tanık bitkilerin toplam demir kapsamları belirtilen kritik demir kapsamından çok yüksektir (> 50 ppm Fe). Bu sonuç toplam demir kapsamının bitkilerde veya topraklarda demir noksanlığının tespitinde iyi bir ölçüt olamayacağını göstermektedir. Elde edilen sonuçlar, bunu destekler yöndedir. Zira demirli gübre uygulamasıyla kuru madde miktarında tanığa oranla sağlanan ortalama % değişim değerleri ile kontrol topraklarda yetiştirilen bitkilerin toplam demir kapsamları arasındaki ilişkinin korelasyon katsayısı (r= -0.113) düşük ve önemsiz bulunmuştur. Aynı şekilde kontrol topraklarda yetiştirilen bitkilerin aktif demir kapsamları, bu topraklara demirli gübre uygulamasıyla kuru madde miktarında tanığa oranla sağlanan ortalama % değişim değerleri ile önemli ve yüksek ilişkili bulunmamıştır. Buna karşın kontrol topraklarda yetiştirilen bitkilerin kuru madde kapsamları ile kontrol topraklarda yetiştirilen bitkilerin aktif demir kapsamları arasındaki ilişkinin korelasyon katsayısı (r= 0.381*) pozitif ve istatistiksel olarak önemli bulunmuştur. Bu sonuç kontrol topraklarda yetiştirilen bitkilerin aktif demir kapsamları arttıkça, kuru madde miktarlarının arttığını ifade etmektedir. Fakat kontrol topraklarda yetiştirilen bitkilerin kuru madde miktarları bitkilerin toplam demir kapsamları ile ilişkili bulunmamıştır.

Bununla birlikte bitkilerin aktif ve toplam demir kapsamlarıyla ilişkilerini gösteren korelasyon katsayıları dikkate alındığında 0.05 M EDTA (pH=7.0) (sırasıyla r=0.396*, r=0.720**) yönteminin toprakların alınabilir demir kapsamlarının ve bitkilerin demir beslenme durumlarının belirlenmesinde uygun olacağı tespit edilmiştir.

Bitkinin toplam demir alımında demirli gübreleme sonucu tanığa oranla değişik seviyelerde artışlar sağlanmış, bu artışlar bakımından topraklar Suluova-Kurnaz > Çarşamba- Hürriyet > Çarşamba – Çınarcık> Suluova-Saluca > Bafra - Kalaycılı > Çarşamba – Karabahçe > Suluova – Hacıbayram > Bafra – Şeyhören > Çarşamba – Hürriyet Çarşamba – Muşçalı 1 şeklinde sıralanmıştır.

Bitkinin aktif demir kapsamında demirli gübreleme sonucu tanığa oranla değişik seviyelerde artışlar sağlanmış, bu artışlar bakımından topraklar Suluova – Saluca > Bafra – Şeyhören > Suluova – Uzunoba > Çarşamba - Hürriyet > Bafra – Doğanca 2 > Bafra - Fenerköyü > Çarşamba – Y.Donurlu > Çarşamba – Ahubaba > Suluova – Hacıbayram > Suluova – Yüzbey > Çarşamba – Karabahçe > Bafra – Koşuköyü > Çarşamba – Bafraçalı > Bafra – Doğanca 1> Suluova – Saygılı >

Çarşamba – Muşçalı 1 > Bafra- Sahilkent > Bafra – Kalaycılı > Bafra – Sarıkaya > Çarşamba – Muşçalı 2 şeklinde sıralanmıştır

Tanık topraklarda yetiştirilen bitkilerin toplam demir kapsamları ve kaldırdıkları demir miktarları arttıkça bu bitkilerin aktif demir kapsamları artmıştır.

Bitkinin aktif demir alımında demirli gübreleme sonucu tanığa oranla değişik seviyelerde artışlar sağlanmış, bu artışlar bakımından topraklar Suluova- Saluca > Bafra – Şeyhören > Çarşamba – Hürriyet> Suluova-Uzunoba > Suluova-Yüzbey > Bafra-Fenerköyü> Çarşamba-Y.Donurlu> Çarşamba – Ahubaba> Suluova-Hacıbayram> Bafra – Doğanca 2> Çarşamba – Bafraçalı> Bafra – Sahilkent > Suluova – Saygılı > Bafra – Kalaycılı > Çarşamba – Karabahçe > Çarşamba – Muşçalı 1 > Suluova – Eraslan > Bafra – Doğanca 1> Bafra- Adaköyü > Bafra – Koşuköyü > Çarşamba – Muşçalı 2 > Bafra – Sarıkaya şeklinde sıralanmıştır.

Toprakların 0.005 M DTPA + 0.01 M $CaCl_2$ + 0.1 M TEA (pH=7.3) ekstrakt çözeltisiyle ekstrakte edilen demir kapsamları 3.9 ppm ile 42.5 ppm arasında bulunmuş, toplam demirin % 0.02 - 0.16' sını teşkil etmiştir. Lindsay ve Norvell yöntemi için Boer ve Reisenauer (1973), tarafından kritik düzey olarak verilen sınır değerine göre (6 ppm) Suluova –Saluca, Suluova-Uzunoba, Suluova-Kurnaz, Suluova-Saygılı ve Bafra-Fenerköyü toprakları noksan düzeyde demir kapsamaktadır. Loué (1986), tarafından bildirildiği üzere CdF Chimie – Azote et Fertilisants' a göre toprakların DTPA ile ekstrakte edilebilir demir kapsamları değerlendirildiğinde 10 ppm' den az demir kapsayan Suluova-Saluca, Suluova-Uzunoba, Suluova-Yüzbey, Suluova-Kurnaz, Suluova-Saygılı, Suluova-Eraslan, Suluova-Hacıbayram, Bafra-Kalaycılı ve Bafra-Fenerköyü topraklarında yüksek demir noksanlığı riski vardır. Buna ilave olarak 10 - 20 ppm arası DTPA ile ekstrakte edilebilir demir kapsayan Çarşamba-Çınarcık, Çarşamba-Karabahçe, Çarşamba-Hürriyet, Çarşamba-Ahubaba, Çarşamba-Kurtahmetli, Çarşamba-Bafraçalı, Çarşamba-Y.Donurlu, Bafra-Koşuköyü, Bafra-Şeyhören ve Bafra-Adaköyü topraklarında çok düşük de olsa demir noksanlığı riski vardır.

Toprakların demir durumunu toprak analizleriyle ortaya koymak amacıyla 0.005 M DTPA + 0.01 M $CaCl_2$ + 0.1 M TEA (pH=7.3) yöntemi için yapılan değerlendirmeleri sera şartlarında elde edilen sonuçlar destekler mahiyettedir.

Toprakların 1.0 M NH_4HCO_3 + 0.005 M DTPA (pH=7.6) yöntemi ile ekstrakte edilen demir kapsamları 8.9 ppm (Suluova-Saygılı) – 84.5 ppm (Çarşamba-Ovacık) arasında bulunmuştur. Bu yöntem için Havlin ve Soltanpour (1981), tarafından bildirilen sınır değerine göre (4.8 ppm) deneme topraklarında herhangi bir noksanlık bulunmamaktadır. Buna rağmen bu yöntemle ekstrakte edilebilir demir kapsamı belirlenen kritik değerden yüksek olan 1, 3, 4, 5, 6, 7, 8, 9, 10, 11, 12, 13, 14, 15, 17, 18, 20, 21, 22, 23 ve 26 numaralı topraklarda yetiştirilen fasulye bitkisi demirli gübrelemeye (Fe-EDDHA şeklinde) olumlu cevap vermiştir.

Toprakların mangan oksitlere bağlı demir kapsamları ve toplam demir kapsamları ile 0.005 M DTPA + 0.01 M $CaCl_2$ + 0.1 M TEA (pH=7.3) yöntemiyle ekstrakte edilen demir kapsamları aralarında pozitif ve istatistiksel olarak önemli ilişkiler saptanmış, ayrıca toprakların demir klorozuna neden olma gücünü belirleyen indeks-1 ve indeks-2 değerleri ile 0.005 M DTPA + 0.01 M $CaCl_2$ + 0.1 M TEA (pH=7.3) yöntemiyle ekstrakte edilen demir kapsamları aralarında negatif ve istatistiksel olarak önemli ilişkiler belirlenmiştir.

Demirli gübrenin etkisiyle fasulye bitkisinin kuru madde miktarında ve nispi ürün değerlerinde tanığa oranla sağlanan ortalama % değişim değerleri ile toprakların kloroza neden olma gücü indeksleri ve toprakların toplam kireç ve aktif kireç kapsamları arasında istatistiksel olarak önemli pozitif korelasyonlar saptanmıştır.

Tanık toprakların nispi ürün değerleri ile toprakların kloroza neden olma gücünü belirleyen indeks – 1 değerleri ve toprakların toplam kireç ve aktif kireç kapsamları arasında istatistiksel bakımdan önemli negatif korelasyonlar bulunmuştur.

Deneme topraklarında demirli gübre uygulamadan (kontrol) yetiştirilen bitkilerin toplam demir alımları ile toprakların 0.005 M DTPA + 0.01 M $CaCl_2$ + 0.1 M TEA (pH=7.3), 1.0 M NH_4HCO_3 + 0.005 M DTPA (pH=7.6), 0.05 M EDTA (pH=7.0), 0.2

N Amonyum okzalat + 0.2 M Okzalik asit (pH=3.0) ve 0.2 N amonyum okzalat ile ekstrakte edilebilir demir kapsamları, mangan oksitlere bağlı demir ve artık demir kapsamları arasındaki ilişkilerin korelasyon katsayıları pozitif ve önemli bulunmuştur.

Deneme topraklarında demirli gübre uygulamadan (kontrol) yetiştirilen bitkilerin toplam demir alımlarının toprakların toplam kireç kapsamlarına ve kil içeriklerine de bağlı olduğu saptanmış, elde edilen sonuçlara göre toprakların toplam kireç kapsamları arttıkça yetiştirilen bitkinin toplam demir alımları azalmış, buna karşın toprakların kil kapsamları arttıkça yetiştirilen bitkinin toplam demir alımları artış göstermiştir.

0.005 M DTPA + 0.01 M $CaCl_2$ + 0.1 M TEA (pH=7.3) yönteminin kalibrasyonunda toprakların 0.005 M DTPA + 0.01 M $CaCl_2$ + 0.1 M TEA (pH=7.3) yöntemiyle ekstrakte edilebilir demir kapsamları (x_1) ve uygulanan demir dozları (x_2) ile elde edilen nispi ürün miktarları (y) arasındaki ilişkiyi ortaya koyan parabolik çoklu regresyon denkleminden yararlanılmıştır. Minitab paket programından yararlanılarak elde edilen denklem $Y= 67.7+1.84 X_1 + 7.49 X_2 - 0.02 X_1^2 - 0.53 X_2^2 - 0.15 X_1.X_2$ bulunmuştur. Bu denklemle belirtilen ilişkinin belirtme katsayısı, 0.01 seviyesinde önemli olup, $R^2= 0.230^{**}$ saptanmıştır.

Bulunan denklem kullanılarak demirli gübre uygulamadan toprakların 0.005 M DTPA + 0.01 M $CaCl_2$ + 0.1 M TEA (pH=7.3) yöntemiyle ekstrakte edilebilir demir kapsamlarına bağlı olarak nispi ürün değerleri (% yeterlilik) hesaplanmıştır. Demirli gübre uygulamadan en yüksek ürünün % 80' nini alabilmek için toprakta bulunması gerekli 0.005 M DTPA + 0.01 M $CaCl_2$ + 0.1 M TEA (pH=7.3) yöntemiyle ekstrakte edilebilir demir kapsamının 7.5 ppm olması gerektiği ortaya konulmuştur.

1.0 M NH_4HCO_3 + 0.005 M DTPA (pH=7.6) yönteminin kalibrasyonunda toprakların 1.0 M NH_4HCO_3 + 0.005 M DTPA (pH=7.6) yöntemiyle ekstrakte edilebilir demir kapsamları (x_1) ve uygulanan demir dozları (x_2) ile elde edilen nispi ürün miktarları (y) arasındaki ilişkiyi ortaya koyan parabolik çoklu regresyon denkleminden yararlanılmıştır. Minitap paket programından yararlanılarak elde edilen denklem $Y= 69.50+0.57 X_1+7.60 X_2 + 0.002 X_1^2 - 0.53 X_2^2 - 0.06 X_1.X_2$

bulunmuştur. Bu denklemle belirtilen ilişkinin belirtme katsayısı, 0.01 seviyesince önemli olup, R^2= 0.233** saptanmıştır.

Bulunan denklem kullanılarak demirli gübre uygulamaksızın toprakların 1.0 M NH_4HCO_3 + 0.005 M DTPA (pH=7.6) yöntemiyle ekstrakte edilebilir demir kapsamlarına bağlı olarak nispi ürün değerleri (% yeterlilik) hesaplanmıştır. Demirli gübre uygulamaksızın en yüksek ürünün % 80' nini alabilmek için toprakta bulunması gerekli 1.0 M NH_4HCO_3 + 0.005 M DTPA (pH=7.6) yöntemiyle ekstrakte edilebilir demir kapsamının 20 ppm olması gerektiği ortaya konulmuştur.

Toprakların kum, toplam kireç ve aktif kireç kapsamları ile 0.005 M DTPA + 0.01 M $CaCl_2$ + 0.1 M TEA (pH=7.3) çözeltisiyle ekstrakte edilebilir demir kapsamları arasında negatif ve istastistiksel olarak 0.01 seviyesinde önemli ilişkiler belirlenmiş, bu ilişkilerin korelasyon katsayıları sırasıyla r= - 0.493**, r= - 0.599** ve r= - 0.517** bulunmuştur.

Toprakların kum ve toplam kireç kapsamları ile 1.0 M NH_4HCO_3 + 0.005 M DTPA (pH=7.6) çözeltisiyle ekstrakte edilebilir demir kapsamları arasında negatif ve istastistiksel olarak önemli ilişkiler belirlenmiş, bu ilişkilerin korelasyon katsayıları sırasıyla r= - 0.444* ve r= - 0.416* bulunmuştur.

Toprakların toplam ve aktif kireç kapsamları ve yarayışlı fosfor kapsamları arttıkça toprakların kloroza neden olma gücü indeks -1 değerleri artış göstermiştir.

Toprakların toplam ve aktif kireç kapsamları arttıkça, toprakların demir klorozuna neden olma gücünü belirleyen indeks-2 değerleri artış göstermiştir.

6. KAYNAKLAR

Abadia, A., Sanz, M., de las Rivas, J. and Abadia, J., 1989. Photosynthetic Pigments and Mineral Composition of Iron Deficient Pear Leaves. J. Plant Nutri.12: 827 – 838.

Akalan, İ., 1958. Edirne Toprakları Üzerinde Bir Araştırma. A.Ü. Ziraat Fakültesi Yayınları : 134, Çalışmalar: 83.

Akkan, E., 1970. Bafra Burnu-Dicle Kavşağı Arasında Kızılırmak Vadisinin Jeomorfolojisi. Ankara Üniversitesi Dil Tarih-Coğrafya Fakültesi Yayınları: 191, Ankara.

Aksoy, T., 1977. Nevşehir Bölgesinde Yetiştirilen Patateslerin Beslenme Problemleri. TÜBİTAK VI. Bilim Kongresi Tarım ve Ormancılık Araştırma Grubu Tebliğleri.

Aktaş, M., 1982. Tokat ve Amasya İllerinde Elma yetiştirilen Toprakların Demir Durumu Ve Bu Topraklarda Elverişli Demir Miktarının Belirlenmesinde Kullanılacak Yöntemler Üzerinde Bir Araştırma. A.Ü. Ziraat Fak. Yayınları: 851. Bilimsel Araştırma ve Incelemeler : 510. Ankara.

Aktaş, M. and Van Egmond, F., 1979. Effect of Nitrate Nutrition on Iron Utilization by an Fe-Efficient and an Fe-Inefficient Soybean Cultivar. Plant and Soil 51:257 – 274.

Aktaş, M. ve Hatipoğlu, F., 1984. Demir Uygulamasının Mısır Bitkisinde Gelişmeyle Demir, Fosfor, Çinko, Mangan ve Bakır Alımları Üzerine Etkisi. Doğa. Cilt 8, Sayı 1:1-8.

Ambler, J. E., Brown, J. C. and Gauch, H. G., 1970. Effect of Zinc on Translocation of Iron in Soybean Plants. Plant Physiol. 46, 320 – 323.

Anderson, A., 1975. Relative Efficiency of Nine Different Soil Extractants. Swedish J. Agric. Res. 5,125-135.

Anonymous, 2007. Le fer et l'Aluminium. http://www.univ-ubs.fr/ecologie/fer.html.

Antep, S., 1983. Antalya Turinçgil Bölgesi Topraklarının Demir Durumu ve Bu Topraklarda Alınabilir Demir Miktarının Belirlenmesinde Kullanılacak Yöntemler. T.A.E.K., A.N.A.E.M. Nükleer Tarım Bölümü, 5-84. Bilimsel Araştırma ve İncelemeler 25.

Aydemir, O., 1981. Bitkiye Yarayışlı Toprak Demirinin Belirlenmesinde Değişik Kimyasal Sömürme Yöntemlerinin Karşılıştırılması. Doğa Bilim Dergsi Vet. Hay. / Tarım Orm. 5: 213-219.

Aydeniz, A., 1973. Toprağın Fosfor İhtiyacının Tayininde Kullanılacak Yeni Bir Biyolojik Metod. A. Ü. Ziraat Fak. Yayınları: 517, Bilimsel Araştırma ve İncelemeler: 299. A.Ü. Zir. Fak. Ofset Basımevi.

Ayed, I.A., 1970. A Study of the Mobilization of Iron in Tomato Roots by Chelate Treatments. Plant Soil 32, 18-26.

Barak, P. and Chen, Y., 1983. The Effect of Potassium Fertilization on Iron Deficiency. Commun. Soil Sci. Plant Anal. 14.(10), 945-950.

Başar, H., 1997. Bitkilerde Demir Klorozu ve Giderilme Yöntemleri. U.Ü Ziraat Fakültesi Toprak Bölümü, Bursa.

Başar, H., 2000. Bursa Yöresi Şeftali Ağaçlarında Görülen Sarılığa Etkili Etmenler Üzerine Bir Araştırma. Turkish Journal of Agric. For. 24; 237-245.

Başar, H., 2002. Yapraktan Uygulanan Değişik Bileşiklerin Soya Fasulyesinin Demirle Beslenmesine Etkisi. Ulud. Üniv. Zir. Fak. Derg. 16:15-27.

Başar, H., 2005. Methods for Estimating Soil Iron Availability to Cholorotic Peach Trees. Commun. Soil Science and plant anlalysis. 36: 1187-1198.

Bauer, P. ve Bereczky, Z., 2003. Gene Networks Involved in Iron Acquisition Strategies in Plants. Agronomie 23: 447 – 454.

Bayraklı, F. ve Özdemir, O., 1988a. Bafra Ovası Topraklarının Genel Fiziksel ve Kimyasal Özellikleri. Bafra Ovası Tarım Sempozyumu, 11-12Ocak 1988, s.51-57.

Bayraklı, F. ve Özdemir, O., 1988b. Bafra Ovası Topraklarının Toprak Verimliliği ve Gübrelemeye ve İlişkin Sorunları. Bafra Ovası Sempozyumu, 11-12 Ocak 1988, s.59-77.

Beebe, S., Gonzales, A.V. and Rengifo, J., 2000. Research on Trace Minerals in the Common Bean. Food and Nutrition Bulletin 21: 387-391.

Benitez, M.L., Pedrajas, V.M., del Campillo, M.C. and Torrent, J., 2002. Iron Cholorosis in Olive in Relation to Soil Properties. Nutrient Cyling in Agroecosystems. Vol., 62, (1), 47-52.

Bergmann, W., 1968. Dei Beddeutung der Mikronaehrstoffe in der Landwirtschaft. Deutsche Akedemie der Landwirtschaftswissenschaften zu Berlin. DDR.

Bergmann, W., 1988. Ernahrungsstörungen bei Kulturpflanzen. Gustav Fischer Verlag Stutgart, New York.

Boer, G.J. and Reisenauar, H.M., 1973. DTPA as an Exractant of Available Soil Iron, Comn. İn soil Science and Plant Analysis, 4(2):121-128.

Bolle-Jones, E.W., 1955. The Interrelationships of Iron and Potassium in the Potato Plant. Plant and Soil, 6,129-173.

Bouyoucos, G.J., 1951. A Recalibration of the Hydrometer Method for Making Mechanical Analysis of Soils. Argon. J.43:434-438.

Boxma, R., 1972. Bicarbonate as the Most Important Soil Factor in Lime İnduced Cholorosis in the Netherlands. Plant and Soil 37.233-243.

Bremner, J.M., 1965. Methods of soil analysis. Part II. Chemical and Microbiological properties. Ed. A.C.A. Black Amer. Soc. of Argon. Inc. Pub. Agron Series No:9 Madison USA.

Bradley, G.A. and Smittle, D., 1965. Media pH and Extractable Fe, Al, and Mn in Relation to Growth of Ericaceous Plants. Proc. Amer. Soc. Hort. Sci. 87, 486-493.

Brown, J.C., 1961. Iron Cholorosis in Plants. Adv. İn Argon. 13, 329-369.

Breteler, H., 1973., A Comparison Between Ammonium and Nitrate Nutrition of Young Sugarbeet Plants Grown in Nutritient Solution at Constant Acidity. 1. Production of Dry Matter, İonic Balance and Chemical Composition. Neth. J. Agric. Sci. 21:227 – 244.

Brown, J. C,. 1978. Mechanism of Iron Uptake by Plants. Plant, Cell and Environment, 249 – 257.

Brown, J.C. and Tiffin, L.O., 1960. Iron Cholorosis in Soybeans as Related to the Genoytpe of Root-Stalk. II. A Relationship Between Susceptibility to Cholorosis and Capacity to Absorb Iron from Iron Chelate. Soil Sci. 89, 8-15.

Brown, J. C., Holmes, R. S. and Tiffin, L. O., 1961. Iron Cholorosis in Soybean as Related to the Genotype of Rootstock. III. Chlorosis susceptibility and Reductive Capacity at the Root. Soil Sci. 91, 127 -132.

Brown, J. C., Ambler, J. E. Chaney, R. L. and Foy, C.D., 1972. Differential Responses of Plant Genotypes to Micronutrients. In "Micronutrients in Agriculture". Soil Sci. Soc. of America. Madison, USA 16, 389 – 418.

Brown, J.C. and Olsen, R.A., 1980. Factors Related to Iron Uptake by Dicotyledonous and Monocotyledonous Plants III. Competition Between Root and External Factors for Fe..J. plant Nutr. 2: 661-682.

Chapman, H.D. and Pratt, P.F., 1961. Methods of Analysis for Soils and Waters. University of California, Division of Agricultural Sciences.

Chaney, R. L., Brown, J. C. and Tiffin, L. O., 1972. Obligatory Reduction of Ferric Chelates in Iron Uptake by Soybeans. Plant Physiol. 50, 208 – 213.

Champagnol, F., 1984. Troubles de la Nutrition Minerales de la Vigne. In "Elements de Physiologie de la Vigne et de Viticulture Generale". Chap. III, 174-198.

Chao, T.T. and Zhou, L., 1983. Extraction Techiniques for Selective Dissolution of Amorphous Iron Oxides from Soils and Sediments. Soil Sci. Soc. Amer. J. 47:225-232.

Chen, Y. and Barak, P., 1982. Iron Nurtition of Plants in Calcerous Soils. Adv. In Argon. 35, 217-240.

Chen, Z.S., 2005. Iron Deficiency of Crops. National Taiwan University.

Clarkson, D. T. and Sanderson, J., 1978. Sites of Absorpsion and Translocation of Iron in Barley Roots. Tracer and Microautoradiographic studies. Plant Physiol. 61, 731- 736.

Cox, F.R. and Kamprath, E.J., 1972. Micronutrient Soil Tests. In "Micronutrients in Agriculture". Soil Sci. Soc. of America, Madison, OSA 13, 289-317.

Crowley, D., Römheld, V., Marschner, H. and Szaniszlo, P. J., 1992. Root-Microbial Effects on Plant Iron Uptake from Siderophores and Phytosiderophores. Plant and Soil 142: 1- 7.

Dabkowska-Naskret, H., 2004. Chemistry of Iron in Urban Soils with Regard to Their Physico-Chemical Properties. Department of Soil Science and Soil Protection, University of Technology and Agriculture, 85- 029 Bydgoszcz, Bernardynska 6, Poland.

Danışman, S., 1981. Akdeniz Bölgesinde Turunçgillerin Yoğun Olarak Olarak Yetiştirildiği Toprakların Alınabilir Demir Miktarının Belirlenmesinde Kullanılacak Yöntemler. Bahçe., 10 (1): 25-26.

Dekock, P.C., Commissiong, K., Farmer, V.C. and Inkson, R.H.E., 1960. Interrelationships of Catalase, Peroxidase, Hematin and Cholorophyll. Plant Physiol. 35, 599-604.

DeKock, P.C. Hall, A., and Inkson, R.H.E., 1979. Active Iron in Plant Leaves. Ann. Bot. 43, 737-740.

Drouineau, G., 1942. Dosage Rapide du Calceire Actif des Sols. Ann. Argon. 12, 441-450.

Elinç, F., 1988. Trakya Bölgesi Topraklarının Demir Durumu ve Bu Toprakların Yarayışlı Demir Kapsamlarının Belirlenmesinde Kullanılacak Yöntemler; T.A.E.K. Bilimsel Araştırma ve İnceleme No: 16, Ankara.

Ellis, B. G. and Knezek, B. D., 1972. Adsoption Reactions of Micronutrients in Soils. In "Micronutrients in Agriculture", Soil Sci. Soc. of America, Madison, USA, 4, 59 – 78.

Eryüce, N. Taysun, A. Uysal, H. ve Dağdaviren, İ., 1993. The Contents of Fe, Zn, Mn and Cu in Some Cultivated Top Soil of Sloopy and Level Areas Around Adiyaman, Batman, Diyarbakır, Elazığ, Gaziantep, Malatya, Mardin, Siirt, Şanlıurfa and Şırnak. Ege Universitesi, Zir. Fak. Dergisi, 30, 3: 81-88.

Eyüpoğlu, F. Talaz, S. ve Kurucu, N., 1998. Türkiye Topraklarının Bitkiye Yarayışlı Bazı Mikro Elementler (Fe, Cu, Zn, Mn) Bakımından Genel Durumu. Köy Hiz. Genel Müd. Toprak ve Gübre Araştırma Enstitüsü Müdürlüğü, Ankara.

Eyüpoğlu, F. ve Talaz, S., 1996. Klorotik Elma Ağaçlarına Topraktan Uygulanan Demirin Bakiye Etkisi; Toprak ve Su Kaynakları Araştırma Yıllığı 1995. Ankara.

Fageria, N.K. Baligar, C. and Clark, R.B., 2002. Micronutrients in Crop Production. Adveces in Agronomy, 77, 185-268.

Feng, M. H., Shan, X.Q., Zhang, S. and Wen, B., 2005. A Comparison of the Rhizosphere-Based Method with DTPA, EDTA, $CaCl_2$, and $NaNO_3$ Extraction Methods for Prediction of Bioavailability of Metals in Soil to Barley. Environmental Pollution 137: 231- 240.

Follett, R.H. and Lindsay, W.L., 1970. Profile Distribution of Zinc, İron, Manganese and Copper in Colorado Soils. Coloroda exp. Sta. Bull. 110.

Follett, R.H. and Lindsay, W.L., 1971. Changes in DTPA-Extractable Zinc, Iron, Manganese and Copper in Soils Following Fertilization. Soil Sci. Soc Amer. Proc. 35: 600-602.

Foy, C.D., Chaney, R.L. and White M.C., 1978. The Physiology of Metal Toxicity in Plants. Ann. Rev. Plant Physiol. 29, 511-566.

Gedikoğlu, İ., 1990a. Taze Bitki Örneğinde Aktif Demir Tayin Yöntemleri. Tarım ve Köyişleri Bakanlığı Köy Hiz. Gen. Müd. Şanlıurfa Araş. Enst. Müd. Yayınları, Genel Yayın No:56, Teknik Yayın No: 12. Şanlıurfa.

Gedikoğlu, İ., 1990b. Ankara Yöresinde Armut Ağaçlarında Görülen Mikrobesin Maddeleri Noksanlıklarının Teşhisi ve Tedavisi. Toprak ve Gübre Araş. Enst. G. Yay. No: 163, Ankara.

Gezgin, S. ve Durucan, Z., 1995. Azot Formları ve Demir Uygulamasının Yerfıstığı Bitkisinin Kuru Madde Miktarına, Aktif ve Toplam Demir Kapsamlarına Etkisi. S.Ü. Zir. Fak. Dergisi, 7(9), 204-217.

Gezgin, S. ve Er, F., 2001. Relationship Between Total and Active Iron Contents of Leaves and Observed Chlorosis in Vineyards in Konya-Hadm-Alada Region of Turkey.

Ghani, A.M.A., 1964. Eisengehalt und Verfügbares eisen in Agyptischen Böden. Zt.f. Pflanzenernahrung, Düngung u, Bodenkunde, 107: 136-145.

Güzel, N. Ortaş, İ ve İbrikçi, H., 1991. Harran Ovası Toprak Serilerinde Yararlı Mikro Element Düzeyleri ve Çinko Uygulamasına Karşı Bitkinin Yanıtı. Çukurova Üni. Zir. Fak. Dergisi 6(1): 15-30.

Gupta, A.P., 2005. Micronutrient Status and Fertilizer Use Scenario in İndia. J. of Trace elements in Medicine and Biology 18: 325-331.

Hakerlerler, H., Rexroth, E. und Höfner, W., 1989. Evaluierung Verschiedener extraktionsmethoden für Pflanzenverfügbares Eisen zur Ermittlung Fe Versorgungsgrades von Pfirsich (Prunus persica L.) in verschiedenen Entwicklungs, Deutsch-Türkische Universitatspartnerschaft im Agreebereich, İzmir.

Havlin, J.L. and Soltanpour, P.N., 1981. Evaluation of NH_4HCO_3-DTPA Soil Test for Iron and Zinc. Soil Sci. Soc. Amer. J. 45, 1, 70-75.

Hatipoğlu, F., 1977. Orta Güney Anadolu Bölgesinde Elma Yetiştirilen Yöre Topraklarının Demir Durumu ve Bu Topraklarda Elverişli Demir Miktarının Belirlenmesinde Kullanılacak Yöntemler Üzerinde Bir Araştırma. Doçentlik tezi, Ankara Üniversitesi Zir. Fak. Radyofizyoloji ve Toprak Verimliliği Kürsüsü. Ankara.

Hewit, E.J., 1963. Essential Nutritient Elements for Plant. In " Plant Physiology, Vol III, Inorganic nutrition of plant", Acedemic Pres, 137-360.

Hewitt, E. J., 1983. The Effect of Mineral Deficiencies and Excesses on Growth and Composition. In: Diagnosis of Mineral Disorders in Plants (ed. J. B. D. Robinson). Her Majesty's Stationery Office London, p. 54- 110.

Hızalan, E., 1954. Trabzon ve Rize Toprakları Üzerinde Araştırmalar. A.Ü. Ziraat Fakültesi Yıllığı, Fasikül : 3, s. 292 – 329.

Hızalan, E. ve Ünal, H., 1966. Topraklarda Önemli Kimyasal Analizler. A.Ü. Zir. Fak. Yayınları, 278.

Horuz, A., Kızılkaya, R., Sürücü, A. ve Korkmaz, A., 1999. Samsun İli Kürtün Vadisinde Yetiştirilen Şeftali Ağaçlarının Demir Beslenme Durumu. Karadeniz Bölgesi Tarım Sempozyumu. 4-5 Ocak 1999. OMÜ Ziraat Fakültesi, Samsun.

Işık, Y. ve Bitgi, S., 1994. Konya, Karaman, Isparta, Burdur İlleri Topraklarının Bitkiye Yarayışlı Mikro Element Durumu. Köy Hizmetleri Genel Müdürlüğü, Konya Araş. Enst. Yıllık Sonuç Raporu. Konya.

Isaac, R.A. and Kerber, J.D., 1971. Atomic Absorption and Flame Photometry. Technique and Uses in Soil, Plant and Water Analysis. Instrumental Methods for Analysis of Soils and Plant Tissue. S. 33 – 34. Ed. L. M. Valsch.

Jackson, M.L., 1962. Soil Chemical Analysis. Prentice-Hall, Inc.

Johnson, D.L. and Young, R.A., 1968. Evaluation of EDTA as an Extraction and Analytical Reagent for Assessing Available Iron in Soils. Agronomy Abstracts 83.

Johnson, G.V. and Young, R.A., 1973. Evaluation of EDDHA as an Extraction and Analytical Reagent for Assesing the Iron Status of Soils. Soil Sci. 115:11-17.

Jones, J.B., 1970. Distribution of 15 Elements in Corn Leaves. Communic. Soil Sci. Plant. Anal. 1, 27-34.

Juo, A.S.R., Moormann F. R. and Maduakor, H. O., 2003. Forms and Pedogenetic Distrubition of Extractable İron and Aluminum in Selected Soils of Nigeria. İnternational Institute of Tropical Agriculture, Ibadan, Nigeria.

Juste, C. and Pouget, R., 1972. Appreciation du Pouvoir Cholorosant des Sols Par un Nouvel Indice Faisant Intervenir le Calceire Actif et le fer Facilement Extractible. Applicaton au Choix des Porte-Greffes de la Vigne. C.R. Acad. Agric. 58, 352-357.

Kacar, B., 1972. Bitki ve Toprağın Kimyasal Analizleri.:II. Bitki Analizleri, A.Ü. Zir. Fak. Yayınları: 453, Uygulama Klavuzu:155. A.Ü.Basımevi, Ankara.

Kacar, B. Özgümüş, A. and Chaudhry, B.S., 1984. Influence of Soil Parameters on DTPA Extractable Micronutrients in Arid Soils. Plant and Soil 72, 31-38.

Katkat, V. Özgümüş, A. Başar, H. ve Altunel, B., 1994. Bursa Yöresindeki Şeftali Ağaçlarının Demir, Çinko, Bakır ve Mangan İle Beslenme Durumları. Turkish J. Agric. For., 18 (6), 447-456.

Katyal, J.C. and Sharma, B.D., 1980. A New Tegnique of Plant Analysis to Resolve Iron Chlorosis. Plant and Soil. 55:105-117.

Katyal, J.C. and Sharma, B.D., 1984. Some Modification in the Assay of Fe^{+2} in 1-10, o-Phenantroline Extracts of Fresh Plant Tissues. Plant and Soil 55, 105-119.

Katyal, J.C and Sharma, B.D., 1991. DTPA-Exractable and Total Zn, Cu, Mn and Fe in Indian Soils and Their Association with Some Soil Properties. Geoderma, Volume 49, (1-2): 165-179.

Katkat, A.V., Özgümüş, A., Başar, H. ve Altınel, B., 1994. Bursa Yöresindeki Şeftali Ağaçlarının Demir, Çinko, Bakır ve Mangan İle Beslenme Durumları. Turkish Journal of Agric. For., 18: 447-456.

Kaur, N. P., Nayyar, V.K. and Takar, P.N., 1984. Relationship of Total and Ferrous Iron with the Incidence of Chlorosis in Some Genetic Lines of Cicer Aritienum. Field Crops Research, Vol. 8, 273-280.

Kick, H., Burger, H. and Sommer, K., 1980. Gesamthalte an Pb, Zn, Sn, As, Cd, Hg, Cu, Ni, Cr und Co in Landwirtschaftlich und Gaertnerisch Genutzten Böden Nordhein-Westfalens. Landwirtsch Forschung 33 (1): 12-22.

Kirsch, R.K. Harward, M.E. and Petersen, R.G., 1963. Interrelationships Among iron, Manganese, and Molybdenum in the Growth and Nutrition of Tomatoes Grown in Culture Solution. Plant Soil 12, 259-275.

Kissel, D. E., Sander, D. H. and Ellis, R. Jr., 1985. Fertilizer-Plant Interactions in Alkaline Soils. In: Fertlizer Techonogy and Use (ed:O.p. Engelstad). Soil Sci. Soc. Amer. Inc. Madison, Wisconsin, USA.

Korkmaz, A. ve Gülser, C., 1995. Samsun ve Bafra Yöresi Topraklarının Yarayışlı Demir Kapsamları ve Ayçiçeği Bitkisinin Demir Alımı İle Bazı Toprak Özellikleri Arasındaki İlişkiler. O.M.Ü.Z.F. Dergisi, 1995, 10, (1). 97 – 110.

Korkmaz, A. Horuz, A. ve Sürücü, A., 2006. Effects of Sulphur, Humic Acid, Some Iron and Potassium Fertilizers on Chlorophyll, Total and Active Iron Contents in Peach Teres Having Chlorosis. 18 th İnternational Soil Meeting (ISM) on "Soil Sustaining Life on Earth, Managing Soil and Technology". May 22-26, 2006,Proceedings Vol II. Şanlıurfa-Turkey.

Kovancı, I., Hakerlerler, H. and Höfner, W., 1978. Ursachen der Chlorosen an Mandarinen (Citrus reticulata blanco) der aegaeischen Region. Plant and soil 50: 193-205.

Krauskopf, K.B., 1972. Geochemistry of Micronutrients. In "Micronutrients in Agriculture" Soil Sci. Soc. Amer. Madison, USA 2, 7-40.

Krouma, A., Drevon, j. J. and Abdelly, C., 2005. Genotypic Varition of N_2-Fixing Common Bean (Pheseolus vulgaris L.) in Response to Iron Deficiency. J. Plant Phsiol. Article in Press.

Kryc, K. A, Murray R. W. and Murray, D. W., 2003. Elemental Fractionation of Si, Al, Ti, Fe, Ca, Mn, P, and Ba in Five Marine Sedimentary Reference Materials Results from Sequential Extractions. Analytica Chimica Acta 487: 117 – 128.

Ksouri, R., Gharsallı, M. et Lachaal, M., 2001. Diagnostic Rapide de la Cholorose Ferrique Chez la Vigne (Vitis vinifera L.). Bulletin de l'O.I.V. Vol. 74, no. 847-848, pp. 569-577.

Lakanen, E. and Ervio, R.,1971. A Comparison of Eight Exractants For the Determination of Plant Available Micronutrients in Soils. Acta Agr. Fenn. 123, 223-232.

Lang, H.L. and Reed, D.W., 1987. Comparison of HCl Eztraction Versus Total Iron Analysis for Tissue Analysis. J. Plant Nutr. 10 (7): 795-804.

Leh, O.N., 1969. Eisen, Paur Soraver, Editör, Handbuch der Pflanzenkrankheiten, Bd. I, 2. Teil. 247 – 289. Paul Parey, Berlin.

Lindsay, W.L. and Norwell, W.A., 1969. Development of a DTPA Micronutrient Soil Test. Argon. Abstr. 84.

Lindsay, W.L., 1972. Inorganic Phase Equilibria of Micromutrients in Soils. In "Micronutrients in Agriculture". Soil Sci. Soc. of America, Madison, USA 3, 41 – 59.

Lindsay, W.L., 1974. Role of Chelation in Micronutrient Availability. n "The Plant Root and its Environment". Univ. Pres of Virginia, 507 – 524.

Lindsay, W.L. and Norwell W.A., 1978. Development of a DTPA Soil Test for Zinc, İron, Manganese and Copper. Soil Sci. Soc. Amer. J. 42: 421-428.

Lingle, J. C. Tiffin, L. O and Brown, J. C., 1963. Iron Uptake-Transport of Soybeans as Influenced by Other Cations. Plant Physiol. 38, 71 -76.

Llorente, S., Leon, A. Torrecillas, A. and Alcaraz, C., 1976. Leaf Iron Fractions and Their Relation with Iron Chlorosis in Citrus. Agrochimica 20. 204-212.

Loeppert, R.H and Hallmark, C.T., 1985. Indigenous Soil Properties Influencing the Availability of iron in Calcareous Soils. Soil Sci. Soc. of Amer. J, 49: 597-603.

Loeppert, R.H., Wei, L.C. and Ocumpaugh, W.R., 1994. Soil Factors Influencing the Mobilization of Iron in Calcareous Soils. In Biochemistry of Metal Micronutrients in the Rhizosphere; Manthey, J.A. Crowley, D.A. and Luster, D.A., eds.; Lewis Publishers: Boca Raton, Florida, 343-360.

Lopez, P.L. and Graham, E.R., 1973. Labile Pool and Plant Uptake of Micronutrients. II. Uptake of Mn, Fe and Zn by Ladino Clover /Trifolium Repens) and its Relation to Soil Labile Pools. Soil Sci. 115: 380-389.

Loué, A., 1986. Les Oligo-elements en Agriculture. Agrı-Nathan İntenational. Paris.

Lucas, R.L. and Knezek, B.D., 1972. Climatic and Soil Conditions Promoting Micronutrient Deficiencies in Plants. In "Micronutrients in Agriculture". Soil Sci. Soc. of america, Madison, USA 12, 265-288.

MacLean, K.S. and Langille, W.M., 1976. The extractable Trace Elements Content of Acid Soils and Clay Content. Commun. Soil Sci. Plant Anal. 7(9): 777-785.

Mahmoudi , H., Ksouri, R. and Gharsalli, M., 2005. Differences in Responses to Iron Deficiency Between Two Legumes: Lentil (Lens culinaris) and Chickpea (cicer arietinum). J. Plant Physiol. 162: 1237 – 1245.

Marschener, H. Kalisch, K. and Römheld, V., 1974. Mechanism of Iron Uptake in Different Plant Species. In Proc. 7th Int. Colloq. "Plant Analysis and Fertilizer Problems" Hannover, 273 – 281.

Marschner, H., 1978. Beziehung zwischen der Eisenversorgung von Weinreben und dem pH Verlauf in der Nahrlösung. Vitis 17, 152 – 160.

McKeague, J.A. ve Day, J.H., 1966. Dithionite and oxalate-extractable Fe and Al as aids in differrentiating various classes of soils. Can. J. Soil Sci. 46: 13-22.

Mengel, K., 1968. Ernöhrung und Stoffwechsel der Pflanze, Gustav Fischer Verkag, Jena. 345 – 349.

Mengel, K., Scherer, H.W. and Malissiovas, N., 1979. Cholorosis from the Aspect of Soil Chemistry and Vine Nutrition. Mitt. Klosterneuburg 29, 151-156.

Mengel, K. and Kirkby, E. A., 1982. Principles of Plant Nutrition. Intern. Potash Inst. Bern, 655p.

Mengel, K. und Bübl, W., 1983. Verteilung von Eisen in Blaettern von Weinreben mit HCO_3- induzierter Fe-Chorose. Z. Pflanzenernaehr. Bodenk. 146:560 – 571.

Mengel, K., Breininger, M.T. and Bübl, W., 1984. Bicarbonate the Most Important Factor Inducing ıron Chlorosis in Vine Grapes on Calcareous Soil. Plant Soil. 81, 333-344.

Mengel, K. and Geutzen, G., 1986. Iron Cholorosis on Calcareous Soils. Alkaline Nutritional Condition as the Cause for the Choloris. J. Plant Nutr. 9(3- 7): 161 – 173.

Mengel, K. and Kirkby, E. A., 1987. Principles of Plant Nutrition. 5th Edition. International Potash Institute, Bern, Switzerland.

Metwally, A.I. and Abdellah, A., 1978. Iron Status and Availability in Calcareous and Non-Calcareous Soils in Egypt. Beitrage zur Tropischen landwirtschaft und veterinarmedizin. 16: 163-168.

Mısra, S.G. and Pande, P., 1974. Evaluation of a Suitable Extractant for Available Iron in Soils. Indian J. Agric. Sci. 44(12) 865-870.

Miller, G.W., 1960. Carbon Dioxide-Bicarbonate Absorption, Accumulation, Effects, on Various plant Metabolic Reactions and Possibly relations to Lime-Induced Cholorosis. Soil Sci. 89, 241-245.

Mitchell, R. L., 1964. Trace Elements in Soils. In "Chemistry of the Soil". Reinhold Pub. Corp. New York, 320 – 368.

Morlat, R. ve et Courbe, C., 1981. Caracterisation de quelqes composantes du potentiel cholorosant des differents milieux carbınates dans le vignoble du Val de Loire. Conn. Vigne et Vin 15, 4, 229-246.

Moore, D. P., 1972. Mechanisms of Micronutrient Uptake by Plants. In "micronutrients in Agriculture". Soil Sci. Soc. of America, Madison, USA, 8, 171 – 198.

Nair, K.P.P. and Cottenie, A., 1967. Study of the Uptake and Toxiditiy of Trace Elements Using the Neubauer Method. Pedologie, 17: 5-14.

Norvell, W.A., 1972. Equilibria of Metal Chelates in Soil Solution. In "Micronutrient in Agriculture", Soil Sci. Soc. of America, Madison, USA, 6, 115 – 138.

Olsen, S.R., Cole, V., Watanabe, F.S. and Dean, L.A., 1954. Estimation of Available Phosphorus in Soils by Extraction with Sodium Bicarbonate. U.S. Dept. of Agr. Cir. 939. Washington D.C.

Olsen, R.A., Clark, R.B and Bennet, H., 1981. The Enhancement of Soil Fertility by Plant Roots. Amer. Sci. 69: 378-384.

Olsen, S.R., 1972. Micronutrient Interactions. In "Micronutrients in Agriculture". Soil Sci. Soc. of America, Madison, USA, 11, 243-264.

Olson, R.V. and Carlson, C.W., 1950. Iron Cholorosis of Sorghums and Trees as Related to Extractable Soil Iron and Manganese. Soil Sci. Soc. Amer. Proc. 14, 109-112.

Olson, R.V., 1948. Iron Solubility in Soils as Affected by pH and Free Iron Oxide Content. Soil Sci. Amer. Proc. 14: 109 – 112.

Özbek, N., 1969. Deneme Tekniği. I. Sera denemesi, Tekniği ve Metodları. A.Ü. Ziraat Fakültesi Yayınları 406, Ders Kitabı 138. s. 274-279. A.Ü.Basımevi.

Özbek, N., 1969a. Akdeniz Turunçgiller Bölgesinde Portakal Bahçelerinde Ortaya Çıkan Mikro Besin Maddeleri Noksanlıklarının Teşhisi. A. Ü. Ziraat Fakültesi Yıllığı 19/4: 851-879.

Özbek, N. ve Korkmaz, A., 1981. Demir- Mangan İnteraksiyonunun Yulafın Gelişmesi ve Kimyasal Bileşimi Üzerine Etkisi. A.E.K., A.N.A.E.M., Nükleer Tarım Bölümü- 7-82. Bilimsel Araştırma ve İncelemeler, 10.

Özgümüş, A., 1987. Bitkilerde Demir Klorozu. Ulud. Üniv. Zir. Fak. Derg.6: 117 – 128.

Özgümüş, A., 1988. Bursa yöresindeki Şeftali Ağaçlarında Görülen Klorozun Toprak ve Bitki Analizleri İle İncelenmesi. Ulud. Üni. Yay. No: 7-016-0176, Bursa.

Page, E.R., 1966. Sederamines in plants and their possible role in iron metabolism. Biochem J. 100, 34.

Place, G.A., Dunn, J.E. and Hardy, G.W., 1969. Statistical Technique for Predicting Cholorosis of Rice Growing in Calcareous Soil. Soil Sci. 107, 3'-38.

Porter, L.K. and Thorne, D.W., 1955. Interrelations of Carbon Dioxide and Bicarbonate Ions in Causing Plant Cholorosis. Soil Sci. 79, 373-382.

Raji, B.A., Chude, V.O.and Esu, I.E., 1998. Extractable and Total Fe and Mn Contents of There Sand Dune Soils in NW Nigeria.

Rao, J.K., Sahrawat, K.L and Burford, J.R., 1987. Diagnosis of Iron Deficiency in Groundnut, Arachis Hypogea L. Plant and Soil 97: 353-359.

Richards, L.A., 1954. Diagnosis and Improvement of Saline and Alkali Soils. U.S.D.A. Handbook No:60.

Robinson, N.J., Procter, C.M., Connolly, E.L. and Guerinot, M.L., 1999. A Ferric-Chelate Reductase for Iron Uptake from Soils. Nature 397: 694-697.

Robson, A. D. and Pitman, M. G., 1983. Interactions Between Nutrients in Higher Plants. In. Inorganic Plant Nutrition (ed: A. Lauchli and R. L. Bieleski). Springer Verlag, Berlin- Heidelberg.

Rodriguez de Cianzio, S.R., 1991. Recent advences in Breeding for Improving Iron Utilization by Plants. Plant Soil 130: 63-68.

Rosell, R.A. and Ulrich, A., 1964. Critical Zinc Concentrations and Leaf Minerals of Sugar Beet Plants. Soil Sci. 97, 152-167.

Römheld, V. Marschner, H and Kramer, D., 1982. Responses to Deficiency in Roots of Fe-Efficient Plant Helianthus Annuus. The Soil Root Interface ed. Harley, J. L. Scoot Russel, R., London Academic Press.

Römheld, V. and Marschner, H., 1986. Evidence for a Spesific Uptake System for Iron Phytosiderophores in Roots of Grasses. Plant Physiol. 80, 175 – 178.

Römheld, V. and Marschner, H., 1986a. Evidence for a Specific Uptake System for Iron Physiderophores in Roots of Grasses. Plant Physiol. 80, 178 – 180.

Rutland, R. B., 1971. Radiosotopic Evidence of Immobilization of Iron in Azelea by Excess Calcium Bicarbonate. J. Amer. Soc. Hort. Sci. 96: 653 – 655.

Saatçi, N., 1995. Yeni Demir Alım Teorileri. Ege Üni. Ziraat Fakültesi Dergisi Cilt: 32, Sayı: 1.

Scheffer, F. und Schachtschabe, P., 1970. Lehrbuch der Bodenkunde, Ferdinand Enke Verlag, Stuttgart. 35-39.

Schmidt, W., 2003. Iron solutions: Acquisition Strategies and Signaling Patways in Plants. Trends in Plant Science Vol, 8 No: 4. 188 -193.

Scholl, W., 1979. Erfahrungen mit der Cholorose der Weinreben in der bundesrepublik Deutscland. Mitt. Klosterneuburg. 29, 186-193.

Schwertmann, U., 1964. Differenzierung der Eisenoxide des Bodens durch Extraktion mit ammoniumoxalat – Lösung. Zt. F. Pflazenerröhrung Düngung und Bodenkunde 105: 194 – 202.

Sijmons, P. C., Van den Briel, W. and Bienfait, H. F., 1984. Cytosolic NADPH is the Electron Donor for Extracellular Fe ^{III} Reduction in Iron-Deficient Bean Roots. Plant Physiol. 75, 219- 221.

Sillanpaa, M., 1972. Trace Elements in Soils and Agriculture. Soils Bull. F.A.O. Rome, 67 p.

Sillanpaa, M., 1978. Problems Involved in Estimating the Micronutrient Status of Soils. Soils Bull. F.A.O. Rome 14, 140-151.

Singh, C.P., Prasad, R.N., Sihna, H. and Prasad, B., 1977. Evaluation of Different Extractants for the Determination of Availabile Copper, Manganese and Iron in Calcareous Soils. Beitrage zur topischen Land wirtschaft und Veternarmedizin 15 (1): 69-72.

Singh, K. and Karwasra, S.P.S., 1987. Response of Pearl- Millet to Zinc Fertilization in Relation to DTPA Extractable Zinc. Nutrient Cycling in Agroecosystems, Vol 8 (1): 13.-17.

Shuman, L.M., 1979. Zinc, Manganese and Copper in Soil fractions. Soil Sci. 127: 10-17.

Shuman, L.M., 1983. Sodium Hypuchlorite Methods for Extracting Micro Elements Associated with Soil Organic Matter Soil Sci. Sue Amer. J.47: 656-660.

Shuman, L. M. and Hargrove, W. L., 1985. Effect of Tillage on the Distribution of Manganese, Copper, Iron, and Zinc in Soil Fractions. Soil Sci. Soc Am. J. 49: 1117-1121.

Shuman, L. M., 1988. Effect of Phosphorus Level on Extractable Micronutrients and Their Distrubution ,Among Soil Fractions. Soil Sci. Soc. Amer J. Vol. 52: 136 – 141.

Soltanpour, P.N and Schwab, A.P., 1977. A New Soil Test for Simultaneous Extraction of Macro- and Micronutrients in Alkaline Soils. Commun. Soil Sci. And Plant Anal. 8, 195-207.

Sungur, M. ve Özuygur, M., 1986. Türkiye Topraklarının Mikro Element Durumu Hakkında Bir Araştırma. Toprak İlmi Derneği 9. Bilimsel Toplantı Tebliğleri. Yayın No.4, 29-1.

Tagliavini, M. and Rombola, A. D., 2001. Iron Deficiency and Chlorosis in Orchard and Vineyard Ecosystems. Europ. J. Agronomy 15: 71 – 92.

Takagi, S., 1976. Naturally Occuring Iron-Chelating Compound in Oat and Riceroot Washing. Soil Sci. Plant Nutr. 22, 422 – 433.

Tamcı, M., 1977. Çukurova Bölgesi Bazı Toprak Serilerinin Yararlı Demir Durumu ve Bu Elementin Toprak Özellikleriyle İlişkileri Üzerinde Bir Araştırma. TÜBİTAK VI. Bilim kongresi, Tarım ve Ormancılık araştırma Grubu Tebliğleri.

Theil, E.C., Burton, J.W. and Beard, J.L., 1997. A Sustainable Solution for Dietary Iron Deficiency Through Plant Biotechnology and Breeding to Increase Seed Ferritin Control. Eur. J. Clin. Nutr. 51 Suppl. 4: S28-S31.

Teskey, B.J.E. and Shoemaker, J.S., 1978. Tree Fruit Production. Avi Publishing Comp. Inc. Westport, Connecticut.

Tiffin, L.O., 1966a. Iron Translocation. I. Plant Culture Exudate Sampling, Iron-Citrate Analysis. Pant Physiol. 41, 510 – 514.

Tiffin, L.O., 1966b. Iron Translocation. II. Citrate/iron Ratios in Plant Stem Exudates. Plant Physiol. 41, 515 – 518.

Tiffin, L. O., 1970. Translocation of Iron Citrate and Phospohorus in Xylem Exudate of Soybean. Plant Physiol. 45, 280- 283.

Tiffin, L. O., 1972. Translocation of Micronutrients in Plants. In "Micronutrients in Agriculture " Soil Sci. Soc. of America, Madisoni USA 9, 199 – 229.

Tiwari, R.C. and Kumar, B. M., 1982. A Suitable Extractant for Assesing Plant-Available Copper in Different Soils (peaty, red and alluvial). Plant and Soil. Vol: 68, No: 1.

Trocme, S., 1960. Le Fer, la Cholorose en Terrain Calcaire. Techn. Agr. 1280, 6 p.

Turan, C., Çelebi, G., Yalçın, R. ve Kacar, B., 1988. Antalya Kıyı Bölgesi Topraklarının Mikro Element Durumu ve Bu Topraklarda Fe, Mn, Zn Ve Cu Belirlenmesinde Uygulanacak Yöntemlerin Karşılaştırılması. Doğa 11: 1294-1307. Ankara.

Üner, K., Öden, O., Sökmen, Ö. ve Akbaş, F., 1994. Ege Bölgesi Topraklarının Mikro Element Durumlarının Toprak Bitki İlişkileri İle Saptanması. Köy Hizmetleri Genel Müdürlüğü. Menemen Araştırma Ens. Yıllık Sonuç Raporu. Menemen.

Viets, F. G., 1962. Chemistry and Availability of Micronutrients. J. Agr. Food. Chem. 10, 174 – 178.

Viets, F.G. and Lindsay, W.L., 1973. Testing Soils for Zinc, Copper, Manganese and Iron. In "Soil Testing and Plant Analysis". Soil Sci. Soc. of America, Madison, 152-172.

Wallace, A. and Shannon, L.M., 1956. Miscellaneous Soil and Plant Chelate Studies. Symposium on the Use of Metal Chelate in Plant Nutrition. Edited by A. Wallace. 72-80.

Wallace, A. and Lunt, O.R., 1960. Iron Chlorosis in Horticultural Plants. Proc. Amer. Soc. Hort. Sci. 75: 819-841.

Wallace, A., Jeffreys, R.A. and Hale, V.O., 1962. Differential Ability of Two Soybean Varieties to Take up Fe^{59} From Soil Added to a Nutrient Solution. Soil Sci. 94. 111-114.

Wallace, A. and DeKock, P.C., 1966. Translocation of Iron in Tobacco, Sunflower, Soybean and Bush Bean Plants. In: Current Topics in Plant Nutrition (ed. A. Wallace), Edwars Bros., Ann. Arbor, Mich.

Wallace, A., Mueller, R. T. and Alezander G. V., 1976. High Levels of Four Heavy Metals on the Iron Status of Plants. Commun. Soil Sci. Plant Anal. 7: 43 – 46.

Wallihan, E.F., 1966. Iron, In "Diagnostic Criteria for Plants and Soils". Univ. Of California 15, 203-212.

Wang, Z., Shan, X. and Zhang, S., 2002. Comparison Between Fractionation and Bioavailability of Trace Elements in Rhizosphere and Bulk Soils. Chemosphere 46, 1163-1171.

Watanabe, F.S., Lindsay W.L. and Olsen, S.R., 1965. Nutritient Balance Involving Phosphorus, Iron and Zinc. Soil Sci. Soc. Amer. Proc. 29, 562-565.

Welch, R.M., House, W.A., Bebee, S. and Gheng, Z., 2000. Genetic Selection for Enhanced Bioavailable Levels of Iron in Bean (Phaseolus vulgaris L.) Seeds. Journal of Agricultural and Food Chemistry 48: 3576-3580.

Westfall, D.G., Anderson, W.B. and Hoodges, R.J., 1971. Iron and Zinc Response of Chlorotic Rice Grown on Calcareous Soils. Argon. J. 63: 702- 705.

Wood, M.J. and Kenny, T., 1968. Nutritional and Cultural Aspects of Peat as a growing Medium for tomatoes. Proc. Of 6th Collcq. Int. Pot. Inst. 342-351.

Yurtsever, N., 1984. Deneysel Istatistik Metodları. Toprak ve Gübre Araştırma Enstitüsü Müdürlüğü Yayınları, Teknik Yayın No: 56, Ankara.

Yüksel, M. ve Dengiz, O., 1996. Bafra Ovası Sağ Sahili Arazi Kullanım Planlaması. Tarım Bilimleri Dergisi, s. 2(3), 75-81.

Zabunoğlu, S.F., Hatipoğlu, F ve Yenicesu, İ., 1977., Bursa İlinde Yetiştirilen Sofralık Gemlik Çeşidi Zeytin Ağaçlarının Makro ve Mikro Besin Maddeleri Durumu. TÜBİTAK. VI. Bilim Kongresi Tarım ve Ormancılık Araştırma Grubu Tebliğleri.

Zabunoğlu, S., Brohi, A.R. ve Hatipoğlu, F., 1978. A Study of the Major and Trace Elements in Soil Profiles Using Neubar Seeding Methods. Ankara Üniveristesi Zir. Fak. Yıllığı, 28, 3-4: 755-779.

Zuang, H., 1982. La Fertilisation des Cultures Légumieres. Centre Technique Interprofessional des Fruits et Légumes. Paris.

FSC
www.fsc.org
MIX
Papier | Fördert
gute Waldnutzung
FSC® C083411

Kolibri 360 GmbH
Ferdinand-Jühlke-Straße 7
99095 Erfurt, Deutschland
produktsicherheit@kolibri360.de

Druck:
CPI Druckdienstleistungen GmbH
im Auftrag der
Kolibri 360 GmbH
Ferdinand-Jühlke-Str. 7
99095 Erfurt